" 스스로, 그리고 함께하는 행복한 맘마 "

아이주도 이유식 유아식 매뉴얼

스스로, 그리고 함께하는 행복한 맘마

아이주도 이유식 유아식 매뉴얼 개정판 - 레시피북

펴낸날 개정증보판 18쇄 2025년 2월 1일
초판 1쇄 2019년 9월 16일

지은이 BLW 연구소

글·일러스트 안소정

제작 도움 윤지현

펴낸이 안소정

펴낸곳 아 퍼블리싱
서울특별시 강북구 한천S로160길 48-3
a_publishing@naver.com
fax. 0303-3441-0902

ISBN 979-11-956161-8-3
979-11-956161-6-9(세트)

- 이 도서는 2권(가이드북 + 레시피북) 세트로만 판매됩니다.
- 잘못된 책은 구입처에서 교환해 드립니다.
- 책에 대한 의견, 오류 제보, 문의사항은 아 퍼블리싱의 메일로 보내주세요.

" 스스로, 그리고 함께하는 행복한 맘마 "

아이주도 이유식 유아식 매뉴얼

BLW 연구소 지음

오늘도 주방에서 고군분투하고 있을,

우리와 같은 당신에게.

아이주도 이유식을 시작하기로 결심하신 용기있는 여러분을 환영합니다.

당장 무언가 만들어 보고 싶은 마음으로 의욕뿜뿜 하고 계시겠지만 :-)

별책으로 엮인 가이드북에서 아이주도 이유식의 이론을 숙지하고 나서

요리를 시작하시길 권합니다.

아이주도 이유식은 단순히 음식을 어떻게 해주느냐에 관한 것이 아니라

식사를 준비하는 마음가짐에서 시작되는 것이기 때문입니다 :)

너그러운 마음과 아이에 대한 믿음을 가지고
즐겁게 시작해 볼까요?

꼭 읽어 주세요!

- **레시피 수록 순서**는 개월수별 구분이 아니라 음식의 형태에 따른 구분입니다. 어린 개월수 아기라도 이 책 중후반에 실린 메뉴를 만들어 먹일 수 있고, 유치원생 어린이라도 앞쪽 핑거푸드 레시피에 맛을 더해서 먹일 수 있습니다. 아이의 씹기 능력과 소근육 발달에 따라 메뉴의 범위를 넓혀 가면 됩니다.

- 모든 식재료는 아기가 처음 접할 때 아주 적은 양으로 **알레르기 테스트**를 거쳐 주세요. 가이드북 35쪽 알레르기에 관한 내용을 참고해 주세요.

- 요리와 관련된 **잦은 질문**은 가이드북 121쪽에 모았어요. 미리 읽어두면 좋아요.

- **오븐, 에어프라이어, 전기밥솥, 전자레인지**는 모델에 따라 출력에 차이가 있기 때문에 초반에는 요리를 하면서 조정하는 과정이 필요합니다. 음식이 너무 딱딱하거나 탄다면 온도와 시간을 조금씩 줄여 주세요. 쪄서 조리하는 경우, 레시피상의 찌는 시간은 물이 끓고나서부터의 시간입니다. 이유식 마스터기를 사용해서 찔 때는 조리 시간을 늘려야 합니다.

- 레시피에만 100% 의존하기보다는 냉장고 사정에 따라, 그리고 주방장의 요리 취향에 따라 다양한 변주를 시도해 보세요! BLW 연구소 카페에 메뉴명을 검색해 보시면 응용 후기, 성공팁 등 다양한 경험담들이 있으니 참고하시면 요리가 더 쉽고 즐거워질 거예요. 그리고 어느새 책이 필요 없을 만큼 요리 실력이 부쩍 늘어 있을 거예요. 요리를 하다가 궁금한 점이 생기면 카페 게시판에 질문하세요.

- 공들여 만든 음식을 아기가 거부할 때는 너무 좌절하지 마시고 다음날에 한 번 더 시도해 보세요. 그리고 완성된 음식을 재료로 활용해서 또다른 메뉴로 만들어 보세요. '1타 N피' 챕터(125쪽~)에 다양한 아이디어들이 있습니다.

- **레시피 재료에 관한 FAQ**

(기)버터 : 버터 또는 기버터(가이드북 92쪽 참조). / **분유 탄 물** : 분유 제품에서 명시하는 비율로 탄 분유. 비가열 메뉴의 경우 끓는 물에 타서 사용하세요. / **사과즙 등 과일즙** : 시판 과일즙(과일 100%)을 사용한 레시피. 착즙한 과일즙으로 대체 가능하나 비가열 메뉴는 저장성이 떨어질 수 있습니다. / 별도의 언급이 없을 경우 모든 재료는 생 재료로 조리하세요(고기 등).

원물 그대로
다양한 식재료를
탐색하는 것부터
시작해 봐요!

원물스틱

수록 메뉴에
전체적으로 고루
쓰이는 아이템.
미리 준비하면
좋아요!

기본템

본격적인
아이주도 시작!
아기에겐 핑거 푸드로,
큰 어린이는 반찬이나
간식으로!

핑거푸드

레시피북 목차

1가지 메뉴로 여러 가지 형태의 또다른 메뉴를 만들어요!

1타N피

그냥 먹어도 되고, 핑거 푸드를 찍어 먹어도 좋고, 요리의 재료로 써도 되는!

퍼먹&찍먹템

유아식 시작한 아이들을 위한 쉽고 다양한 사이드 메뉴들!

이유식하는 아기도 시도할 수 있어요!

반찬&사이드

이젠 뭐든
능숙하게
먹을 수 있어요!

밥 & 국 & 메인 & 한그릇

디저트 &스무디

과일을
활용한
건강한 간식!

가나다 순 메뉴 찾기

재료별 메뉴 찾기

※ 작은 글씨로 적힌 메뉴는 메인 재료는 아니나
대체 재료로 응용할 수 있는 메뉴입니다.

탄수화물

쌀, 쌀밥, 누룽지

밥볼, 애호박소고기진밥, 대파스프리조또, 당근치즈비빔밥, 밥머핀&밥전, 유부초밥, 밥크로켓, 볶음밥, 볶음밥머핀&볶음밥전, 볶음밥김밥, 김밥, 비빔밥, 팥죽, 낫또비빔밥, 오이낫또김밥, 단호박누룽지, 소고기채소죽, 소고기미역죽&리조또, 버섯들깨죽&리조또, 토마토두부리조또, 소고기브로콜리리조또

아보카도노른자볼, 단호박(오트밀)죽, 치킨누들스프, 새우오트밀죽

국수

당근치즈국수, 비빔국수, 잔치국수, 팥칼국수, 치킨누들스프, 콩국수, 칼국수

파스타

토마토콩파스타, 파스타

당근치즈국수

떡

떡볶이, 떡국

감자

감자당근고기스틱&부침, 감자적채고기스틱, 감자달걀찜, 감자치즈볼, 감자오이달걀볼, 새우콜리볼&크로켓, 대구감자볼&크로켓, 두부감자빵, 옥수수감자스프, 아스파라거스감자스프, 웨지감자, 감자볶음, 감자샐러드, 셀러리감자무스, 감자채전&감자채피자, 감자우유조림, 감자당근전, 감자당근조림, 감자밥, 첫된장국, 새우애호박국, 두부카레, 요거트카레, 된짜덮밥, 뇨끼

콩가루고구마볼&쿠키, 대파스프, 대파스프팬케이크, 대파스프리조또, 고구마퀴노아밥

고구마

고구마닭고기볼&스틱, 콩가루고구마볼&쿠키, 요거트쌀찐빵, 고구마우엉머핀&부침, 꼬꼼마키쉬, 대파스프, 대파스프팬케이크, 대파스프리조또, 시금치고구마스프, 고구마(큐브)돈까스, 고구마퀴노아밥, 비트토마토치킨스튜,슈렉갈비찜, 치킨커리스튜, 고구마카레

단호박콩스틱, 감자달걀찜, 감자치즈볼, 감자오이달걀볼, 식빵을 사용한 키쉬, 단호박무스, 단호박(오트밀)죽, 단호박머핀, 아스파라거스감자스프, 웨지감자, 감자샐러드, 감자채전&감자채피자,감자당근조림, 감자밥, 단호박누룽지, 두부카레

오트밀
철분잼, 오트밀분유쿠키, 단호박콩스틱, 아보카도사과오트밀볼, 아보카도노른자볼, 오트밀사과구이, 옥수수두부볼, 비트팬케이크, 딸기오트밀납작떡, 검은콩바나나쿠키&머핀, 슈렉머핀, 서리태사과오트밀쿠키, 단호박(오트밀)죽, 완두콩치즈빵, 바나카도매시, 바나카도스무디, 바나카도머핀&팬케이크, 팥머핀, 그래놀라, 요거트볼, 콥샐러드, 오트밀포리지&오나오, 새우오트밀죽

옥수수
옥수수두부볼, 옥수수감자스프, 옥수수채소전, 옥수수치즈범벅, 옥수수완두콩밥

식빵
식빵을 사용한 키쉬, 낫또샌드위치, 피자빵, 브레드푸딩, 미트파이&과일파이, 프렌치토스트, 노계란프렌치토스트

팥
팥소, 팥죽, 팥칼국수, 팥머핀, 팥고물경단, 팥밥

단백질 & 지방

소고기
만능소고기볶음, 철분잼, 소고기단호박매시스틱, 브로콜리소고기스틱, 감자당근고기스틱&부침, 감자적채고기스틱, 소고기시금치스틱, 소고기애호박스틱, 완두콩소고기완자&크로켓, 가지소고기스틱&부침, 단호박소고기쿠키&부침, 아주 부드러운 미트볼&스틱, 셀러리미트볼, 애호박소고기퓨레, 애호박소고기진밥, 애호박소고기부침, 밥머핀&밥전, 유부초밥, 밥크로켓, 볶음밥, 볶음밥머핀&볶음밥전, 볶음밥김밥, 토마토콩스튜, 콩또띠아롤, 토마토콩파스타, 잡채, 라구소스, 소고기가지치즈소스, 감자샐러드, 감자채전&감자채피자, 식빵을 사용한 키쉬, 소고기배추볶음, 무염불고기, 육전&소고기까스, 양배추소고기치즈롤, 아스파라거스소고기롤, 아스파라거스소고기볶음, 장조림, 찹스테이크, 콩나물밥, 첫미역국, 소고기뭇국, 가지소고기그라탕, 단호박누룽지, 소고기채소죽, 소고기미역죽&리조또, 소고기브로콜리리조또, 된짜덮밥, 수제비&칼국수, 떡볶이, 떡국, 피자빵, 미트파이

돼지고기연근볼&부침, 돼지고기미나리볼&부침, 슈렉소세지, 비트닭고기머핀, 만두소&만두, 굴림만두, 만두랑땡&누드만두, 콥샐러드, 오코노미야키, 가지밥, 등갈비탕, 비트토마토치킨스튜,

만능소고기볶음
식빵을 사용한 키쉬, 밥머핀&밥전, 유부초밥, 밥크로켓, 볶음밥, 볶음밥머핀&볶음밥전, 볶음밥김밥, 감자샐러드, 감자채전&감자채피자, 소고기채소죽, 수제비&칼국수, 떡볶이, 떡국, 피자빵, 미트파이, 새우오트밀죽, 달걀말이

닭고기

닭밤볼&스틱, 고구마 닭고기 볼&스틱, 파프리카 닭고기스틱, 슈렉소세지, 비트닭고기머핀, 꼬꼼마키쉬, 잡채, 순한닭조림, 발사믹윙조림, 치킨텐더, 비트토마토치킨스튜, 치킨커리스튜, 치킨누들스프, 고구마카레

소고기단호박매시스틱, 브로콜리 소고기스틱, 감자당근고기스틱&부침, 감자적채고기스틱, 소고기시금치스틱, 소고기애호박스틱, 완두콩소고기완자&크로켓, 가지소고기스틱&부침, 단호박소고기쿠키&부침, 셀러리미트볼, 돼지고기연근볼&부침, 만두소&만두, 굴림만두, 만두랑땡&누드만두, 토마토콩스튜, 콩또띠아롤, 토마토콩파스타, 콥샐러드, 아스파라거스소고기롤, 아스파라거스소고기볶음, 돼지숙주빈대떡 , 고구마(큐브)돈까스, 찹스테이크, 가지밥, 콩나물밥, 첫미역국, 등갈비탕, 상냥한(단호박)고기스튜, 슈렉갈비찜, 가지소고기그라탕, 새우오트밀죽, 소고기브로콜리리조또, 요거트카레, 된짜덮밥

돼지고기

아주 부드러운 미트볼&스틱, 셀러리미트볼, 돼지고기연근볼&부침, 돼지고기미나리볼&부침, 만두소&만두, 굴림만두, 만두랑땡&누드만두, 잡채, 라구소스, 오코노미야키, 돼지숙주빈대떡, 고구마(큐브)돈까스, 가지밥, 등갈비탕, 상냥한(단호박)고기스튜, 슈렉갈비찜, 요거트카레, 된짜덮밥

소고기단호박매시스틱, 브로콜리 소고기스틱, 감자당근고기스틱&부침, 감자적채고기스틱, 소고기시금치스틱, 소고기애호박스틱, 완두콩소고기완자&크로켓, 가지소고기스틱&부침, 단호박소고기쿠키&부침, 고구마 닭고기 볼&스틱, 파프리카 닭고기스틱, 비트닭고기머핀, 꼬꼼마키쉬, 토마토콩스튜, 콩또띠아롤, 토마토콩파스타, 소고기가지치즈소스, 소고기배추볶음, 무염불고기, 양배추소고기치즈롤, 아스파라거스소고기롤, 아스파라거스소고기볶음, 장조림, 찹스테이크, 콩나물밥, 치킨커리스튜, 가지소고기그라탕, 새우오트밀죽, 소고기브로콜리리조또, 고구마카레

달걀

2가지 분유빵, 오트밀분유쿠키, 감자달걀찜, 가지소고기스틱&부침, 단호박소고기쿠키&부침, 아보카도노른자볼, 감자오이달걀볼, 대구감자볼&크로켓, 슈렉소세지, 시금치팬케이크, 요거트팬케이크, 당근팬케이크&머핀, 검은콩팬케이크, 비트팬케이크, 미역쿠키, 김쿠키, 검은콩바나나쿠키&머핀, 요거트쌀찐빵, 고구마우엉머핀&부침, 콩가루찐빵&팬케이크, 당근빵, 애호박브레드, 흑임자바나나쿠키&머핀, 두부감자빵, 슈렉머핀, 퐁신머핀, 꼬꼼마키쉬, 브로콜리가자미키쉬, 토마토가지키쉬, 식빵을 사용한 키쉬, 바후팬케이크, 애호박소고기부침, 단호박머핀, 대파스프팬케이크, 완두콩치즈빵, 바나카도머핀&팬케이크, 밥머핀&밥전, 밥크로켓, 볶음밥, 볶음밥머핀&볶음밥전, 굴림만두, 만두랑땡, 양파스프&양파크림소스, 치즈머핀, 썬채소볶음과달걀지단, 낫또비빔밥, 콥샐러드, 가지튀김, 가지전, 애호박전, 애호박팽이전, 무전, 당면달걀부침, 오코노미야키, 옥수수채소전, 달걀말이, 달걀찜, 채소달걀볶음, 프리타타, 두부부침, 생선전&생선까스, 치킨텐더, 달걀국, 묵사발, 가지소고기그라탕, 토마토달걀덮밥, 뇨끼, 브레드푸딩, 3가지크레페_일반크레페, 미트파이, 프렌치토스트, 과일타르트

생선

대구감자볼&크로켓, 브로콜리가자미키쉬, 생선전&생선까스, 생선파피요트, 생선조림, 콩가루생선구이

멸치

멸치육수, 잔멸치조림, 멸치미나리밥

새우 & 밥새우

새우구름, 새우부추볼(완자)&크로켓, 새우콜리볼&크로켓, 콥샐러드, 애호박크림소스, 가지볶음, 감자우유조림, 오코노미야키, 양배추밥새우볶음, 양배추새우찜, 시금치새우전, 새우애호박국, 치킨커리스튜, 새우오트밀죽, 새우가지덮밥

기타 해산물

해물맑은탕, 토마토해물스튜, 오코노미야키, 첫 미역국

두부

비트두부볼&스틱, 당근두부쿠키, 옥수수두부볼, 새우구름, 바나나두부머핀, 두부감자빵, 만두소&만두, 굴림만두, 만두랑땡&누드만두, 낫또찌개, 토마토두부비빔장, 두부들깨소스, 두부무침, 두부인절미, 토마토두부샐러드, 두부부침, 두부조림, 첫된장국, 토마토두부리조또, 두부카레

콩

단호박 콩스틱, 완두콩소고기완자&크로켓, 검은콩팬케이크, 검은콩바나나쿠키&머핀, 바나나후무스, 바후쿠키, 바후팬케이크, 서리태사과퓨레, 서리태사과볼&스틱, 서리태사과오트밀쿠키, 완두콩스프레드, 완두콩스프, 완두콩치즈빵, 토마토콩스튜, 콩또띠아롤, 토마토콩파스타, 병아리콩토마토스프, 콩밥, 옥수수완두콩밥, 콩탕, 콩국수

콩가루

콩가루고구마볼&쿠키, 콩가루찐빵&팬케이크, 콩가루소스, 두부인절미, 첫된장국

유부

유부콩나물국, 유부초밥

낫또

낫또비빔밥, 오이낫또김밥, 낫또찌개, 낫또샌드위치

피넛버터

브로콜리피넛쿠키, 노계란프렌치토스트

치즈

치즈까까, 감자치즈볼, 콜리플라워치즈볼&스틱, 브로콜리가자미키쉬, 대파스프, 대파스프팬케이크, 대파스프리조또, 완두콩치즈빵, 당근치즈소스, 밥머핀&밥전, 양파스프&양파크림소스, 아스파라거스감자스프, 애호박크림소스, 비트크림소스, 소고기가지치즈소스, 옥수수치즈범벅, 프리타타, 양배추소고기치즈롤, 가지소고기그라탕, 피자빵, 미트파이, 과일타르트, 치즈머핀, 생일케이크

요거트

요거트팬케이크, 요거트쌀찐빵, 애호박브레드, 완두콩스프레드, 완두콩스프, 완두콩치즈빵, 바나카도스무디, 콩또띠아롤, 오트밀포리지&오나오, 요거트카레, 생일케이크

옥수수치즈범벅, 프렌치토스트, 과일타르트

분유

2가지 분유빵, 오트밀분유쿠키, 노계란팬케이크, 블루베리팬케이크

견과류

단호박코코볼, 당근빵, 사과머핀, 바후쿠키, 완두콩스프레드, 완두콩스프, 완두콩치즈빵, 그래놀라, 요거트볼, 콥샐러드, 페스토소스, 오트밀포리지&오나오, 브레드푸딩, 과일타르트

율란(밤볼), 콩가루고구마볼&쿠키, 당근빵, 흑임자바나나쿠키&머핀, 통밀빵, 연근버섯들깨스프, 아기약밥

아몬드가루

율란(밤볼), 미역쿠키, 김쿠키, 슈퍼곡물쿠키, 고구마우엉머핀&부침, 당근빵, 사과머핀, 퐁신머핀, 꼬꼼마키쉬, 브로콜리가자미키쉬, 토마토가지키쉬, 단호박머핀, 과일타르트, 완두콩 스프레드, 완두콩 스프, 완두콩 치즈빵

코코넛가루

단호박코코볼

완두콩소고기완자&크로켓, 오트밀사과구이, 새우부추볼(완자)&크로켓, 새우콜리볼&크로켓, 대구감자볼&크로켓, 밥크로켓, 브로콜리튀김, 가지튀김, 소고기까스, 치킨텐더

퀴노아

고구마퀴노아밥, 슈퍼곡물쿠키

햄프씨드

콩가루고구마볼&쿠키, 슈퍼곡물쿠키, 단호박코코볼, 통밀빵

치아씨드

크레페

오트밀분유쿠키, 단호박코코볼, 통밀빵, 밥머핀&밥전

채소 & 과일 (재료 가나다 순)

가지

가지소고기스틱&부침, 토마토가지키쉬, 가지스프, 소고기가지치즈소스, 가지튀김, 가지김무침, 가지볶음, 가지전, 가지밥, 새우가지덮밥

김

김쿠키, 볶음밥김밥, 김밥, 탕평채, 오이낫또김밥, 가지김무침, 청포묵무침&도토리묵무침, 김국

단호박

소고기단호박매시스틱, 단호박 콩스틱, 단호박코코볼, 단호박소고기쿠키&부침 식빵을 사용한 키쉬, 단호박무스, 단호박(오트밀)죽, 단호박머핀, 단호박스프, 상냥한(단호박)고기스튜, 단호박누룽지

감자달걀찜, 감자치즈볼, 고구마 닭고기 볼&스틱, 콩가루고구마볼&쿠키, 요거트쌀찐빵, 애호박소고기퓨레, 애호박크림소스, 감자샐러드, 감자채전&감자채피자, 고구마카레

당근

감자당근고기스틱&부침, 당근두부쿠키, 슈렉소세지, 당근팬케이크&머핀, 당근빵, 당근퓨레, 당근치즈소스, 당근치즈국수&비빔밥, 우엉당근크림스프, 라구소스, 비트사과소스, 당근볶음, 당근라페, 감자당근전, 감자당근조림, 무염불고기, 유부콩나물국, 김국, 달걀국, 등갈비탕, 비트토마토치킨스튜, 상냥한(단호박)고기스튜, 슈렉갈비찜, 새우오트밀죽, 두부카레, 요거트카레, 고구마카레, 된짜덮밥

대추

닭밤볼&스틱, 초록잎 대추쿠키, 아기약밥

대파

아주 부드러운 미트볼&스틱, 돼지고기연근볼&부침, 대파스프, 대파스프팬케이크, 대파스프리조또, 가지스프, 소고기가지치즈소스, 무염불고기, 장조림, 새우애호박국, 유부콩나물국, 해물맑은탕, 달걀국, 등갈비탕, 새우가지덮밥, 떡국

만두소&만두, 굴림만두, 만두랑땡&누드만두, 오코노미야키, 토마토달걀덮밥

딸기

딸기오트밀납작떡

무

낫또찌개, 무나물, 무전, 생선조림, 첫김치, 무표고밥, 소고기뭇국, 해물맑은탕, 콩탕, 등갈비탕

무염피클

미역
멸치육수(다시마), 미역쿠키, 무표고밥(다시마), 첫미역국, 소고기미역죽&리조또

바나나
슈퍼곡물쿠키, 검은콩바나나쿠키&머핀, 바나나두부머핀, 흑임자바나나쿠키&머핀, 바나나후무스, 바후쿠키, 바후팬케이크, 바나카도매시, 바나카도스무디, 바나카도머핀&팬케이크, 팥머핀, 브레드푸딩

밤
율란(밤볼), 닭밤볼, 밤스프, 아기약밥

배
무염케첩, 무염불고기, 첫김치

슈렉머핀, 장조림

배추
소고기배추볶음, 첫김치, 해물맑은탕

양배추소고기치즈롤, 양배추밥새우볶음

버섯
낫또찌개, 버섯스프, 연근버섯들깨스프, 애호박팽이전, 버섯양파볶음, 무염불고기, 무표고밥, 비트연근밥, 첫된장국, 해물맑은탕, 김국, 달걀국, 토마토해물스튜, 버섯들깨죽&리조또, 고구마카레

부추
돼지고기연근볼&부침, 새우부추볼(완자)&크로켓, 만두소&만두, 굴림만두, 만두랑땡&누드만두

돼지고기미나리볼&부침, 시금치새우전, 첫김치, 토마토달걀덮밥

브로콜리
브로콜리 소고기스틱, 브로콜리피넛쿠키, 브로콜리가자미키쉬, 브로콜리스프, 브로콜리무침, 브로콜리볶음, 브로콜리튀김, 비트토마토치킨스튜, 상냥한(단호박)고기스튜, 소고기브로콜리리조또, 고구마카레

새우구름, 새우콜리볼&크로켓, 콜리플라워치즈볼&스틱, 콜리플라워스프

블루베리
블루베리팬케이크(노계란)

비트

비트두부볼&스틱, 비트팬케이크, 비트닭고기머핀, 비트토마토소스, 비트퓨레&비트크림소스, 비트사과소스, 비트연근밥, 비트토마토치킨스튜

사과 & 사과퓨레

과일조림&퓨레&잼, 철분잼, 감자적채고기스틱, 아보카도사과오트밀볼, 오트밀사과구이, 아주 부드러운 미트볼&스틱, 셀러리미트볼, 슈렉머핀, 비트닭고기머핀, 사과머핀, 브로콜리가자미키쉬, 서리태사과퓨레, 서리태사과볼&스틱, 서리태사과오트밀쿠키, 낫또샌드위치, 토마토오이콜드스프, 비트사과소스, 슈렉갈비찜

셀러리미트볼, 무염케첩, 셀러리감자무스, 무염불고기

셀러리

셀러리미트볼, 라구소스, 셀러리감자무스, 비트토마토치킨스튜, 토마토해물스튜

시금치 & 잎채소

소고기시금치스틱, 초록잎대추쿠키, 슈렉소세지, 시금치팬케이크, 슈렉머핀, 시금치고구마스프, 페스토소스, 프리타타, 시금치새우전, 슈렉갈비찜

아보카도

아보카도사과오트밀볼, 아보카도노른자볼, 바나카도매시, 바나카도스무디, 바나카도머핀&팬케이크, 과카몰리

아스파라거스

아스파라거스감자스프, 아스파라거스소고기롤, 아스파라거스소고기볶음

애호박

소고기애호박스틱, 새우구름, 애호박브레드, 애호박소고기퓨레, 애호박소고기진밥, 애호박소고기부침, 애호박크림소스, 애호박전, 애호박볶음, 애호박팽이전, 무염불고기, 첫된장국, 새우애호박국, 김국, 달걀국, 콩탕, 묵사발, 새우오트밀죽, 된짜덮밥

양배추 적채

감자적채고기스틱, 오코노미야키, 양배추소고기치즈롤, 양배추밥새우볶음, 양배추새우찜, 된짜덮밥

브로콜리스프, 콜리플라워스프, 브로콜리무침, 브로콜리볶음, 소고기배추볶음, 무염피클, 소고기브로콜리리조또

연근

돼지고기연근볼&부침, 연근버섯들깨스프, 연근조림, 비트연근밥

오이

감자오이달걀볼, 오이낫또김밥, 토마토오이콜드스프, 무염피클, 콩국수, 나물무침

우엉

고구마우엉머핀&부침, 우엉당근크림스프

콜리플라워

새우콜리볼&크로켓, 콜리플라워치즈볼&스틱, 콜리플라워스프

브로콜리소고기스틱, 브로콜리피넛쿠키, 브로콜리가자미키쉬, 브로콜리스프, 브로콜리무침, 브로콜리볶음, 브로콜리튀김, 소고기브로콜리리조또

토마토

토마토가지키쉬, 토마토콩스튜, 콩또띠아롤, 토마토콩파스타, 병아리콩토마토스프, 토마토오이콜드스프, 라구소스, 비트토마토소스, 로제소스, 무염케첩, 토마토두부비빔장, 과카몰리, 프리타타, 토마토두부샐러드, 방울토마토절임, 비트토마토치킨스튜, 토마토해물스튜, 가지소고기그라탕, 토마토두부리조또, 토마토달걀덮밥, 피자빵

파프리카

파프리카 닭고기스틱, 새우구름, 비트토마토소스, 파프리카잼. 요거트카레, 고구마카레

퓨레

티딩러스크, 사과머핀, 퐁신머핀, 통밀빵, 그래놀라, 요거트볼, 콥샐러드, 과일떡화채

제철 과일

요거트볼, 오트밀포리지&오나오, 과일파이, 생일케이크, 과일푸딩, 과일타르트, 과일떡화채

원물스틱

채소

과일

육류

달걀

아이주도 이유식을 시작한다고 해서 당장 거창한 요리를 해야하는 건 아니에요.

집에 있는 재료들을 간단히 썰거나 찌는 것부터 시작해 보세요.

당장에는 입에 들어가는 것이 거의 없어 보이겠지만

하루하루 발전하는 아이의 모습을 발견할 수 있어요.

모든 재료는 알레르기 테스트를 위해 매우 소량을 먹이는 것부터 시작하세요.

시작하기 전 반드시 가이드북 33~42쪽을 읽어 보세요.

원물스틱 매뉴얼

돌 전에 아이주도 이유식을 시작하는 아이는 기본적으로 원물스틱부터 시작하면 좋습니다(돌 이후에 시작하는 아이는 가이드북 51쪽을 봐주세요). 원물스틱은 색깔, 촉감, 식감, 맛, 냄새 등 모든 방면에서 아이에게 즐거운 자극이 되고 음식을 이해하는 가장 좋은 첫걸음입니다. 입맛이나 기호가 형성되기 전에 최대한 다양한 식재료를 원물스틱으로 접하게 해주면 9~10개월경부터 본격적으로 생기는 편식을 최소화할 수 있고 소근육 발달과 저작운동(씹기) 능력 발달을 가속화시켜 줍니다.

모든 재료는 반드시 알레르기 테스트를 거친 뒤에 본격적으로 식사로 제공해 주세요(가이드북 34쪽 필독).

원물스틱 조리에서 신경써야 할 것은 두 가지입니다.

1. 아기가 쥐기 좋을 것

아기가 주먹으로 쥐었을 때 주먹 안으로 다 숨지 않고 양 끝으로 조금씩 튀어나올 정도의 길이로 만들어 주어야 합니다. 또한, 표면 질감이 너무 미끄러우면 잘 놓치고, 너무 굵거나 너무 가늘면 쥐는 것 자체에 어려움이 있어요. 미끄러운 식재료는 물결칼 등을 활용하여 요철을 만들어 주거나 가루류를 묻혀서 덜 미끄러지게 도와줄 수 있습니다, 대부분의 식재료는 어른 손가락 굵기로 썰어주면 적당합니다.

2. 아기가 씹기 좋을 것

이가 아직 나지 않은 아기도 잇몸으로 음식을 으깰 수 있다는 것을 전제로 합니다(가이드북 54쪽 참고). 식재료마다 단단하고 부드러움, 질김 등의 성질이 다르므로 이를 고려하여 손질 방법, 조리 방법, 가열 시간을 달리해야 합니다. 음식의 질감에 대한 적응력은 아기마다 다 다릅니다. 조심성이 많은 아기는 매우 신중하게 음식에 접근하곤 하지만, 다소 과감하고 급한 성격의 아기는 어떤 음식이든 뚝 뚝 끊어서 바로 삼키는 경향이 있습니다. 단단한 음식의 질식 위험을 줄이려면 최대한 무르게 익혀주거나, 아기 입에 한 번에 들어가지 않도록 아주 큼직하게 썰어서 조리하거나, 반대로 목에 걸리지 않을 만큼 아주 잘게 썰어서 준비합니다. 질식과 헛구역질에 대한 이론은 가이드북 33쪽을 참고해주세요. 아기가 씹는 요령을 익히게 되면 음식의 크기나 굵기에 대한 고민에서 많이 자유로워질 수 있으며, 이를 가장 효율적으로 향상시키는 방법은 원물스틱 연습입니다.

원물스틱의 다양한 조리 방법

원물 스틱은 재료에 따라, 그리고 아이의 발달 상태에 따라 다양한 방법으로 준비해 줄 수 있습니다. 다음 페이지부터 시작되는 재료별 조리법에 앞서 아래의 조리 요령을 참고해 주세요.

가열 조리 없이 바로 주기

바나나, 아보카도, 파프리카, 토마토, 오이, 셀러리, 사과, 배, 수박, 블루베리 등 어른도 생으로 먹는 식재료들은 아기도 생으로 먹을 수 있습니다. 단, 일부 재료는 식감이 어려울 수 있으니 가열 조리도 병행해 보면 좋아요.

가열 조리 - 찌기

찌는 방법은 가열 조리법 중에서 영양소 손실이 가장 적은 조리법입니다. 대부분의 재료는 쪄서 줄 수 있어요. 찌는 방법은 찜기에 찌는 방법과 전자레인지로 찌는 방법이 있습니다. 이유식 마스터기를 이용할 경우 찜기에 찌는 시간보다 조금 오래 찌면 좋습니다.

찜기에 찌기 냄비에 물을 충분히 붓고 찜망을 올려 먼저 물이 끓기를 기다립니다. 김이 오르면 음식을 올리고 뚜껑을 닫아 익힙니다. 바닥에 물이 말라붙지 않도록 주의하세요.

전자레인지에 찌기 내열 용기(금속 용기는 X)에 재료와 물 2~3숟가락을 넣고 덮개를 닫아 정해진 시간만큼 돌립니다. 덮개를 닫되 스팀홀이나 약간의 틈이 있어야 합니다.

가열 조리 - 삶기

끓는 물에 삶는 방법은 수용성 영양소의 손실이 아쉽지만, 효율적으로 재료를 익힐 수 있는 방법입니다.

가열 조리 - 굽기

에어프라이어나 오븐을 활용하거나 프라이팬을 사용하여 굽는 방법이 있습니다. 굽는 방법은 재료의 맛을 극대화해주지만, 재료에 따라서는 표면을 질기게 만들 수 있으니 조리 시간과 요령을 잘 따라야 합니다.

브로콜리 · 브로콜리니 · 콜리플라워

아기가 쥘 수 있는 부분을 충분히 남겨서 썰고 찌거나 삶아 익힌다.

찌기 : 5분

전자레인지 : 2분

삶기 : 2분

* 브로콜리 세척법 참고 :

단호박

통으로 전자레인지에 4분 정도 돌리면 썰기가 쉽다. 이등분 또는 사등분 해서 씨를 빼고 한 번 더 굽거나 쪄서 썰어주거나 으깨어 매시 형태로 준다.

찌기 : 5~6분

전자레인지 : 4~5분

굽기 : 큰 덩어리로 에어프라이어 150~160도에 10분 또는 오븐 170도 15~20분 구워 썰기

감자

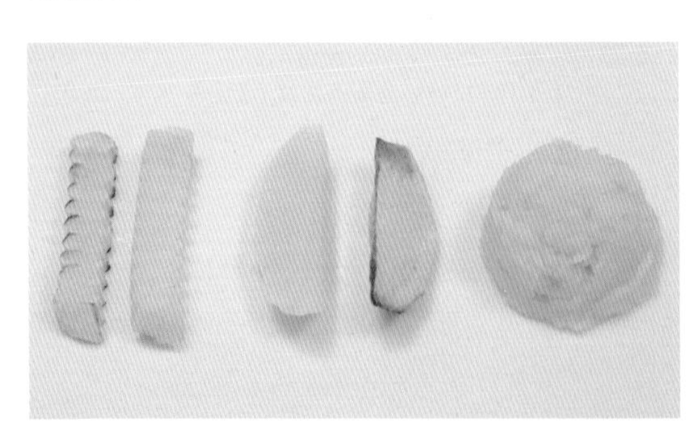

덩어리로 주거나 으깨어 매시 형태로 준다. 물기가 적은 감자는 물 1숟가락을 추가해서 으깬다.

찌기 : 15분

전자레인지 : 4~5분

삶기 : 껍질째 찬물부터 넣고 20~30분

굽기 : 에어프라이어 160도 15~20분 / 오븐 170도 20~30분 / 통감자는 시간 추가

고구마

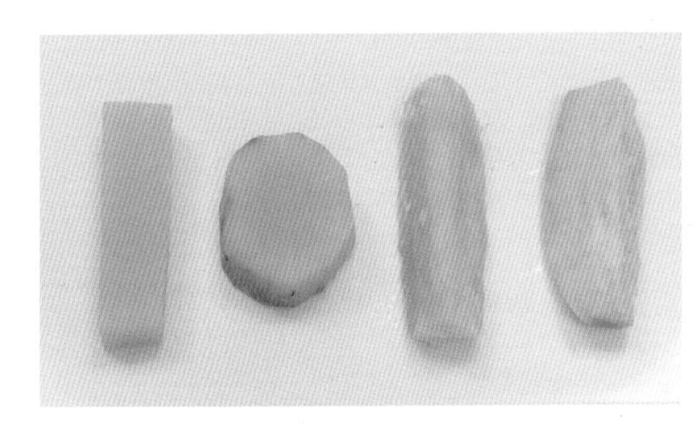

쉽게 뭉개지므로 크게 썰어서 준다.
구울 때는 껍질째 익히고 나중에 써는 것이 부드럽다.

찌기 : 12분

전자레인지 : 3분

굽기 : 통으로 에어프라이어 180도에 20~30분 / 오븐 200도 30분

무

겉 표면은 감자칼로 벗겨내거나 솔로 깨끗이 씻는다. 콜라비로도 응용 가능하다. 콜라비의 경우 가열 시간을 조금씩 늘린다.

찌기 : 12~15분

전자레인지 : 2분

양파

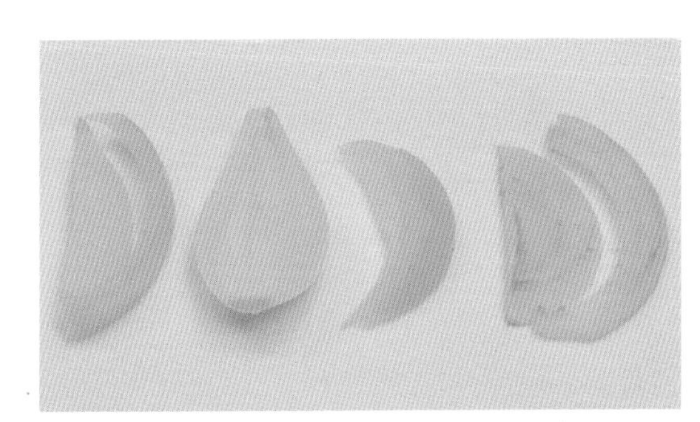

매운 맛이 강한 양파가 있으므로 맛을 보고 주는 것이 좋다.
찌고나서 표면을 팬에 살짝 구우면 덜 미끄럽고 더 맛있다.

찌기 : 6~7분

전자레인지 : 2분

애호박

어린 아기의 경우 씨 부분에 피부 반응을 일으킬 수 있다. 이런 경우 중심 부분을 도려내고 주다가 점차 확대한다.

찌기 : 3분

전자레인지 : 2분

굽기 : 에어프라이어 160도 6~7분

당근

굵은 막대 형태로 주고 원형, 반원형 형태로 다양하게 확대한다. 전자레인지로 찌면 식감이 좋지 않다. 기름에 가열하면 지용성 비타민 흡수에 도움이 된다.

찌기 : 12분

삶기 : 끓는 물에 5분

굽기 : 찌거나 삶아 익힌 뒤, 식용유를 살짝 둘러 팬에 표면을 굽는다.

양배추 · 적채

두툼한 부분을 푹 익혀서 준다. 섬유질이 질기므로 즙만 빨아먹고 뱉어도 된다. 점차 얇은 잎도 시도해 본다. 쪄서 익힌 뒤에 구우면 더 맛있다(에어프라이어 160도 3분 또는 팬에 굽기).

찌기 : 4~6분

전자레인지 : 2~3분

삶기 : 두께에 따라 끓는 물에 2~5분

비트

감자칼로 껍질을 벗겨내고, 찌거나
삶을 때는 큼직하게 썰어서 익히고
먹을 때 스틱 형태로 썰어준다.
비트를 먹으면 대변과 소변 색이
일시적으로 붉어질 수 있다.

찌기 : 18~20분

삶기 : 16~18분

굽기 : 종이 호일로 싸서
에어프라이어 160도 20분 또는 오븐
200도 20분

버섯

큼직한 크기로 썰어줄 수 있는 새송이부터 시작해서 다양한 종류로 확대

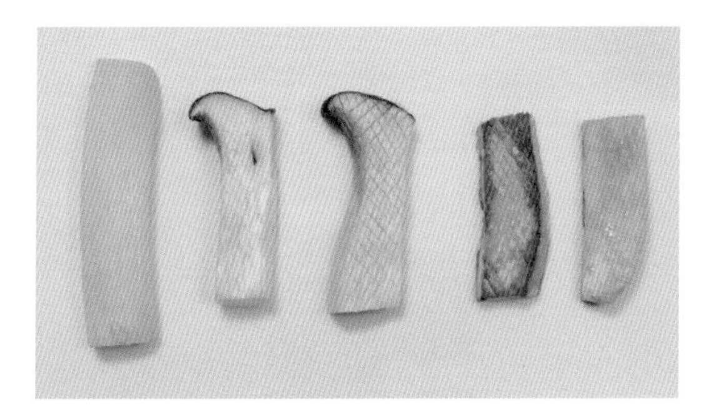

결이 질기므로 처음에는 즙만 빨아
먹어도 된다. 먹는 연습이 어느
정도 된 아이는 잘잘한 칼집을 넣어
조리하면 조금씩 끊어서 먹는 데
도움이 된다.

찌기 : 4분

전자레인지 : 1분

굽기 : 팬에 약한 불로 노릇하게 굽기

오이

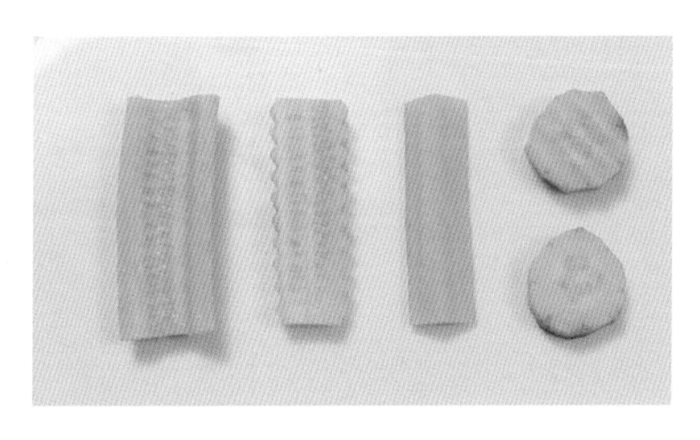

생으로 줄 수 있다.
반으로 썰어 씨 부분을 티스푼으로
도려낸 것부터 시작해 본다.
스틱형으로 시작하여 원형으로도
시도해 본다.

파프리카

생으로 줄 수 있다.
껍질이 뻣뻣해 불편해 한다면
감자칼로 벗겨내고 준다.

찌기 : 5분
굽기 : 에어프라이어 170도 5분 /
오븐 180도 8분 / 팬에 굽기

가지

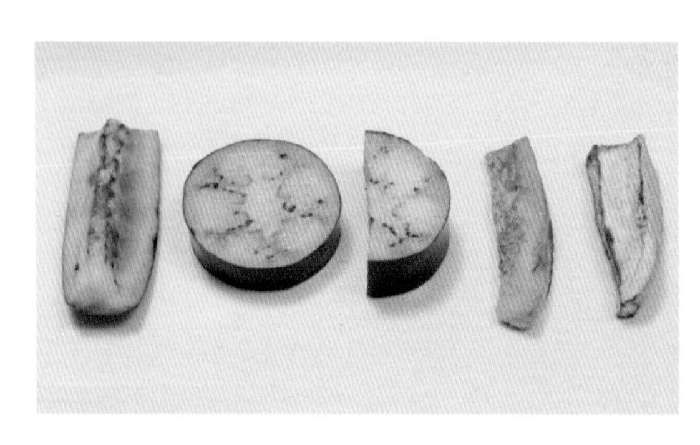

어린 개월수 아기의 경우 씨 부분에
피부 반응을 일으킬 수 있다. 이런
경우 중심 부분을 도려내고 주다가
시간 간격을 두고 확대한다. 껍질을
질겨할 수 있으므로 감자칼로 얇게
벗겨내고 익히면 먹기 좋다.
찌기 : 3분
전자레인지 : 1분
굽기 : 에어프라이어 160도 6분 /
오븐 180도 10분 / 팬에 굽기

아보카도

생으로 줄 수 있다.
껍질을 약간 남겨주면 덜 미끄러진다.
으깨서 매시 형태로 줘도 좋다.

바나나

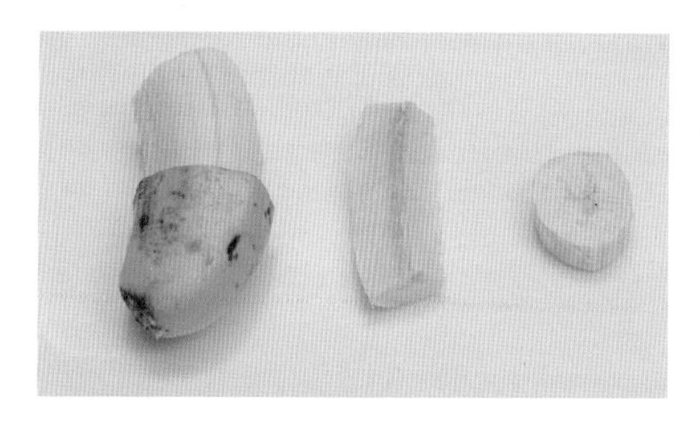

생으로 줄 수 있다.
껍질을 약간 남겨주면 덜 미끄러진다.
으깨서 매시 형태로 줘도 좋다.

사과 · 배

생으로 줄 수 있다.
익히면 부드럽게 먹을 수 있다.
찌기 : 5분
굽기 : 에어프라이어 170도 5분 /
오븐 180도 8분

여름 과일들

생으로 줄 수 있다.
수박은 씨를 빼고 큼직하게 썰어준다.
참외는 씨 부분을 제거하고 쥐기 좋은 크기로 썰어준다.
포도나 블루베리는 아이가 씹어 삼키는 능력이 충분히 발달하기 전에는 2등분 또는 4등분 해서 줘야 질식을 예방할 수 있다.

소고기

첫 소고기는 양지/홍두깨/우둔살이 좋다. 결대로 썰면 질겅거리며 빨아 먹기 좋고, 결의 수직 방향으로 썰면 으깨 먹기 좋다.

찌기 : 3~5분

굽기 : 손가락 두 배 정도 두께로 두툼하게 썰어 에어프라이어 180도에 8~9분 굽고 썰어준다. 마른 팬에 굽거나 물을 약간 더해서 증기로 익히며 구워도 좋다.

닭고기 · 돼지고기

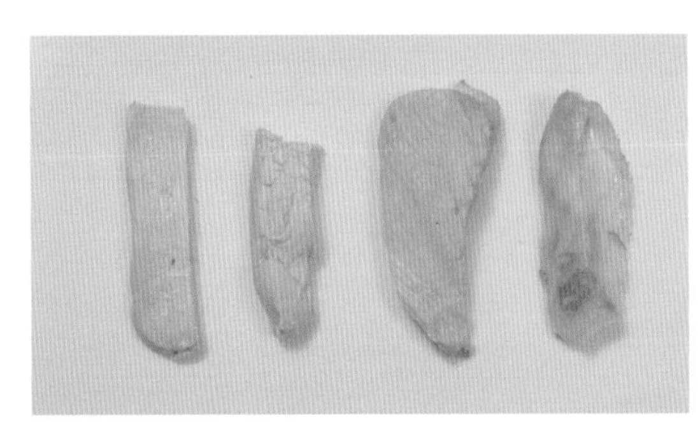

닭고기는 안심과 가슴살부터, 돼지고기는 등심과 앞다리살부터 시작하면 좋다. 적당한 크기로 썰어 찌거나 굽거나 삶는다.

찌기 : 3~5분

삶기 : 끓는 물에 3~5분

굽기 : 에어프라이어 180도에 8~9분 굽는다. 마른 팬에 굽거나 물을 약간 더해서 증기로 익히며 구워도 좋다.

두부

살짝 데쳐서 부드러운 그대로 주거나 구워서 표면을 단단하게 해서 준다.

데치기 : 끓는 물에 1분

굽기 : 에어프라이어 160도 5분 또는 식용유를 약간 두른 팬에 약한 불로 노릇하게 굽는다.

아스파라거스 · 그린빈

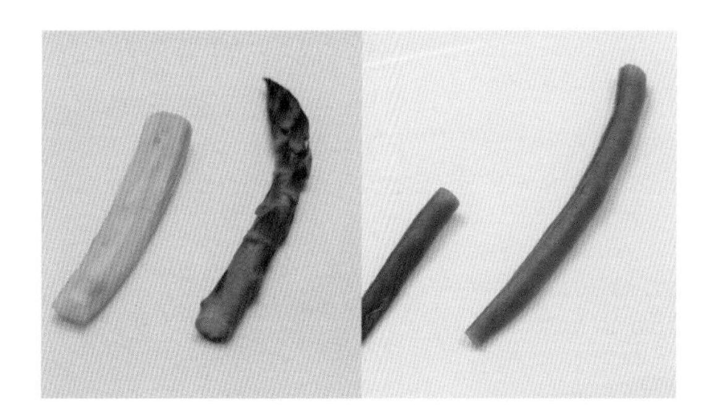

그린빈은 그대로 사용하고,
아스파라거스는 아랫부분 표면을
감자칼로 얇게 벗겨내고 토막낸다.
삶기 : 끓는 물에 2~3분

토마토

생으로 먹을 수 있다. 피부에
반응이 일어날 수 있으니 씨 부분을
제거한 것부터 시도한다. 기름과의
영양 궁합이 좋으므로 식용유나
올리브오일에 구워서 주면 좋다.
굽기 : 에어프라이어 160도 8분 /
오븐 180도 12분 / 기름을 두른 팬에
약한 불로 굽는다.

셀러리

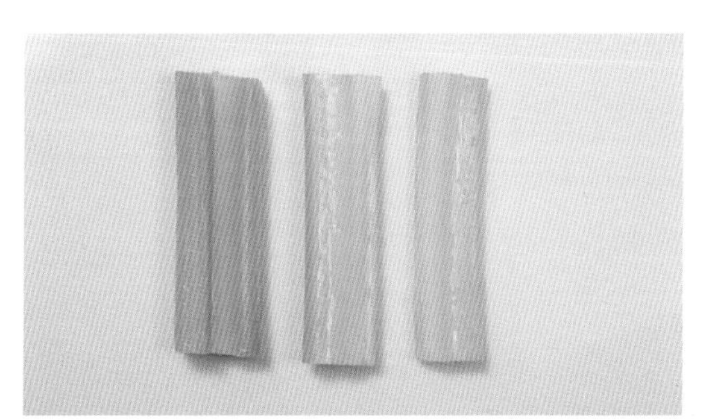

생으로 먹을 수 있다. 질긴 섬유질을
감자칼로 벗겨내고 어른 손가락 길이
정도로 토막내어 준다. 살짝 찌거나
구워도 좋다.

달걀

달걀은 노른자를 아주 소량 테스트하는 것부터 시작한다. 노른자를 분리하는 가장 확실한 방법은 삶아서 분리하는 것이다. 노른자에 알레르기를 일으키지 않는 것이 확인되면 흰자 테스트로 넘어간다.
흰자도 문제가 없는 아이의 경우, 레시피에 달걀에 대해 특별한 언급이 없다면 전란(노른자 + 흰자)을 쓰는 것이 좋다.

달걀 원물 핑거푸드는 아래의 다양한 조리 방법을 시도해 본다.

❶ 삶은 달걀 노른자를 으깨고 물을 약간 섞어 다시 뭉친 것
❷ 삶은 달걀
❸ 삶은 달걀을 으깬 것
❹ 달걀 노른자와 흰자를 따로 풀어 얇게 부친 것(달걀 지단)
❺ 달걀말이와 오믈렛
❻ 스크램블

아이주도 식사, 이렇게 차려요!

화려하고 예쁘게 차려진 식판샷을 SNS 공간에서 많이 보셨을 거예요. 나도 저렇게 꾸며야 하나? 하고 겁먹거나 위축된 적이 있으신가요?

어린 아기일수록 시각적인 자극이 크면 먹는 일에 온전히 집중하기 어려워요. 아이주도 이유식을 처음 시작할 때의 차림은 아래와 같이 아주 단순한 것이 좋습니다. 깊이가 깊지 않은 식판이나 접시 또는 트레이를 사용하여 아이의 시야에 모든 음식이 들어오게 합니다. 한 끼에 차리는 메뉴의 가짓수는 3가지를 넘지 않는 것이 좋고, 음식의 양은 넉넉히 준비하되 아이의 시야에 놓아주는 것은 핑거푸드 2~3개면 충분해요. 아이 앞에 음식이 남지 않게 될 무렵 조금씩 더 주세요. 아이가 식사에 대해 이해하고 집중해서 잘 먹을 수 있게 되면 한 끼 분량을 한 번에 차려주어도 좋습니다.

보기에는 심플하지만 영양 균형을 골고루 생각한 식단으로 아이와 어른이 함께 즐겁게 식사하는 것이 아이의 식사 습관과 건강을 지켜주는 데 가장 중요하고 가장 필요한 것이랍니다.

식단을 짜는 요령에 대해서는 가이드북 64~66쪽을, 개월수별 식단 예시는 가이드북 67~75쪽을 참고하세요!

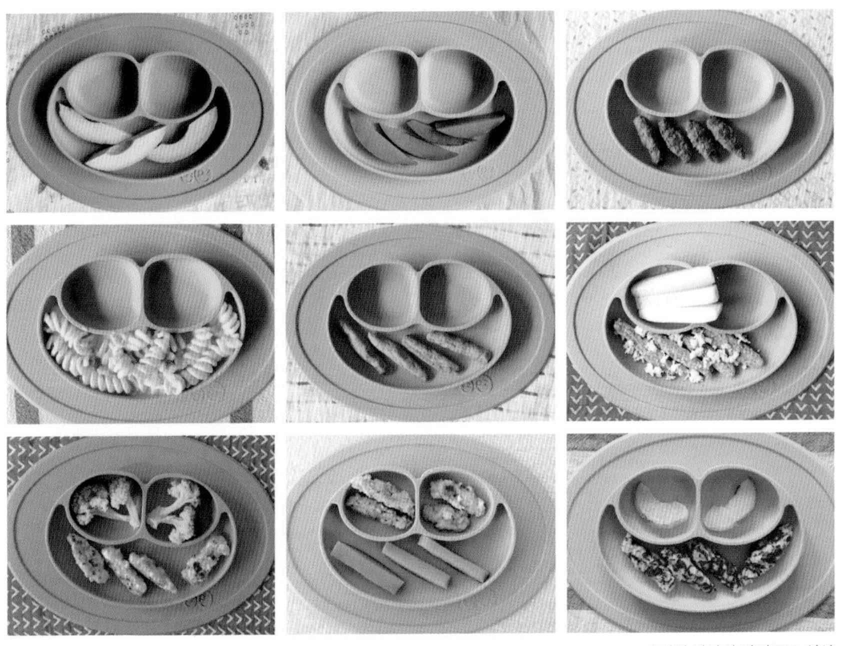

6개월 한나의 아이주도 식사

레시피 페이지 200%활용법

분량은 6개월에서 돌 사이 아기 기준으로 적었습니다. 핑거푸드는 단일 메뉴로 줄 때의 기준이고, 다른 메뉴와 함께 줄 때는 더 여러 번에 걸쳐 소진할 수 있습니다. 분량 란은 어디까지나 참고용이므로 아이의 먹는 양에 따라 유연하게 판단해 주세요.

콜리플라워 치즈볼 & 스틱

콜리플라워 원물의 맛과 향이 아이에겐 낯설 수 있어요.
치즈를 더해주는 것 만으로도 정말 맛있어진답니다.

재료 (2~3회 분량)

재료	분량	대체 가능한 재료
□ 콜리플라워	150g	브로콜리
□ 아기치즈	반 장	-
□ 쌀가루	50g	통밀가루, 현미가루, 오트밀가루
□ 물	15ml	-

재료마다 대체할 수 있는 재료를 적어 냉장고 사정에 따라 유연하게 활용할 수 있게 했습니다.

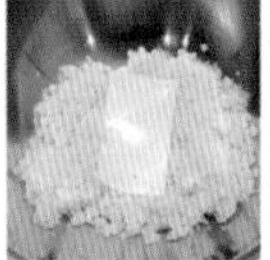
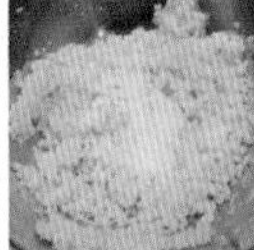
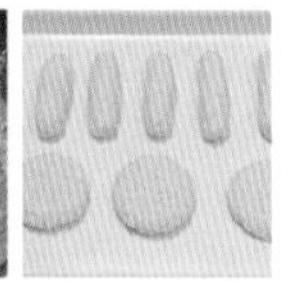

1. 콜리플라워를 찌거나 삶아서 익힌다.
2. 익힌 콜리플라워를 곱게 다지고 식기 전에 치즈를 녹인다.
3. 모든 재료를 섞는다.
4. 먹기 좋은 크기로 빚어 에어프라이어 150도에 10분간 굽는다(오븐 170도 15분).

콜리플라워가 다 식기 전에 재료를 섞어야 치즈를 쉽게 녹이면서 섞을 수 있어요.

과정 사진은 조리 과정 텍스트와 1:1 매치가 되는 것은 아니에요. 꼭 필요한 과정만 사진으로 담았습니다.

파마산 치즈, 후추, 양파가루를 반죽에 섞기

메뉴+1 볶은 소고기나 만능소볶(00쪽)을 반죽에 섞어 구우면 영양가도 맛도 더해진 핑거푸드가 돼요.

91

가염식을 시작한 어린이나 어른을 위해 맛을 더하는 팁을 실었어요. 저염식 기준이므로 가족 입맛에 따라 가감해 주세요.

이 레시피를 응용해서 또다른 메뉴를 만드는 방법이에요.

요리 과정이나 완성 후에 참고하면 도움될 팁을 적었어요.

• 재료와 계량, 대체 재료 사용에 관하여

반드시 레시피 상의 모든 재료가 다 모여야만 그 메뉴를 만들어낼 수 있는 것은 아닙니다. 채소류, 육류, 가루류 등은 집에 구비하고 있는 재료로 유연하게 대체해도 되고, 생략 가능한 재료는 과감히 생략해도 됩니다. 대체 재료 란에 적혀있지 않은 재료로 대체하고 싶을 때는 음식 궁합을 따져서 하면 더 좋습니다(가이드북 76~89쪽 참고).

반죽의 농도를 잘 맞춰서 조리해야하는 베이킹 메뉴들은 레시피 상의 재료를 다른 재료로 대체하면 반죽 농도가 달라질 수 있으므로 반죽이 질어지면 가루류를 더 추가하고, 반죽이 될 경우에는 액체 재료를 더 추가해서 적정 질감을 다시 맞춰주세요. 재료를 더할 때는 조금씩 신중하게 더하는 것이 좋습니다.

계량 단위와 용어 정리

- **g계량과 ml계량** : 가루는 g으로, 액체는 ml 또는 g으로 적었습니다. 반죽할 때 계량컵을 따로 사용하지 않고 저울만으로 계량하기 위해 액체 재료도 g계량을 일부 사용했습니다. 액체가 g으로 적혀있어도 오류가 아니니 안심하세요.
- **숟가락/티스푼** : 주로 적은 양의 액체나 양념 계량에 씁니다. 숟가락은 엄마 아빠 밥숟가락에, 티스푼은 티스푼에 가득 뜨는 것을 가리킵니다.
- **컵** : 종이컵 기준. 주로 쌀이나 밥 물, 빵가루를 재는 단위로 쓰였습니다.
- **( )개** : 주로 채소의 분량을 표기할 때, 재료 무게에 큰 영향을 받지 않는 메뉴는 개수 표기를 썼습니다.
- **겉바속촉** : 겉은 바삭, 속은 촉촉.
- **냉털** : '냉장고 털이'를 줄여 말하는 것으로, 주로 '냉털 채소'처럼 활용되고 있습니다. 냉장고에 있는 자투리 재료들을 융통성있게 활용해 주세요.

재료별 참고 사항

재료란의 모든 재료가 아이에게 안전한지 먼저 체크하고 시작하세요. 그렇지 않다면 재료별 알레르기 테스트를 먼저 해야 합니다. 가이드북의 33쪽을 참고하세요.

• **우유와 유제품** 우유 알레르기가 없는 아이라면 이유식 기간에도 가열하는 요리에 우유를 사용할 수 있습니다. 분유 수유에 문제가 없던 아이라면 우유에도 문제가 없을 가능성이 높지만 알레르기 테스트를 반드시 거쳐 주세요. 우유 및 유제품 알레르기는 다양한 유형이 있습니다. 우유는 안 되지만 우유를 가공한 치즈나 요거트, 버터 등은 괜찮은 경우가 있는가 하면 그 어떤 유제품도 안 되는 경우도 있으니 아이의 체질에 따라 유제품 사용 여부를 신중하게 결정해야 합니다. 우유 사용이 꺼려지거나 불가능하면 두유, 아몬드밀크, 분유 등으로 대체할 수 있고, 모유 수유하는 아이라면 유축 모유가 가장 좋습니다. 분유를 상비하지 않는 경우 스틱형 분유나 액상 분유도 유용합니다. 분유 탄 물이라 적힌 것은 분유를 정량 비율로 탄 것을 말합니다. 두유를 대체품으로 선택할 때는 대두와 정제수만으로 이루어진 순수한 두유 제품을 권장합니다.

• **달걀** 달걀 알레르기가 있는 아이들을 생각해서이기도 하지만, 알레르기가 없는 아이라 하더라도 달걀 섭취량이 과해지지 않게 하기 위해서 레시피 전반에 걸쳐 달걀 사용을 최소한으로 하였습니다. 달걀을 쓰는 레시피를 달걀을 쓰지 않고 하려면 치아씨드 한 숟가락을 물 3~4숟가락에 섞어 불린 다음 달걀과 똑같이 반죽에 섞어서 활용하면 됩니다. 그 밖에도 다양한 재료로 달걀을 대체할 수 있습니다. 레시피북 54쪽 오트밀 쿠키 레시피를 참고하세요.

• **두부** 두부는 매우 훌륭한 식품이지만 응고를 위한 미량의 첨가물과 염분이 들어갑니다. 두부를 더 건강하게 사용하려면 두부를 끓는 물에 1분 이상 데쳐 쓰세요.

• **오트밀** 재료에서 언급하는 '오트밀'은 입자가 있는 오트밀입니다. 입자 크기에 따라 점보 오트, 롤드 오트, 포리지 오트 등으로 구분되는데, 오트밀 구입이 처음이라면 입자가 작으면서도 적당히 있는 롤드 오트나 포리지 오트를 사면 무난합니다. '오트밀가루'라고

명시된 레시피는 입자가 있는 오트밀을 믹서에 갈아서 사용하면 됩니다. 오트밀은 섭취가 과할 경우 배변 상태에 영향을 줄 수 있어 메인 재료로 사용하는 경우 1일 1끼 정도가 적당합니다. 부재료로 사용하는 경우에는 크게 문제되지 않습니다.

• **쌀가루와 밀가루** 베이킹은 밀가루로 했을 때 결과물이 가장 잘 나오지만 글루텐 알레르기나 아토피 문제를 고려하여 쌀가루 위주의 레시피로 수록하였습니다. 밀가루 섭취에 문제가 없는 아이라면 밀가루로 대체해도 좋습니다. 쌀가루로 만드는 스틱들은 쫀득하거나 촉촉한 질감을 가집니다. 오트밀과 현미가루는 쌀가루보다 조금 퍼석한 질감을 내줍니다. 밀가루를 사용하는 일부 레시피는 박력분/강력분 구분 없이 통밀가루를 사용하였습니다. 건강에 더 이로운 비정제 곡물을 사용하기 위해서지만, 쿠키나 머핀 등 바삭하거나 포슬포슬한 음식에는 박력분을, 수제비 등 쫄깃한 음식에는 강력분을 쓰면 좀 더 맛있는 결과물이 나옵니다.

“ 자, 요리할 준비 되셨나요?
차근차근 쉬운 것부터 시작해 봐요! ”

애호박크림파스타(184쪽), 잔치국수(156쪽), 김밥(155쪽), 유부초밥(143쪽), 발사믹윙조림(250쪽), 오버나이트오트밀(290쪽)

기본템

과일조림 & 퓨레 & 잼

양파잼

육수

채수

만능소고기볶음

철분잼

지금부터 소개하는 몇 가지 메뉴는
이유식과 유아식 모든 과정에 활용하기 좋은 기본 아이템들입니다.
냉장/냉동실에 떨어지지 않게 보관하면 요리 시간을 확 줄여준답니다.
레시피에 계속 재료로 등장하니 미리 체크해 주세요.
특히 가염식, 가당식을 하기 전인 아이들에겐
음식에 맛을 더하는 필수 아이템들이니까요.

과일조림 & 퓨레 & 잼

시중에 유기농 과일 100% 퓨레도 흔하지만
직접 만드는 것도 절대 어렵지 않아요!
냉장고에 남아도는 과일로 건강한 퓨레와 잼 만들어 보아요.

재료 (여러 번 사용할 분량)		**대체 가능한 재료**
□ 원하는 과일	200g	-
□ 레몬즙(잼 재료)	1티스푼	식초 또는 생략 가능
□ 한천가루(잼 재료)	1티스푼	생략 가능

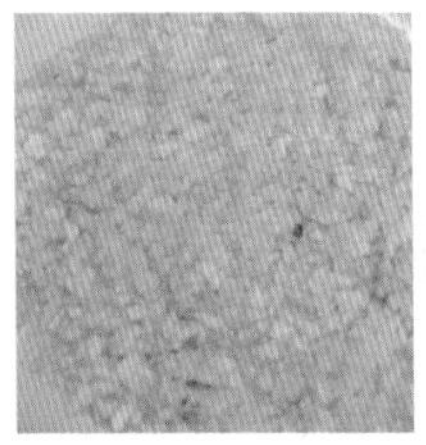

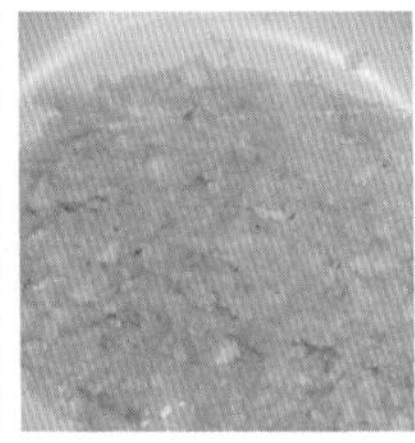

[과일조림]

1. 손질한 과일을 잘게 다진다.

2. **팬 조리** : 팬에 1을 고루 펼쳐 넣고 물 반 컵을 부어 약한 불로 끓인다. 중간중간 저어준다. 과일 입자가 쉽게 으스러질 정도로 물러지면 불을 끈다.

   전기 밥솥 조리 : 1과 물 반 컵을 밥솥에 넣고 만능찜 모드로 15분 취사한다.

[퓨레]

과일조림을 믹서에 곱게 간다.

[과일잼]

과일조림을 더 곱게 으깨거나 믹서에 갈고, 레몬즙 1티스푼과 한천가루를 섞어 저어가며 약한 불로 끓인다. 기포가 보글보글 올라오면 3분 정도 더 끓이다가 불을 끈다.

· 여기서는 이 책 전반에 걸쳐 가장 쓰임새가 다양한 사과로 만들었어요. 딸기, 블루베리, 키위, 오렌지, 포도, 복숭아 등 과즙이 풍부한 과일을 두루 활용해 보세요.

· 잼에 쓰이는 레몬즙은 저장 기간을 조금 더 늘려주고, 한천가루는 끈적한 질감을 만들어 줍니다. 오래 졸인다면 한천가루는 필요 없어요.

· 냉장 상태에서는 5일 내로 소진하고, 이후에 사용할 분량은 아이스큐브틀이나 지퍼백에 펼쳐 냉동하면 유용해요.

양파잼

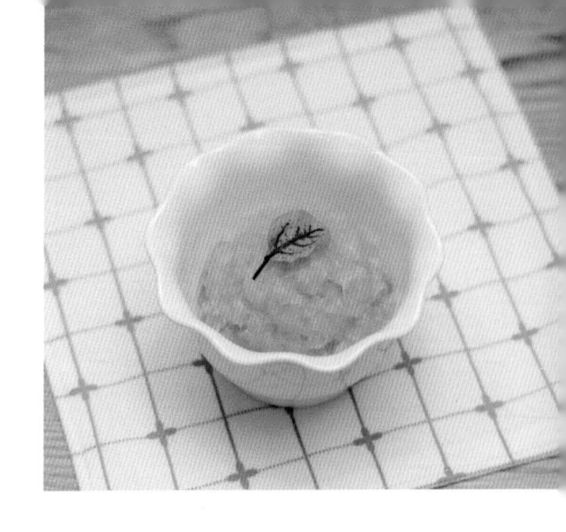

양파를 오래 볶으면 특유의 단맛이 생겨나죠.
자극적인 양념을 하기 전인 이유식과 유아식에
요긴하게 쓰일 천연 양념입니다.

재료 (여러 번 사용할 분량)

ㅁ 양파 300g

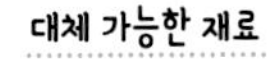

대체 가능한 재료

-

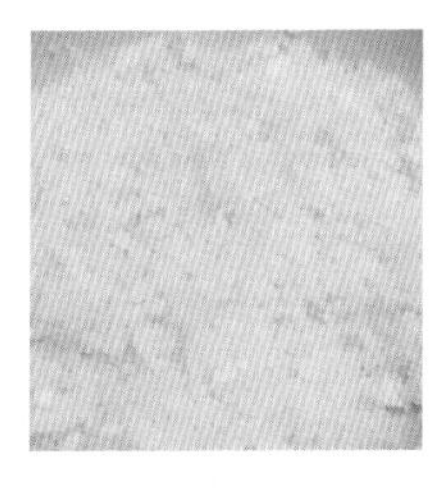
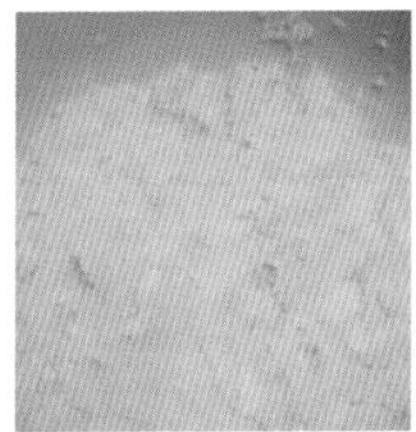
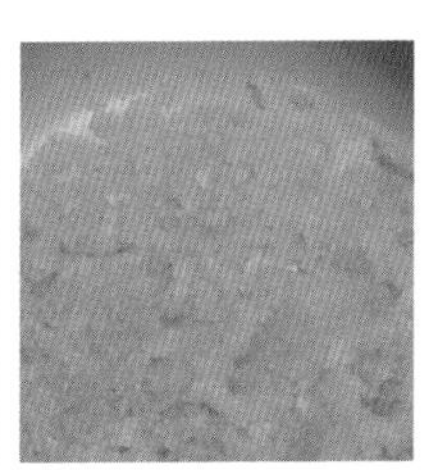

1. 양파를 아주 잘게 다진다.
2. 팬에 펼쳐 약한 불에 끓이듯 볶는다. 눌어붙지 않게 중간중간 저어준다. 수분이 너무 빨리 날아가면 물을 반 컵씩 추가하며 볶는다.
3. 입자가 뭉그러지고 색이 노릇해지면 잘 식혀서 소분한다.

* **전기 밥솥 조리** 2번의 팬 조리 대신 밥솥에 물 반 컵을 함께 넣고 만능찜 모드로 20~30분 취사 후 팬에 옮겨 약한 불로 저어가며 수분을 날려준다.

* 양파잼 활용 초간단 덮밥 : 달걀 + 양파잼 + 들기름 + 깨소금

Tips!

· 푹 익힌 양파는 매우 부드럽지만, 입자가 조금이라도 남는 느낌이 싫다면 핸드블렌더나 믹서로 곱게 갈아주세요.

· 냉장 상태에서는 5일 내로 소진하고, 이후에 사용할 분량은 아이스큐브틀이나 지퍼백에 펼쳐 냉동하면 유용해요.

멸치육수

멸치 육수를 사용하면 소금이나 간장으로 간하지 않아도
풍부한 맛이 느껴지는 요리를 할 수 있어요.
완전 무염식이 지루해지면 육수 사용을 시작해 보세요.

재료(여러 번 사용할 분량)		**대체 가능한 재료**
□ 국물용 멸치	한 줌	-
□ 다시마	3조각	-
□ 물	2L	-

1. 빈 냄비에 멸치를 넣고 저어가며 중간 불로 1분간 볶는다.
2. 물을 천천히 붓고 다시마를 넣어 센 불에 끓인다. 끓어오르면 중간 불로 줄여 3분간 끓이다가 불을 끄고, 30분 정도 둔다.
3. 체에 걸러 보관 용기에 옮겨 냉장 또는 냉동 보관한다.

Tips!

· 멸치는 대가리와 내장을 제거하고 사용하면 더 깔끔한 맛이 나요. 손질된 국물용 멸치를 구입하면 편리합니다.

· 냉장 상태에서는 5일 내로 소진하고, 이후에 사용할 분량은 아이스큐브틀이나 모유저장팩 등에 옮겨 냉동하면 유용해요.

· 육수를 처음 사용할 때는 레시피보다 더 연한 농도로 사용해도 좋아요.

채수

채수를 사용하면 짠맛 없이도
맛있는 국물을 만들 수 있어요.
육수와 함께 쓰면 깊은 맛이 배가 되죠.

재료 (여러 번 사용할 분량)

□ 양파	반 개
□ 대파	반 대
□ 무	250g
□ 배추	잎 3~4장
□ 당근	반 개
□ 파프리카, 애호박, 표고버섯	각 60g
□ 물	2.5L

대체 가능한 재료

무, 대파, 양파는 필수, 없는 채소는 생략 가능

1. 모든 채소는 물기를 제거하고 큼직하게 썰어 200도로 예열한 오븐에 20분 이상 굽는다. 표면이 약간 그을려지면 된다(에어프라이어 180도 15~20분).
2. 구운 채소와 물을 냄비에 붓고 30분간 중간 불로 끓인다.
3. 한 김 식혀 체에 걸러 보관 용기에 옮긴다. 냉장 또는 냉동 보관한다.

냉장 상태에서는 일주일 내로 소진하고, 이후에 사용할 분량은 아이스큐브틀이나 모유저장팩 등에 옮겨 냉동하면 유용해요.

만능 소고기볶음

온갖 요리에 활용할 수 있는 만능 아이템입니다.
냉동실에 얼려두면 갑자기 끼니를 준비해야 할 때도 든든하죠.
이 책 전반에서 사용 빈도가 높기 때문에 자투리 재료가
남을 때마다 만들어서 저장해두면 좋아요.

재료 (여러 번 사용할 분량)

□ 다진 소고기	200g
□ 각종 냉털 채소(양파, 당근, 버섯, 브로콜리, 파프리카, 애호박 등)	200g

❶ 채소를 잘게 다진다. 냉동해두었던 채소 큐브가 있다면 그것을 사용해도 좋다.

❷ 팬에 소고기와 채소를 모두 넣고 중간 불에 물볶음(눌어붙으려 할 때마다 물을 추가해서 볶는 방법)한다.

❸ 고운 입자를 원할 경우 재료가 모두 익은 후에 한 번 더 다진다.

❹ 3일 내로 쓸 분량은 냉장하고 이후 사용할 분량은 아이스큐브틀에 채우거나 지퍼백에 얇게 펼쳐서 냉동한다.

물볶음이 번거롭다면 식용유를 약간 두르고 볶아도 문제 없어요.

철분잼

이유기, 유아기에는 철분 섭취에 신경을 많이 써야 하죠.
철분이 풍부한 재료를 좋아한다면 별 걱정이 없겠지만
그렇지 않다면 많이 걱정되실 거예요.
철분잼은 맛이 강하지 않아 이런저런 요리에 쓰기 좋아요.

재료 (여러 번 사용할 분량)		대체 가능한 재료
□ 다진 소고기	50g	-
□ 오트밀	20g	-
□ 사과 퓨레	1숟가락	배퓨레, 사과즙
□ 다진 마늘	반티스푼	마늘가루 3꼬집 또는 생략 가능

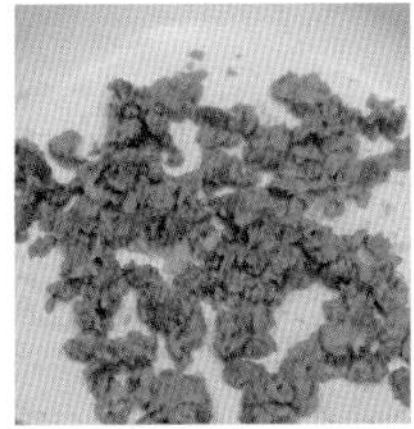
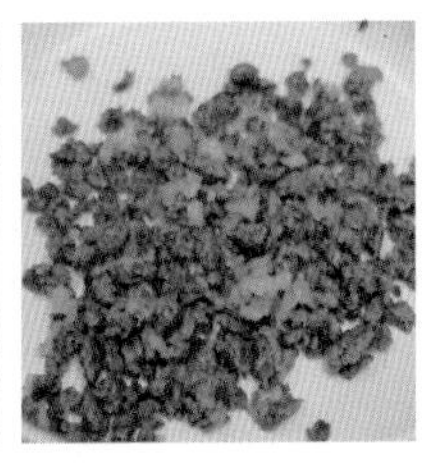
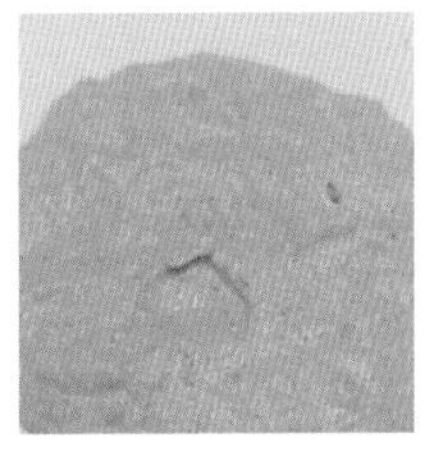

1. 오트밀에 물 40ml를 부어 불려둔다.
2. 팬에 식용유를 아주 조금 두르고 중간 불에 다진 마늘과 다진 소고기를 볶는다. 소고기가 짙은 갈색이 될 때까지 충분히 볶다가 사과 퓨레를 더해 수분을 날리듯 약한 불에 볶는다.
3. 1과 2를 모두 믹서에 넣고 곱게 간다.
4. 3일 내로 쓸 분량은 냉장하고 이후 사용할 분량은 아이스큐브틀에 채우거나 지퍼백에 얇게 펼쳐서 냉동한다.

Tips!

믹서에 잘 갈리지 않는다면 물을 조금 더 붓고 간 뒤 팬으로 옮겨 살짝 가열하여 수분을 줄여주면 돼요.

철분잼 활용법

- 원물 스틱이나 핑거푸드의 끝에 살짝 묻혀준다.
- 반죽을 사용하는 대부분의 메뉴(부침 요리, 베이킹 등)와 스프, 죽, 소스, 덮밥 등에 소량씩 섞어 사용할 수 있다. 반죽이나 음식의 질감에 크게 변화를 주지 않는 선에서 1티스푼 ~ 1숟가락 정도를 사용하면 된다.

핑거푸드

스틱

볼

쿠키

머핀 / 빵

부침

팬케이크

원물 스틱으로 먹는 연습을 시작하고 알레르기 테스트도 하나씩 통과하고 있다면
조금 더 다양한 조리법과 재료로 맛과 질감의 경험을 넓혀 주세요.
처음에는 아주 조금씩만 줘서 음식에 대한 낯선 느낌을 극복하는 것부터 시작해 봅시다.
아이가 제법 능숙하게 먹을 줄 알게 되면, 양과 종류를 점차 늘려가면 됩니다.

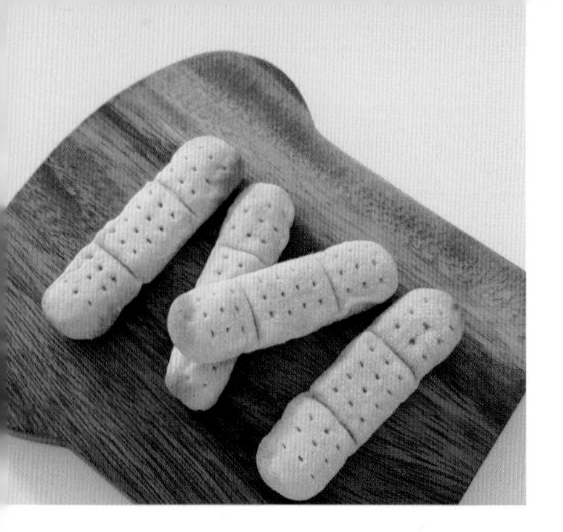

티딩러스크

이가 나기 시작해서 씹을거리가 필요한 아기를 위한 쿠키.
한참을 냠냠 집중해서 뜯어 먹으니 외출 시 간식으로 아주 좋아요!

재료 (여러 번 먹을 분량)

재료	분량	대체 가능한 재료
□ 쌀가루	110g	통밀가루 120g
□ 과일퓨레(44쪽)	80g	-
□ 올리브오일	10g	물 또는 생략 가능

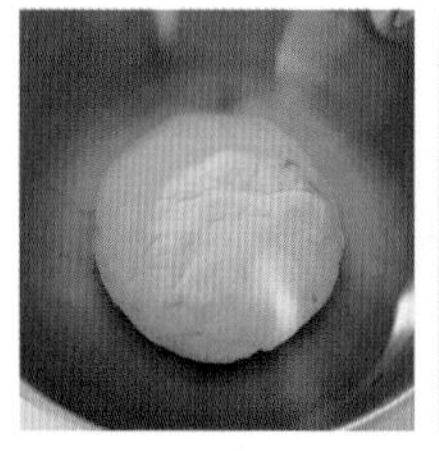

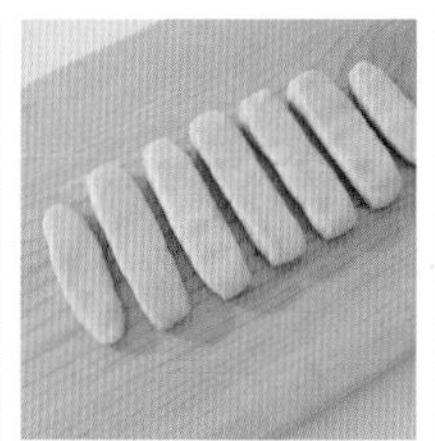
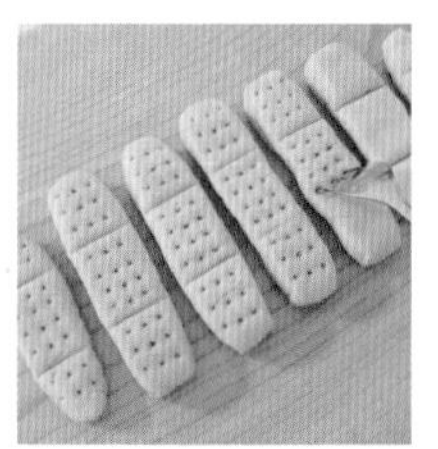

1. 모든 재료를 잘 섞는다.
2. 1의 반죽 상태를 보아 손에 묻어나지 않는 상태가 되도록 물 또는 통밀가루를 조금씩 추가하며 반죽을 만든다.
3. 매끈한 판 위에 반죽이 들러붙지 않도록 소량의 통밀가루를 뿌리고 그 위에 반죽을 올린다.
4. 반죽을 밀대로 밀어 판판하게 하고, 어른 손가락보다 조금 넓적하게 썰어 모양을 다듬는다.
5. 표면에 포크로 골고루 구멍을 내고, 에어프라이어 170도에 10~20분(오븐 180도 20~30분) 굽는다.(중간에 한 번 뒤집어 주면 앞뒷면이 고루 익는다.) 겉면은 바게트빵 겉 면처럼 딱딱하고 속은 묵직한 빵 질감이면 완성.

Tips!

· 통밀가루, 쌀가루 상관없이 반죽을 손으로 만졌을 때 묻어나지 않을 정도의 점도여야 겉 바삭촉 형태로 구워집니다.

· 물기가 많은 퓨레를 사용할 때는 오일, 물 둘다 안 넣어도 돼요.

· 냉장 및 냉동이 가능해요. 먹기 전 실온에 뒀다 줍니다.

2가지 분유빵

분유로 쉽게 만드는 빵.
달걀을 넣으면 더 맛있지만, 알레르기가 있는 아이라면
노계란 버전 레시피를 활용해서 만들 수 있어요.

재료 (1회 분량)

계란버전

- ㅁ 분유가루 20g
- ㅁ 달걀노른자 1개
- ㅁ 쌀가루 10g
- ㅁ 물 30g

노계란버전

- ㅁ 분유가루 14g
- ㅁ 쌀가루 30g
- ㅁ 물 50g

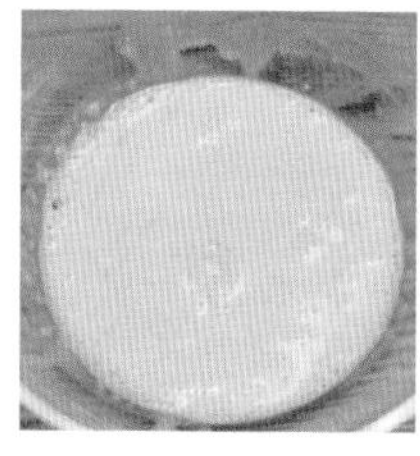

1. 모든 재료를 잘 섞는다.
2. 틀에 붓고 전자레인지에 1분 30초~2분 돌리거나, 김이 오른 찜기에 6~7분 찐다. 에어프라이어 150도에 8~10분 구워도 좋다.

· 틀은 아이스큐브틀, 내열용기, 머핀틀 등을 두루 활용할 수 있어요.

· 노계란 버전은 떡 같은 밀도 있는 질감이 됩니다.

오트밀 분유쿠키

철분이 풍부한 오트밀과 분유로 만드는 영양쿠키.
달걀을 쓰기 전이라면, 대체 재료를 활용해서 만들어 보세요.

재료 (1~2회 분량)		대체 가능한 재료
□ 오트밀가루	15g	오트밀
□ 분유가루	15g	-
□ 달걀 노른자	1개	* 아래 참조

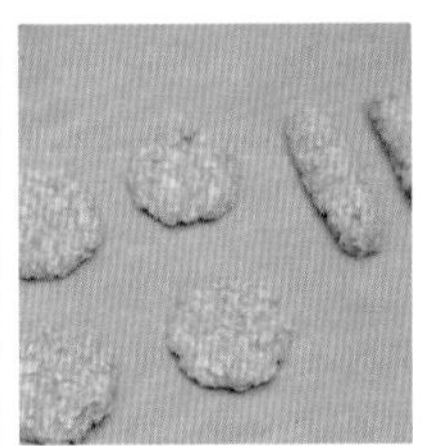

1. 모든 재료를 잘 섞는다.
2. 반죽을 적당한 크기로 뭉친 뒤 눌러 펴서 쿠키 모양을 만든다.
3. 160도로 예열한 오븐에 10~12분 또는 에어프라이어 150도에 7~8분 굽는다.

Tips!

· 입자가 있는 오트밀은 믹서에 곱게 갈아서 쓰면 됩니다. 거친 식감을 싫어하지 않는 아이는 입자가 있는 오트밀 그대로 반죽해도 돼요.

· 버터나 시나몬가루, 다진 견과류 등을 더하면 더 풍부한 맛을 낼 수 있어요.

· 갓 구운 쿠키는 표면이 질기거나 거칠 수 있어요. 식기 전에 밀폐 용기에 담아두면 촉촉해져요.

*** 달걀 노른자 1개를 다른 재료로 대체하기** (전란은 아래 양의 2.5배)

[바나나] 15g을 으깨어 사용한다.
[감자/고구마/당근] 찌거나 삶아 익혀서 30g을 으깨어 사용한다.
[치아씨드] 치아씨드 : 물 비율을 1 : 3으로 섞어 10분 정도 불려 15g을 사용한다.
[땅콩버터] 땅콩버터 15g을 물 5g에 섞어 부드럽게 만들어 사용한다.
[과일퓨레] 과일을 갈아 졸인 퓨레 또는 시판 퓨레를 30g 사용한다.

소고기단호박 매시스틱

먹는 연습을 처음 시작할 때 좋은 메뉴예요.
아이가 뭉개면서 먹을 수 있는 부드러운 스틱입니다.

재료 (1~2회 분량)		대체 가능한 재료
□ 단호박	60g	-
□ 다진 소고기	30g	닭고기, 돼지고기
□ 쌀가루	10g	통밀가루, 현미가루, 찹쌀가루

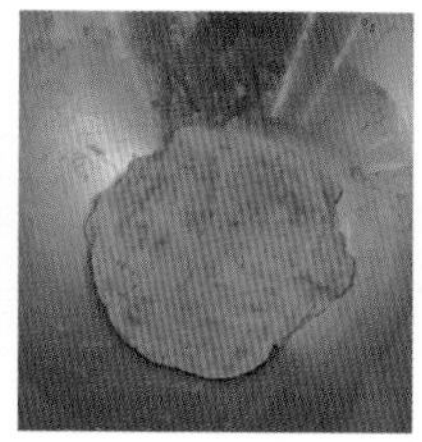

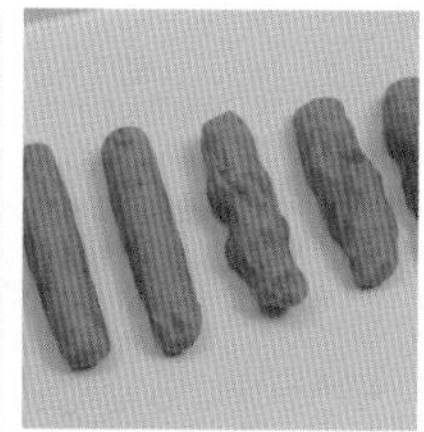

1. 단호박을 쪄서 익히고 포크로 부드럽게 으깬다.
2. 1과 다진 소고기, 쌀가루를 섞어서 반죽한다.
3. 먹기 좋은 크기로 빚어 에어프라이어 170도에 8~10분(오븐 180도 15분) 굽거나 김이 오른 찜기에 5~6분간 찐다.

Tips!

찜기에 찌면 전체적으로 부드럽고, 구우면 겉은 까슬하고 속은 부드러워요. 아이가 뭉개면서 먹기 좋은 질감이랍니다.

메뉴+1 쌀가루 - 달걀물 - 빵가루를 묻혀 튀기면 맛있는 크로켓이 돼요.
(에어프라이어 170도 10~13분, 오븐 180도 20~25분, 160도 기름에 4~5분)

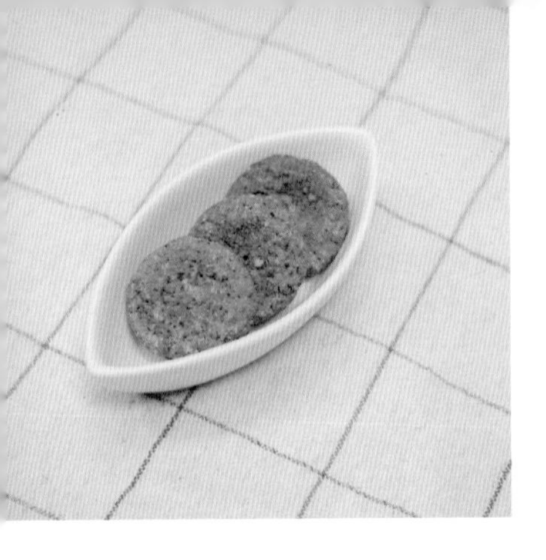

단호박 콩스틱

부드러운 단호박과 영양가 높은 콩이 어우러진,
고소함이 가득한 스틱이에요.

재료 (1~2회 분량)		대체 가능한 재료
ㅁ 삶은 서리태콩	17g	기타 콩류 : 검은 콩, 강낭콩, 병아리콩, 완두콩 등
ㅁ 단호박(손질 후 무게)	50g	고구마
ㅁ 오트밀가루	15g	-
ㅁ 쌀가루	15g	통밀가루, 현미가루, 찹쌀가루

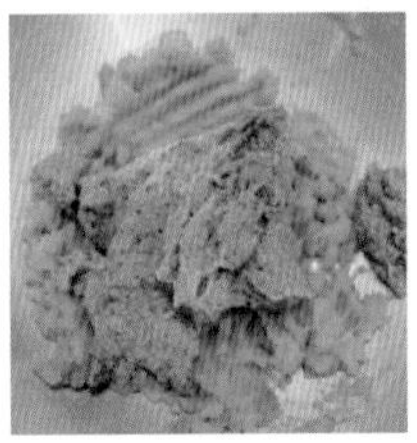
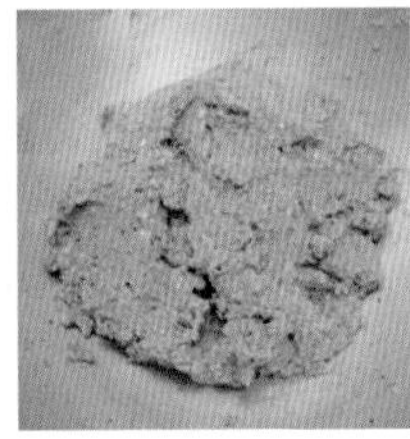

1. 삶은 콩 중량의 절반만큼 물을 넣고 믹서에 갈거나 차퍼로 다진다.
2. 단호박을 쪄서 익히고 곱게 으깬다.
3. 1과 2를 섞고, 오트밀가루와 쌀가루를 섞는다.
4. 먹기 좋은 크기로 뭉쳐서 170도로 예열한 오븐에 15~20분(에어프라이어 150도 10~15분) 굽는다.

· 콩이 너무 소량이면 믹서기에 갈리지 않아요! 넉넉하게 삶아서 한번에 갈고 냉장 또는 냉동 보관하면서 다른 요리에도 사용하면 좋아요.

· 콩은 하룻밤 정도 충분히 불려서 푹 삶아요. 완전히 불려서 푹 삶은 콩은 원래 무게의 2배 정도가 돼요. 단, 완두콩은 불리는 과정 없이 삶아도 돼요.

맛더하기 반죽에 소금 1꼬집, 올리고당이나 조청 1/2~1티스푼 섞기

브로콜리 소고기스틱

소고기와 브로콜리의 만남은 언제나 옳지요.
소고기 스틱 먹는 연습을 시작해 볼까요?

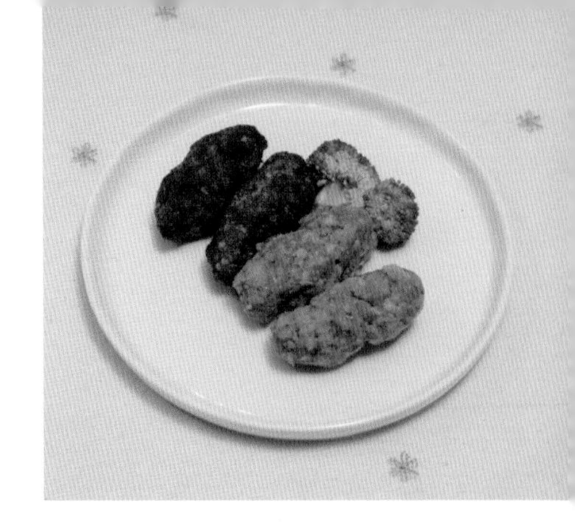

재료 (2~3회 분량)		대체 가능한 재료
ㅁ 브로콜리	50g	콜리플라워
ㅁ 다진 소고기	100g	닭고기, 돼지고기
ㅁ 쌀가루	20g	통밀가루, 현미가루
ㅁ 양파잼(45쪽)	1숟가락	생략 가능
ㅁ 마늘가루	2꼬집	생략 가능

1. 브로콜리를 잘게 다진다.
2. 다진 브로콜리와 나머지 재료를 모두 섞는다.
3. 어른 손가락과 비슷한 굵기와 길이로 빚거나 동그랗게 빚는다.
4. 김이 오른 찜기에 8~10분 찌거나 에어프라이어 170도에 8분(오븐은 180도 13~15분) 굽는다.

· 찐 스틱은 겉이 끈적이고 속은 너무 촉촉할 수 있어요. 한 김 식히면 끈적임이 조금 덜해져요.

· 아이가 브로콜리 향을 좋아하지 않으면 브로콜리 양을 줄이고 미리 익힌 후에 다져 넣어 보세요.

맛 더하기 쌀가루 대신 부침가루 사용, 반죽에 소금 2꼬집 더하기

감자당근고기 스틱 & 부침

당근과 감자를 함께 익혀 사용하면 조리 과정이 수월해요.
부침으로 만들면 어린이 반찬으로도 훌륭한 메뉴죠.

재료 (1~2회 분량)		대체 가능한 재료
ㅁ 감자	60g	-
ㅁ 당근	40g	-
ㅁ 다진 소고기	30g	돼지고기, 닭고기

1. 감자와 당근은 삶거나 쪄서 푹 익힌다.
2. 1이 식기 전에 곱게 으깬다.
3. 한 김 식으면 다진 소고기를 섞는다.
4. 먹기 좋은 크기로 빚어 에어프라이어 160도에 8~10분(오븐 180도 15분) 굽거나 납작하게 빚어 식용유를 약간 두른 팬에 약한 불로 뚜껑을 닫고 굽는다.

· 여기서는 곱게 간 생고기를 썼지만, 익힌 다짐육을 사용해도 됩니다. 익힌 고기를 사용할 경우 모두 익은 재료이므로 4번의 가열 과정을 생략하고 볼처럼 뭉쳐서 바로 줘도 돼요.

· 찜 조리는 감자가 으스러지므로 적합하지 않아요.

맛 더하기
- 반죽에 치즈 다져 넣기, 소금과 후추 2~3꼬집 추가하기
- 빵가루 입혀 기름에 튀기기

감자적채 고기스틱

우리 카페에서 정말 많은 사랑을 받고 있는 메뉴죠.
적채가 들어가 색깔도 예쁘고 섬유질 보충도 해줘요.

재료 (2~3회 분량)		대체 가능한 재료
□ 감자	150g	-
□ 적채	30g	양배추
□ 다진 소고기	50g	닭고기, 돼지고기
□ 사과	30g	사과 퓨레 10g
□ 쌀가루	10g	통밀가루, 현미가루

1. 감자는 찌거나 삶아서 식기 전에 으깬다.
2. 적채와 사과를 잘게 다지고, 다진 소고기와 함께 팬에 볶는다.
3. 2에서 볶은 재료, 1에서 으깬 감자, 쌀가루를 모두 섞는다.
4. 먹기 좋은 크기로 빚어 에어프라이어 150도에 7분(오븐 170도 13분) 굽거나, 식용유를 약간 두른 팬에 올려 굴려가며 겉면이 살짝 바삭한 느낌이 들 때까지 약한 불로 굽는다.

팬에 구우려면 두께를 얇게 하는 것이 유리해요. 동글납작한 모양으로 하면 좋아요.

맛더하기 - 반죽에 소금과 후추 2~3꼬집 추가하기
- 케첩에 찍어 먹기

감자달걀찜

달걀에 감자를 더해 달걀에 부족한
탄수화물과 비타민을 보완했어요.
고소하고 부드러워 누구나 먹기 좋답니다.

재료 (1~2회 분량)		**대체 가능한 재료**
ㅁ 감자	100g	고구마, 단호박
ㅁ 달걀	1개	-

1. 감자를 삶거나 쪄서 푹 익힌다.
2. 1이 식기 전에 곱게 으깨고 달걀을 풀어 섞는다.
3. 틀이나 내열 용기에 붓고 덮개를 덮은 뒤 전자레인지에 2~3분간 돌리거나 김이 오른 찜기에 10분간 찐다.
4. 먹기 좋은 크기로 썰거나 숟가락을 떠먹게 한다.

팬에 부치거나 에어프라이어/오븐에 구워도 좋아요.

맛 더하기 반죽에 치즈 다져 넣기, 소금과 후추 2~3꼬집 추가하거나 설탕 반티스푼 추가하기

단호박코코볼

단호박 매시에 코코넛가루를 입혀
부드럽고 고소하고 향긋해요.

재료 (1~2회 분량)		대체 가능한 재료
□ 단호박	120g	고구마
□ 호두, 아몬드 등 견과류	10g	햄프씨드, 치아씨드 또는 생략 가능
□ 코코넛가루	15g	-

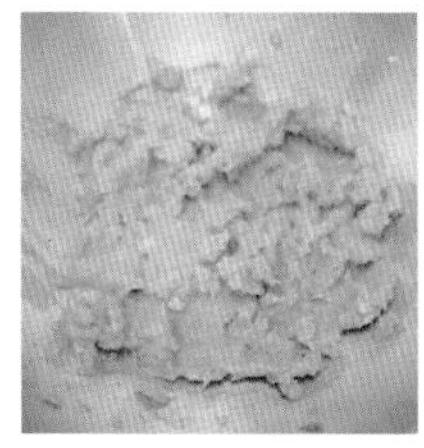

1. 단호박을 찌고 으깬다.
2. 견과류를 다져 단호박과 섞고 둥글게 빚는다.
3. 코코넛가루를 묻힌다.
4. 그대로 먹거나 에어프라이어 180도에 5분간 굽는다(오븐 190도 8분).

· 퍽퍽한 단호박(밤호박)을 사용할 때는 우유, 분유 탄 물 또는 물을 2~3숟가락 더해 부드럽게 만들어 주세요.

· 부드러운 것을 좋아하는 아이는 그대로 주고 바삭한 것을 좋아하는 아이는 구워서 주세요.

맛더하기 반죽에 소금 2꼬집, 설탕 반티스푼 추가하기

소고기 시금치스틱

소고기와 시금치는 영양 궁합이 아주 좋죠.
철분과 칼슘을 듬뿍 섭취할 수 있는 스틱이에요.

재료 (2~3회 분량)		대체 가능한 재료
☐ 시금치	40g	-
☐ 다진 소고기	150g	닭고기, 돼지고기
☐ 양파	60g	양파잼 1순가락
☐ 쌀가루	12g	통밀가루, 현미가루, 찹쌀가루
☐ 마늘가루	반티스푼	생략 가능

1. 손질한 시금치를 끓는 물에 20초간 데친다.
2. 양파를 잘게 다져 팬에 물볶음(눌어붙으려 할 때마다 물을 추가해서 볶는 방법)한다.
3. 물기를 짠 시금치를 잘게 다지고 모든 재료를 섞는다.
4. 먹기 좋은 크기로 빚어 에어프라이어 180도에 10분(오븐 180도 15분) 굽거나 김이 오른 찜기에 8~10분간 찐다. 납작하게 빚어 팬에 부쳐도 좋다.

핑거푸드를 처음 시작하는 아기라면 시금치는 잘게 다질수록 먹기 좋아요. 2에서 볶은 양파와 함께 믹서기에 갈거나 다지기로 다져 주세요.

맛더하기 반죽에 소금과 후추 2~3꼬집 추가하기

소고기 애호박스틱

이유식 초기 재료인 애호박을 소고기와 함께 뭉쳐 소고기 스틱을 만들어 보아요.

재료 (2~3회 분량)		대체 가능한 재료
□ 다진 소고기	100g	닭고기, 돼지고기
□ 애호박	30g	쥬키니호박
□ 양파잼(45쪽)	20g	양파(볶아서 사용)
□ 쌀가루	10g	통밀가루, 현미가루, 찹쌀가루
□ 마늘가루	반티스푼	생략 가능

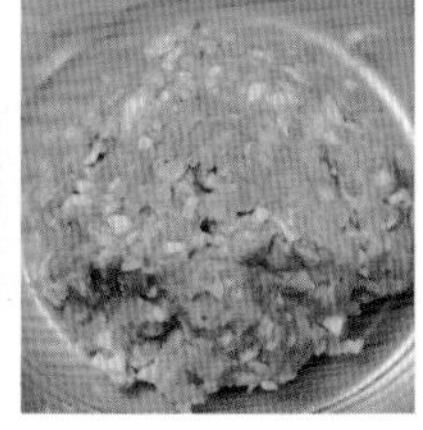

1. 애호박을 아주 잘게 다진다.
2. 모든 재료를 섞는다.
3. 먹기 좋은 크기로 빚어 에어프라이어 180도에 10분(오븐 180도 15분) 굽거나 김이 오른 찜기에 8~10분간 찐다. 납작하게 빚어 팬에 부쳐도 좋다.

미리 만들어둔 양파잼이 없다면 양파 40g을 다져 살짝 볶아서 사용해요.

맛 더하기 반죽에 소금과 후추 2~3꼬집 추가하기

비트두부볼 & 스틱

이제는 모르는 사람이 없는 '비두볼'. 두부볼을 한 번 마스터하면 재료를 바꿔가며 다양한 두부볼로 응용해볼 수 있답니다.

재료 (1~2회 분량)		대체 가능한 재료
ㅁ 비트	70g	-
ㅁ 물기를 짠 두부	45g	-
ㅁ 쌀가루	40g	통밀가루, 현미가루, 오트밀가루

1. 비트는 삶거나 쪄서 익힌다.
2. 익힌 비트를 강판에 갈거나 곱게 다진다.
3. 물기를 짠 두부를 비트, 쌀가루와 함께 섞는다.
4. 스틱이나 볼 형태로 먹기 좋게 빚어 에어프라이어 160도에 8~10분 굽거나(오븐 180도 10~15분), 김이 오른 찜기에 6~7분 찐다.

생비트는 4~6등분 정도로 토막내어 20~30분간 찌면 좋아요. 온라인 마켓에서 익힌 비트를 구입하여 재료 준비에 수고를 덜 수도 있어요. 조리 후 남은 비트는 얇게 썰거나 다져서 냉동 보관하세요.

맛 더하기 반죽에 소금 1꼬집, 올리고당이나 조청 1티스푼, 베이킹 파우더 반티스푼 추가하기

완두콩소고기 완자 & 크로켓

톡톡 씹히는 완두콩과 소고기를 뭉쳐
맛있는 핑거푸드를 만들어 보세요.

재료 (2~3회 분량)		대체 가능한 재료
□ 완두콩	40g	-
□ 다진 소고기	100g	닭고기, 돼지고기
□ 쌀가루	15g	통밀가루, 현미가루, 전분
□ 양파잼	1숟가락	생략 가능
□ 빵가루(크로켓에만 사용)	2숟가락	떡뻥가루, 코코넛가루

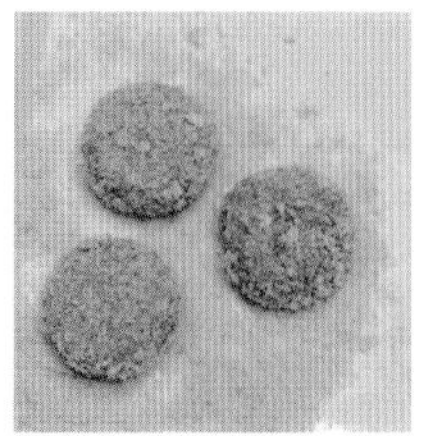

1. 완두콩을 끓는 물에 5분간 삶아 잘게 다진다.
2. 다진 완두콩을 나머지 모든 재료와 섞는다.
3. 먹기 좋은 크기로 빚어 에어프라이어 170도에 10분(오븐 180도 15~20분) 굽거나 김이 오른 찜기에 10분간 찐다. 팬에 식용유를 약간 두르고 부쳐도 좋다.

Tips!

완두콩 껍질을 반드시 벗겨야 하는 것은 아니지만, 삶은 뒤에 껍질을 벗겨 다지면 고르게 반죽하기가 좋고 식감도 더 좋아요.

[크로켓]

반죽을 빵가루에 굴려 에어프라이어 또는 오븐에 3과 같은 온도와 시간으로 굽는다.

맛더하기 반죽에 잘게 다진 치즈 섞기, 쌀가루를 부침가루로 대체하기

가지소고기 스틱 & 부침

가지를 그대로 주면 좋아하지 않는 아이가 많지만
고기 반죽에 넣으면 부드러운 완자처럼 먹을 수 있지요.

재료 (1~2회 분량)		대체 가능한 재료
□ 가지	50g	-
□ 다진 소고기	70g	닭고기, 돼지고기
□ 쌀가루	25g	통밀가루, 현미가루
□ 양파가루	3꼬집	생략 가능
□ 마늘가루	3꼬집	생략 가능
□ 달걀 노른자(부침에만 사용)	1알	-
□ 우유(물)(부침에만 사용)	30ml	두유, 분유 탄 물, 아몬드밀크

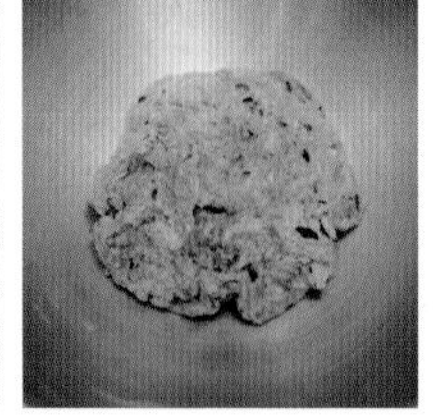

1. 가지를 잘게 다진다.
2. 모든 재료를 치대듯 섞는다.
3. 먹기 좋은 크기로 빚어 에어프라이어 160도에 10분 (오븐 180도에 15분) 굽는다. 김이 오른 찜기에 8분간 찌거나 식용유를 약간 두른 팬에 중간 불과 약한 불을 오가며 구워도 된다.

Tips!

부침은 스틱 반죽 그대로 달걀물을 겉에 묻혀서 동그랑땡처럼 부쳐도 좋아요.

[부침]

3. 2의 반죽에 달걀 노른자와 우유 또는 물을 섞어 기름을 약간 두른 팬에 얇게 부친다.

맛더하기 반죽에 소금 2꼬집 또는 간장 반티스푼 추가하기

단호박소고기 쿠키 & 부침

섬유질이 풍부한 단호박과 철분이 풍부한 고기로 만든
고소하고 맛있는 쿠키와 부침입니다. 스틱으로 만들어도 좋아요.

재료 (2~3회 분량)		대체 가능한 재료
□ 단호박	100g	-
□ 다진 소고기	30g	닭고기, 돼지고기
□ 쌀가루	10g	통밀가루, 현미가루, 찹쌀가루
□ 양파잼	10g	생략 가능
□ 달걀 노른자(부침에만 사용)	1알	-
□ 우유(부침에만 사용)	30ml	두유, 분유 탄 물, 아몬드밀크

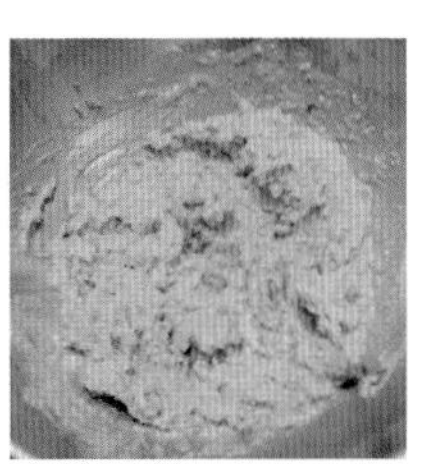

1. 단호박을 쪄서 익히고, 곱게 으깬다.
2. 1의 으깬 단호박을 다진 소고기, 쌀가루, 양파잼과 함께 섞는다.
3. 길게 또는 납작하게 빚어 에어프라이어 160도에 10분(오븐 180도 15분) 굽는다.

찐 단호박은 껍질을 모두 제거하지 않아도 돼요. 껍질에는 훌륭한 영양소가 많답니다.

[부침]

3. 2의 반죽에 달걀 노른자와 우유를 섞어 식용유를 약간 두른 팬에 얇게 부친다.

맛 더하기 반죽에 소금 1꼬집, 올리고당이나 조청 1/2~1티스푼 추가하기

아보카도 사과오트밀볼

사과로 맛을 더하고, 오트밀로 단백질과 철분을 더한 고소한 아보카도 핑거푸드예요.

재료 (1~2회 분량)		대체 가능한 재료
□ 아보카도	70g	-
□ 사과	70g	-
□ 오트밀가루	20g	-
□ 쌀가루	15g	통밀가루, 현미가루

1. 껍질과 씨를 제거한 아보카도를 으깬다.
2. 사과를 다진다.
3. 모든 재료를 섞어 먹기 좋은 크기로 빚는다.
4. 에어프라이어 150도에 15~20분 굽는다(오븐 170도 20~25분).

Tips!

· 오트밀을 곱게 갈아 가루로 만들어 사용해요.

· 손에 살짝 묻어나는 반죽이에요. 쌀가루를 조금 더해주거나 손바닥에 물을 묻혀가며 빚으면 수월해요.

맛 더하기
- 반죽에 소금 2꼬집, 메이플 시럽이나 설탕 1/2~1티스푼 더하기
- 빵가루를 입혀 기름에 튀기기

아보카도 노른자볼

삶은 달걀만 준비하면 따로 굽거나 찔 필요도 없는
아주 간단하지만 영양가는 매우 높은 핑거푸드입니다.

재료 (1회 분량)		대체 가능한 재료
□ 아보카도	30g	-
□ 삶은 달걀 노른자	1개	-
□ 오트밀가루	10g	쌀밥 2~3숟가락

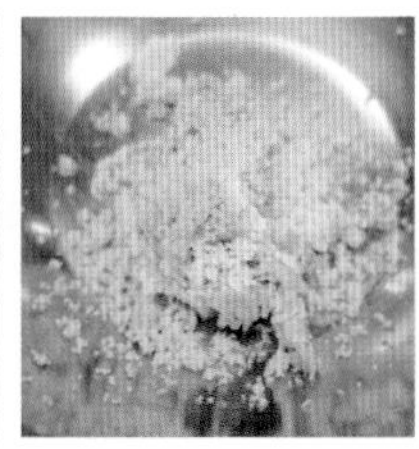

1. 달걀은 삶아서 준비하고, 아보카도는 껍질과 씨를 제거하고 으깬다.
2. 삶은 달걀 노른자를 체에 내리거나 곱게 으깬다.
3. 오트밀가루를 섞어 먹기 좋은 크기와 모양으로 뭉친다.

Tips!

오트밀가루 대신 쌀밥을 섞어 밥볼처럼 만들어도 되고, 오트밀을 섞지 않고 아보카도와 노른자만 섞어서 매시처럼 먹어도 좋아요.

메뉴+1 마요네즈나 요거트를 섞어 부드럽게 버무리고 샌드위치에 넣어서 영양 만점 한 끼 식사로 만들어요!

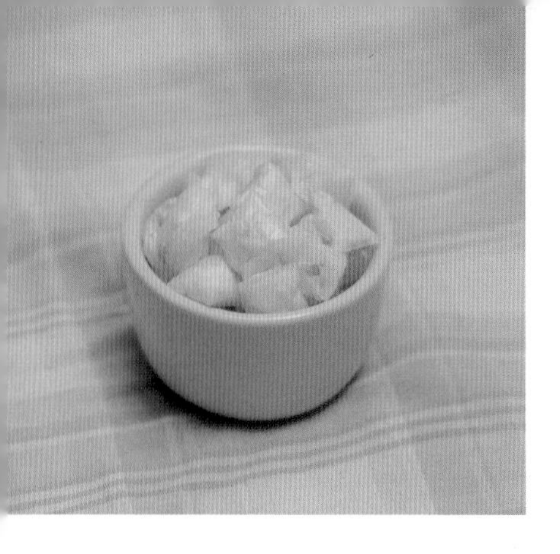

치즈까까

가장 쉽고 빠르게 만들 수 있는 간식이죠.
치즈는 아기용이라도 염도가 있기 때문에
1일 섭취량이 과하지 않도록 조절해 주세요.

재료 (1~2회 분량)		대체 가능한 재료
□ 아기치즈	1장	-

❶ 치즈를 작게 잘라 전자레인지 용기나 종이 호일에 간격을 두고 놓는다.

❷ 전자레인지에 1~2분 돌린다.

전자레인지 사양에 따라 시간은 달라질 수 있어요. 레시피는 700W 전자레인지 조리 기준입니다.

오트밀 사과구이

'애플 프리터'라고도 부르는 이 메뉴는
사과의 부드러움과 오트밀의 고소함으로 많은 사랑을 받았어요.
아이가 쥐기 쉬운 모양으로 썰어서 만들어 보아요.

재료 (2~3회 분량)		대체 가능한 재료
□ 사과	1개	-
□ 쌀가루	25g	통밀가루, 현미가루, 전분
□ 오트밀가루	반 컵	빵가루, 코코넛가루

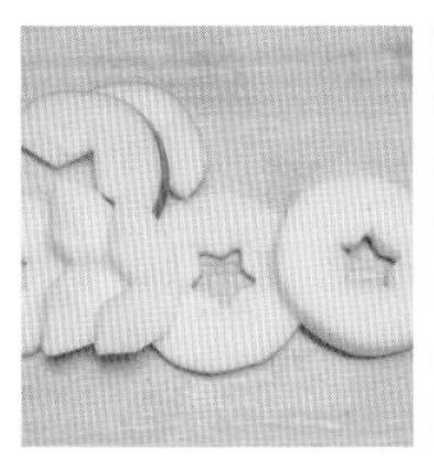

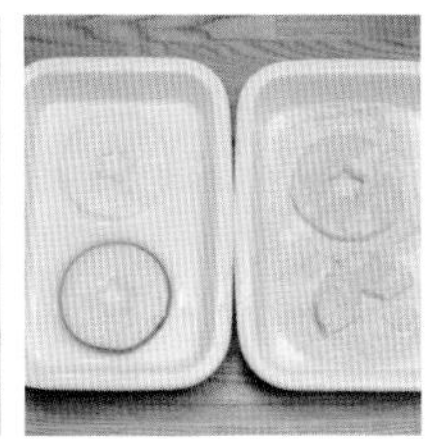

1. 사과를 아이가 쥐고 먹기 좋은 크기로 썬다(시작하는 아기는 두툼하고 길쭉하게 썰어주는 것이 좋다).
2. 분량의 쌀가루를 물 50ml에 섞어 쌀가루물을 만든다.
3. 사과의 표면에 쌀가루물을 묻히고 오트밀 가루를 표면에 붙이듯 묻혀준다.
4. 에어프라이어 170도에 8분 전후로 굽는다(오븐 180도 15분 내외). 팬에 식용유를 두르고 중간 불과 약한 불을 오가며 부쳐도 좋다.

오트밀을 곱게 갈아 가루로 만들어 사용해요. 빵가루나 코코넛가루로 대체해도 좋아요.

감자치즈볼

누구나 맛있게 먹을 만한 핑거푸드죠.
고소한 냄새에 어른까지도 탐내는 메뉴예요.

재료 (1~2회 분량)		**대체 가능한 재료**
□ 감자	100g	고구마, 단호박
□ 아기치즈	반 장	-
□ 쌀가루	10g	통밀가루, 현미가루, 오트밀가루, 생략 가능

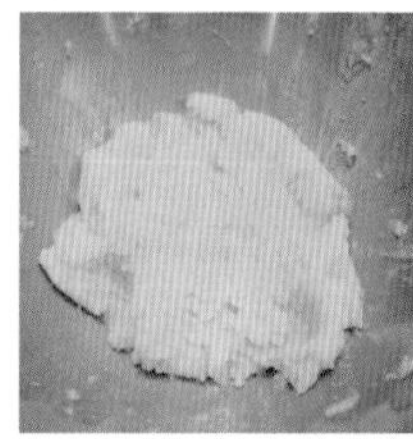
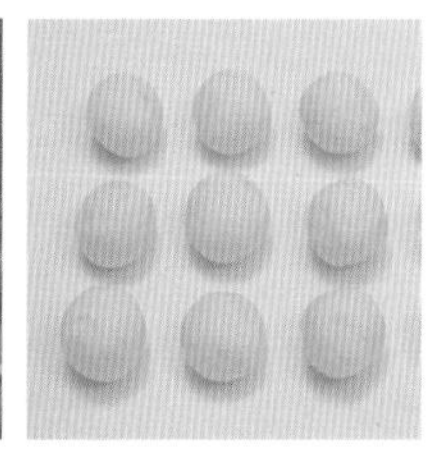

1. 감자를 삶거나 쪄서 식기 전에 포크나 매셔로 곱게 으깬다.
2. 아기치즈를 1에 녹이면서 섞고, 쌀가루도 함께 섞는다.
3. 먹기 좋은 크기로 빚어 에어프라이어 150도에 7분(오븐 170도 13분) 굽거나 김이 오른 찜기에 6분간 찐다.

찌면 떡 같은 쫀득한 질감이 되고, 구우면 불규칙한 형태로 살짝 부풀어 오르는 볼이 됩니다. 쫀득한 음식을 잘 다루지 못하는 아기는 구워 주거나 팬에 부쳐주세요.

맛 더하기 아기치즈 대신 일반 치즈 사용, 반죽에 소금과 후추 2~3꼬집 추가하기

감자오이 달걀볼

따로 구울 필요 없는 핑거푸드예요.
아이가 순식간에 뭉개버리니, 밀도 있게 뭉쳐주세요.

재료 (1~2회 분량)		대체 가능한 재료
☐ 감자	100g	고구마
☐ 오이	30g	-
☐ 달걀	1개	-

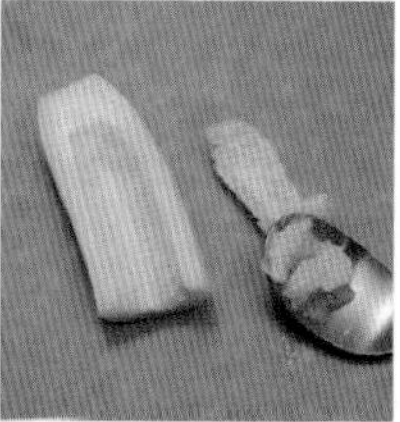

1. 달걀과 감자는 각각 삶거나 쪄서 식기 전에 포크나 매셔로 곱게 으깬다.
2. 오이는 씨 부분을 티스푼으로 긁어내고 잘게 다진다.
3. 모든 재료를 섞어 먹기 좋은 크기로 뭉친다.

Tips!

· 달걀은 노른자만 써도 돼요.

· 수분이 적은 감자를 사용해 퍽퍽하다 느껴질 경우 물을 약간 섞어 부드럽게 해주세요.

· 너무 부드러워서 어린 아기의 경우 순식간에 뭉개버릴 수 있어요. 에어프라이어 160도에 5~7분 정도 구워주면 더 잘 쥐고 먹을 수 있어요.

맛 더하기
- 반죽에 소금과 후추 2~3꼬집 추가하기
- 마요네즈 곁들여 먹기

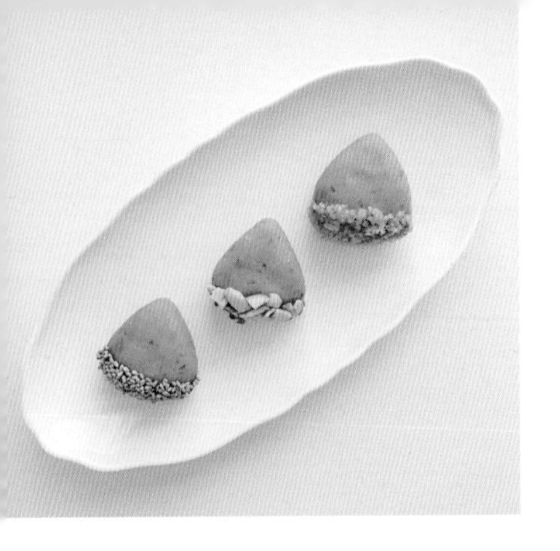

율란(밤볼)

임금님의 궁중 간식을 아기용으로 만들어 보았어요.
조청을 조금 넣으면 큰 아이들에게도 좋은 간식이 된답니다.

재료 (1~2회 분량)		대체 가능한 재료
□ 껍질을 벗긴 밤	90g	-
□ 아몬드가루	20g	밤
□ 우유	1숟가락	두유, 아몬드밀크, 물
□ 잣	1티스푼	땅콩, 호두 등 기타 견과류, 깨 또는 생략 가능

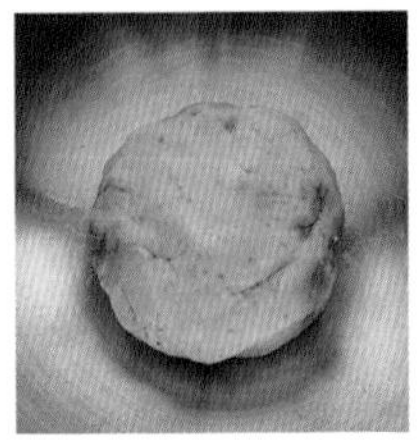

1. 깐 밤을 찌거나 삶아서 익히고, 절구에 으깨거나 체에 눌러 곱게 만든다.
2. 모든 재료를 섞는다. 손으로 주물렀을 때 많이 묻어나지 않고 잘 뭉쳐질 정도의 질감이 되면 된다. 너무 퍽퍽하다면 우유나 물을 티스푼 단위로 추가하면서 반죽한다.
3. 작고 동그랗게 빚는다. 곱게 빻은 잣에 살짝 굴려준다.

· 모양을 빚을 때, 밤 모양으로 빚으면 아주 귀여워요.

· 견과류는 반드시 알레르기 테스트를 거친 후 사용하세요!

맛 더하기 반죽에 조청 1~2티스푼 더하기

닭밤볼 & 스틱

대표 보양식 '삼계탕'의 재료에서 착안해
아기 입맛에 맞게 순한 맛으로 만든 닭고기 볼입니다.

재료 (3~4회 분량)		대체 가능한 재료
ㅁ 닭고기(안심 또는 가슴살)	150g	-
ㅁ 밤	80g	-
ㅁ 건대추(씨 뺀 무게)	15g	건크랜베리
ㅁ 양파잼	15g	다져서 볶은 양파
ㅁ 마늘가루	3꼬집	다진 마늘 또는 생략 가능

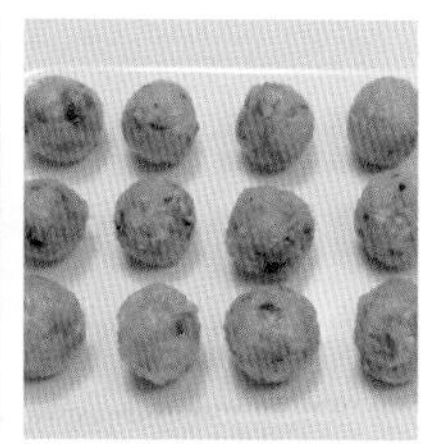

1. 밤을 삶거나 쪄서 익힌다. 건대추는 물에 잠시 불렸다가 물기를 짜고 씨를 제거한다.
2. 대추, 밤, 닭고기를 다진다.
3. 재료를 모두 섞어 김이 오른 찜기에 10분간 찌거나 끓는 물에 삶는다. 에어프라이어 160도에 10분간 구워도 좋다(오븐 180도 15분).

· 2번 과정에서 재료를 다질 때 재료마다 강도가 달라 한꺼번에 다지기에 넣고 다지면 고르게 다져지지 않아요. 따로따로 다지는 것을 추천합니다.

· 약간 끈적한 반죽이라 손에 묻어 불편할 수 있어요. 손바닥에 물을 묻혀가며 빚거나, 숟가락으로 떠낸 모양 그대로 익혀도 좋아요.

· 국물 요리에 완자처럼 넣어 먹어도 맛있어요.

맛 더하기 반죽에 소금과 후추 2~3꼬집 추가하기

고구마 닭고기 볼 & 스틱

달콤한 고구마와 닭고기가 만났어요.
아기부터 어른까지 맛있게 먹을 수 있는 핑거푸드죠!

재료 (2~3회 분량)

재료	분량	대체 가능한 재료
☐ 닭고기(안심 또는 가슴살)	90g	돼지고기
☐ 고구마	90g	단호박
☐ 쌀가루	20~30g	통밀가루, 현미가루, 찹쌀가루, 오트밀가루
☐ 마늘가루	2꼬집	생략 가능

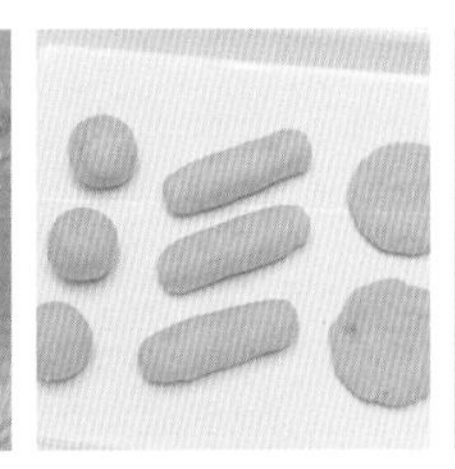
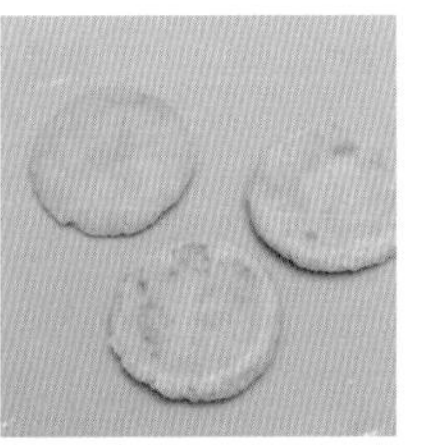

1. 고구마를 찌거나 구워 으깬다. 닭고기는 갈거나 다져서 준비한다.
2. 으깬 고구마, 닭고기, 가루류를 모두 섞는다.
3. 먹기 좋은 크기로 빚어 김이 오른 찜기에 10분간 찌거나 에어프라이어 160도에 10분(오븐 180도 15분) 굽는다. 팬에 식용유를 약간 두르고 약한 불로 구워도 좋다.

손에 많이 묻어나지 않는 반죽이 되도록 쌀가루 양을 조절해 주세요. 수분이 많은 고구마는 쌀가루를 조금 더하고, 퍽퍽한 고구마는 쌀가루 양을 줄여야 해요.

맛더하기 반죽에 소금 2~3꼬집 추가하기

파프리카 닭고기스틱

파프리카의 향이 닭고기의 잡내를 잡아주고
예쁜 색깔도 내주어 먹기 좋은 스틱입니다.

재료 (2~3회 분량)		**대체 가능한 재료**
□ 닭고기(안심 또는 가슴살)	150g	돼지고기
□ 파프리카	40g	-
□ 쌀가루	40g	통밀가루, 현미가루, 오트밀가루
□ 양파잼	20g	생략 가능

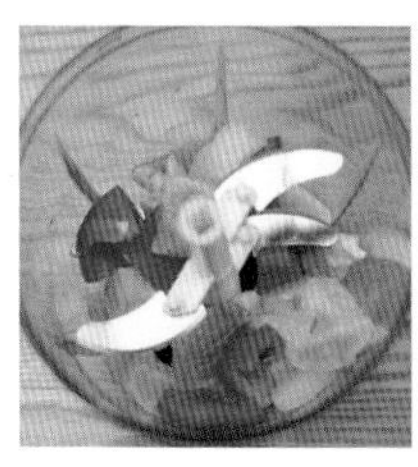
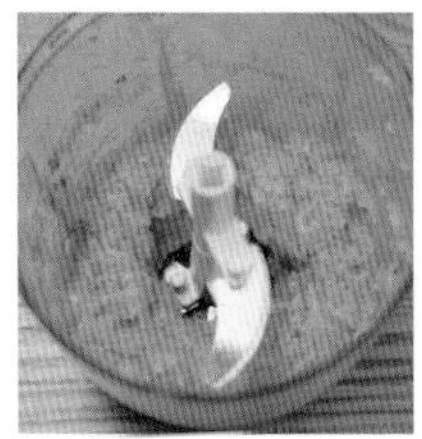

1. 파프리카와 닭고기를 각각 또는 함께 다진다.
2. 쌀가루와 양파잼을 더해 섞는다.
3. 반죽을 먹기 좋은 크기로 빚어 김이 오른 찜기에 10분간 찌거나 에어프라이어 160도에 10분 (오븐 180도에 15분) 굽는다.

· 파프리카에 수분이 많아 반죽이 살짝 질척일 수 있어요. 손바닥에 물을 묻혀가며 모양을 빚거나 숟가락으로 떠서 구우면 편합니다.

· 달걀 노른자를 섞으면 팬에 구워도 좋은 부침 반죽이 됩니다. 기름을 조금 두른 뒤 숟가락으로 떠서 약한 불로 얇게 부쳐보세요.

맛 더하기
- 쌀가루 용량 일부를 부침가루로 대체, 반죽에 소금과 후추 2~3꼬집 추가하기
- 토마토 소스나 케첩 곁들여 먹기

아주 부드러운 미트볼 & 스틱

질기거나 뭉친 식감이 어색해서 고기를 싫어하는 아이들이 있지요. 그런 아이들을 위해 아주 부드럽게 만든 미트볼입니다.

재료 (3~4회 분량)		**대체 가능한 재료**
□ 다진 소고기 또는 돼지고기	150g	-
□ 사과	40g	-
□ 양파	40g	-
□ 대파	20g	생략 가능
□ 쌀가루	20g	통밀가루, 현미가루
□ 전분	10g	-
□ 다진 마늘	1티스푼	마늘가루 반티스푼

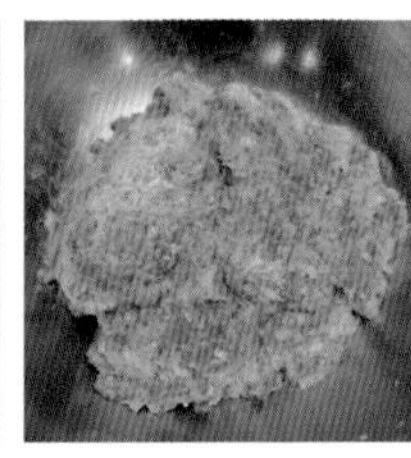

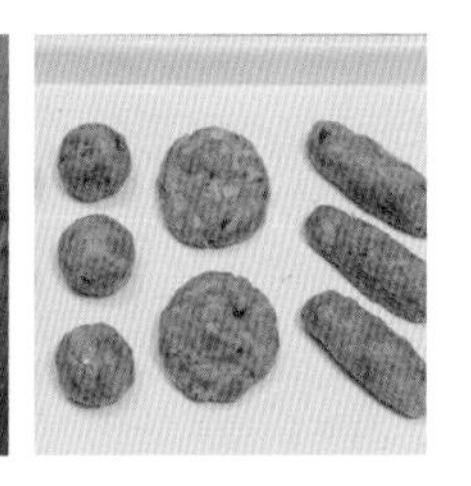

1. 다진 고기를 적당히 펼쳐 놓고 키친타월로 꾹 눌러 핏기를 제거한다.
2. 사과, 양파, 대파를 다진다.
3. 팬에 식용유를 약간 두르고 중간 불에 다진 마늘을 볶다가 2를 넣고 양파가 투명해질 때까지 볶는다.
4. 3을 한 김 식히고 나머지 모든 재료와 함께 섞어 먹기 좋은 크기로 뭉친다.
5. 김이 오른 찜기에 8~9분 찌거나 에어프라이어 170도에 10분 굽는다(오븐 190도 15~20분).

· 3번 과정에서 식용유를 쓰지 않고 물볶음해도 돼요. 약한 불에 볶다가 바닥이 눌어붙을 것 같으면 물을 2~3숟가락씩 더해 주세요.

- 전분 대신 부침가루 사용, 반죽에 소금과 후추 2~3꼬집 추가하기
- 토마토 소스나 돈까스 소스 곁들여 먹기

셀러리미트볼

셀러리 향이 고기의 잡내를 잡아주고,
고기 메뉴에서 부족할 수 있는 섬유질도 챙겨줍니다.

재료 (2~3회 분량)		대체 가능한 재료
ㅁ 다진 소고기 또는 돼지고기	100g	닭고기
ㅁ 셀러리	20g	-
ㅁ 사과	80g	사과퓨레 2숟가락
ㅁ 쌀가루	30g	통밀가루, 현미가루

1. 셀러리와 사과를 잘게 다진다.
2. 모든 재료를 섞는다.
3. 먹기 좋은 크기로 뭉쳐 에어프라이어 170도에 8~10분 굽거나(오븐 190도 15~20분) 김이 오른 찜기에 8~9분간 찐다.

· 셀러리는 잎과 줄기 부분을 섞어서 써도 돼요. 사과는 껍질을 벗기지 않고 다지면 영양소를 더 챙길 수 있어요.

- 쌀가루 대신 부침가루 사용, 반죽에 소금과 후추 2~3꼬집 추가하기
- 토마토 소스나 돈까스 소스 곁들여 먹기

초록잎 대추쿠키

촉촉한 질감의 쿠키라서 꺼끌한 질감을 어려워하는 아기도 편하게 먹을 수 있어요. 잎채소를 활용한 건강한 쿠키랍니다.

재료 (1~2회 분량)

재료	분량
ㅁ 잎채소(근대, 케일 등)	15g
ㅁ 건대추(씨 제거 후 무게)	10g
ㅁ 두유	30ml
ㅁ 배즙	25ml
ㅁ 쌀가루	60g
ㅁ 다진 견과류	1숟가락

대체 가능한 재료

깻잎, 미나리, 시금치 등
건크랜베리
우유, 아몬드밀크, 분유 탄 물
사과즙, 과일퓨레
통밀가루, 현미가루, 오트밀가루, 찹쌀가루
생략 가능

1. 건대추는 물에 불려 두었다가 다진다. 잎채소는 끓는 물에 20초 데쳐 찬물에 헹구고 물기를 꼭 짠다.
2. 잎채소를 두유, 배즙과 함께 믹서에 간다. 이 때 대추와 견과류를 함께 갈아도 좋다.
3. 모든 재료를 함께 섞는다.
4. 먹기 좋은 크기로 떠서 오븐팬에 올리고 손가락이나 숟가락의 바닥면으로 톡톡 두드려 납작하게 펴준다.
5. 에어프라이어 150도에 10~15분 굽는다(오븐 170도 20~25분).

반죽에 베이킹 파우더를 반티스푼 추가하면 더 폭신한 쿠키가 됩니다.

맛 더하기 반죽에 상온 버터 1티스푼, 설탕 1/2티스푼 추가하기

당근두부쿠키

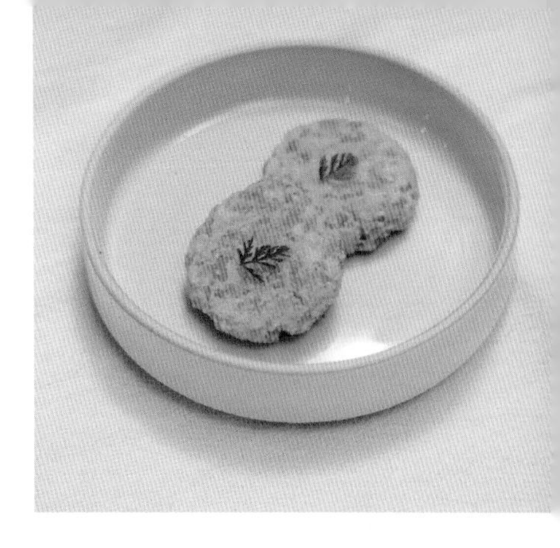

은은한 단 맛과 고소한 맛이 잘 어우러지는, 포슬포슬한 쿠키!
인기 많았던 당근 두부 쿠키 레시피에서 달걀을 빼서
알레르기 있는 아이도 먹을 수 있는 레시피로 업그레이드했습니다.

재료 (3~4회 분량)		대체 가능한 재료
ㅁ 당근	140g	-
ㅁ 물기를 짠 두부	100g	-
ㅁ 쌀가루	70g	통밀가루, 현미가루, 찹쌀가루

1. 당근을 곱게 다지거나 간다.
2. 두부의 물기를 짜고 으깨면서 당근, 쌀가루, 물 10g과 함께 섞는다.
3. 힘있게 반죽해 빈틈 없이 뭉쳐준다.
4. 김이 오른 찜기에 5분간 찌거나 에어프라이어 150도에 10분 굽는다(오븐 160도 17~20분).

Tips!

달걀 알레르기가 없는 아이라면 달걀 노른자 1알을 추가해서 반죽하면 더 맛있어요.

맛더하기 반죽에 올리고당 또는 조청 1티스푼 추가하기

옥수수두부볼

옥수수를 잘게 다져주면
어린 아기들도 옥수수에 도전할 수 있어요.
두부를 활용한 고소한 옥수수볼 만들어 보아요!

재료 (1~2회 분량)		대체 가능한 재료
□ 옥수수알	50g	-
□ 물기를 짠 두부	50g	-
□ 오트밀가루	20g	쌀가루, 통밀가루, 현미가루, 떡뻥가루, 빵가루

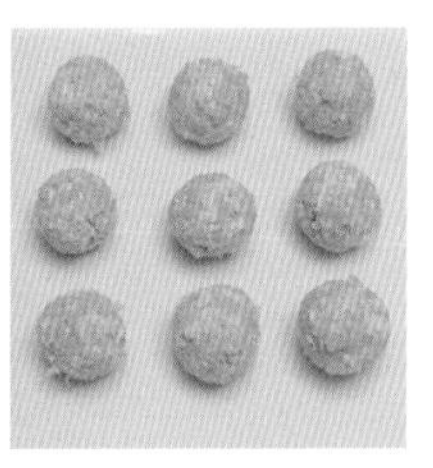

1. 병조림이나 통조림 옥수수는 끓는 물에 2~3분간 데친다. 익히지 않은 옥수수는 미리 찌고 알을 분리하여 준비한다.
2. 옥수수알을 잘게 다진다.
3. 물기를 짠 두부를 으깨며 모든 재료를 섞는다.
4. 동그랗게 빚어 에어프라이어 160도에 8분 굽는다(오븐 180도 12분).

Tips!

구운 후에 표면이 너무 까슬하다면 식기 전에 밀폐 용기에 넣어 두세요. 습기가 생겨 겉 표면이 촉촉해져요.

맛 더하기 반죽에 설탕 1/2~1티스푼 또는 올리고당이나 조청 1티스푼 섞기

밥볼

밥을 뭉치는 것이 조금 수고스럽긴 해도
아이가 쏙쏙 잘 집어먹는 걸 보면 기분이 좋아져요.
다양한 재료로 밥볼을 만들어 보세요.

재료 (1~2회 분량)

- ㅁ 밥 80g
- ㅁ 원하는 부재료 - 아래 참고 2~3숟가락

1. 원하는 부재료를 준비한다.
2. 밥에 부재료를 섞고 아이가 쥐고 먹기 좋은 크기로 동그랗게 또는 길게 뭉쳐준다.

*** 밥볼 만들기 좋은 재료들**

[달걀 노른자] 삶은 달걀 노른자를 체에 눌러 곱게 거른다. 맨밥으로 만든 밥볼을 굴려 표면에 묻히거나, 밥에 섞어 뭉쳐준다.

[소고기] 48쪽의 만능소볶을 밥에 섞어 뭉쳐준다.

[견과류 가루] 아몬드가루나 곱게 빻은 기타 견과류, 햄프시드 등을 밥에 섞어 뭉쳐주거나 맨밥볼을 굴려 표면에 묻힌다.

[비트] 삶거나 찐 비트를 곱게 다지고 밥에 섞어 뭉쳐준다.

[브로콜리] 삶거나 찐 브로콜리를 곱게 다지고 밥에 섞어 뭉쳐준다.

[김가루] 김을 믹서에 곱게 갈아 밥에 섞어 뭉쳐주거나 맨밥볼을 굴려 표면에 묻힌다.

Tips!

· 물을 떠다 놓고 밥볼을 뭉치기 전에 손바닥을 살짝 적셔가며 하면 밥알이 많이 붙지 않아 수월하게 뭉칠 수 있어요.

· 왼쪽에 적힌 재료들을 활용하거나 여러 가지를 조합해도 좋아요. 간을 하는 아이는 소금을 살짝 뿌려 섞어주세요.

돼지고기연근 볼 & 부침

돼지고기와 연근은 식재료 궁합이 아주 좋답니다.
연근은 식감에도 재미를 더해주지요.

재료 (2~3회 분량)		대체 가능한 재료
◻ 다진 돼지고기	100g	소고기, 닭고기
◻ 연근	100g	-
◻ 양파	30g	양파잼 1숟가락
◻ 부추 또는 대파	7g	생략 가능
◻ 쌀가루	12~15g	통밀가루, 현미가루
◻ 다진 마늘	반티스푼	마늘가루 1/4티스푼

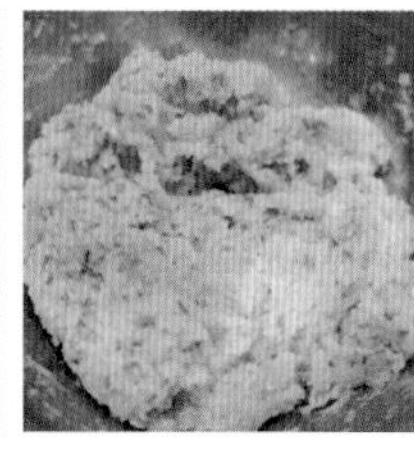

1. 연근은 식초 1숟가락을 푼 찬물에 10분간 담가 아린 맛을 뺀다.
2. 연근을 토막내어 끓는 물에 5분간 삶는다.
3. 익힌 연근과 양파, 부추(또는 대파)를 다지고, 모든 재료를 섞어 반죽한다.
4. 먹기 좋은 크기로 납작하게 또는 둥글게 빚는다.
5. **삶기** 끓는 물에 볼 반죽을 넣고 5분간 삶는다.

   찌기 김이 오른 찜기에 8~10분간 찐다.

   굽기 에어프라이어 160도에 13~15분 굽는다(오븐 180도 20분).

[부침]

5. 반죽을 납작하게 빚어 식용유를 약간 두른 팬에 중간 불과 약한 불을 오가며 노릇하게 굽는다.

· 아삭한 연근은 어린 아기가 먹기 어려울 수 있어요. 최대한 잘게 다져주세요.

· 반죽을 나누어서 두 가지 이상의 조리법을 시도해 보아도 좋아요.

맛 더하기 반죽에 소금 3꼬집, 후추 2꼬집 섞기
간장 + 식초 + 쪽파를 섞어 만든 양념장 찍어 먹기

돼지고기미나리 볼 & 부침

미나리의 향긋함이 고기의 잡내를 잡아주고, 맛을 더해줘요.
미나리 제철인 봄에 꼭 해보세요!

재료 (2~3회 분량)		대체 가능한 재료
ㅁ 다진 돼지고기	150g	소고기
ㅁ 미나리	10~15g	쑥갓, 부추
ㅁ 다진 마늘	1/4 티스푼	마늘가루 2꼬집
ㅁ 전분	1~2티스푼	-

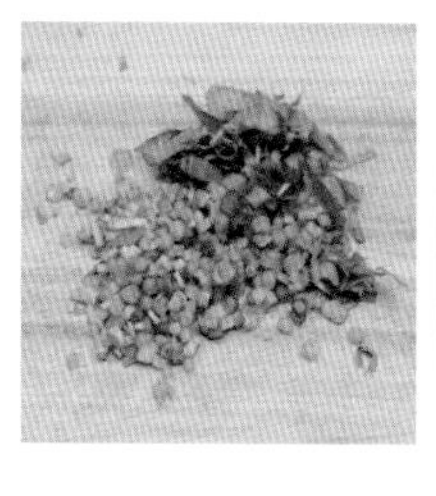

1. 미나리를 잘게 다진다.
2. 모든 재료를 섞어 반죽한다.
3. 먹기 좋은 크기로 납작하게 또는 둥글게 빚는다.
4. 에어프라이어 160도에 10~13분 굽는다(오븐 180도 15~20분)

Tips!

미나리는 잎과 줄기 모두 사용 해도 돼요.

[부침]

4. 반죽을 납작하게 빚어 식용유를 약간 두른 팬에 중간 불과 약한 불을 오가며 노릇하게 굽는다.

맛더하기 반죽에 소금 3꼬집, 후추 2꼬집 섞기
간장 + 식초 + 쪽파를 섞어 만든 양념장 찍어 먹기

새우구름

촉촉한 반죽을 숟가락으로 떠서 그대로 구운 모양이 구름같아서 새우구름이라는 이름이 붙었어요. 다양한 형태로 만들어 볼 수 있답니다.

재료 (2~3회 분량)		대체 가능한 재료
ㅁ 생새우살	60g	-
ㅁ 두부(물기 짜기 전 무게)	200g	-
ㅁ 파프리카	40g	-
ㅁ 애호박	50g	당근, 브로콜리 등 단단한 채소류
ㅁ 쌀가루	20g	통밀가루, 현미가루, 찹쌀가루

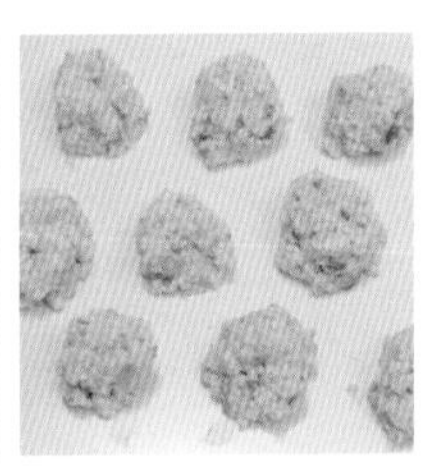

1. 손질한 새우살은 쌀뜨물이나 물에 20분 정도 담가 짠 맛을 줄인다.
2. 채소와 새우를 모두 다진다.
3. 두부의 물기를 짜서 2와 함께 섞고, 쌀가루를 더해 섞는다.
4. 반죽을 숟가락으로 떠서 종이 호일에 올린다. 오븐 180도에 15~20분(에어프라이어 160도 10분 내외) 굽는다.

   또는, 식용유를 충분히 두른 팬에 반죽 적당량을 올려 중간 불과 약한 불을 오가며 노릇하게 굽는다.

Tips!

· 반죽에 노른자를 섞으면 한 층 더 고소한 맛이 나요.

· 새우의 비린내가 걱정된다면 다진 마늘 반티스푼이나 마늘가루 3꼬집을 반죽에 섞어주세요.

맛 더하기 반죽에 후추 2꼬집 섞기

새우부추볼(완자) & 크로켓

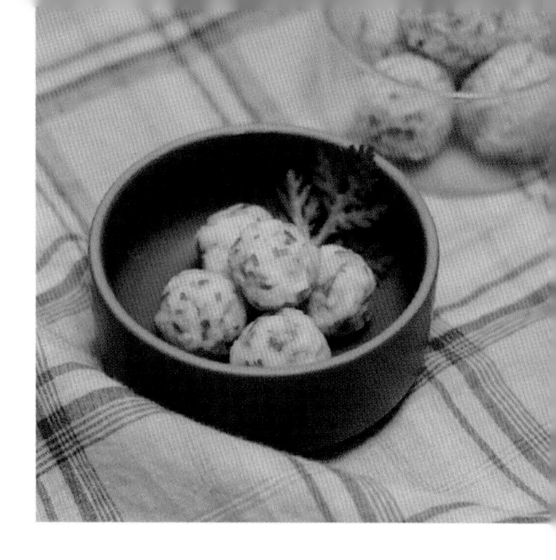

반찬으로 먹어도 좋고, 국물 요리에 넣어도 맛있는
새우볼 레시피예요.

재료 (2~3회 분량)		대체 가능한 재료
◻ 생새우살	200g	-
◻ 부추	15g	깻잎, 쪽파
◻ 전분	15g	-
◻ 쌀가루	15g	통밀가루, 현미가루, 찹쌀가루
◻ 마늘가루	3꼬집	다진 마늘 반티스푼
◻ 빵가루(크로켓에만 사용)	반 컵	떡뻥가루, 오트밀가루, 코코넛가루

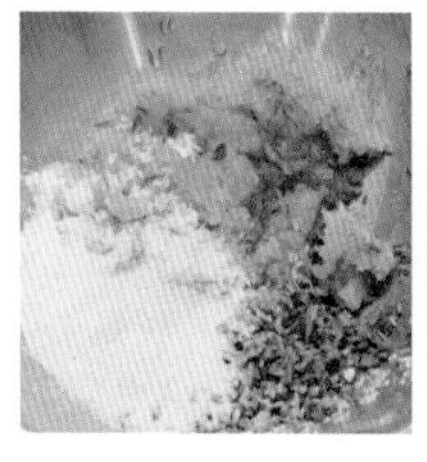
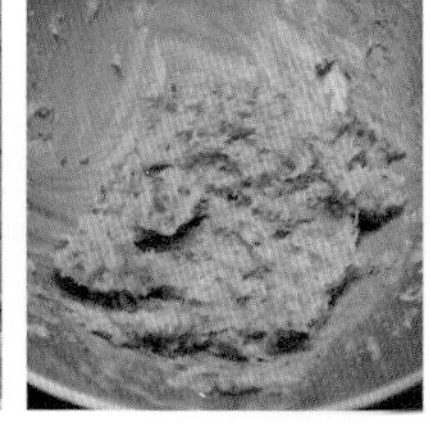

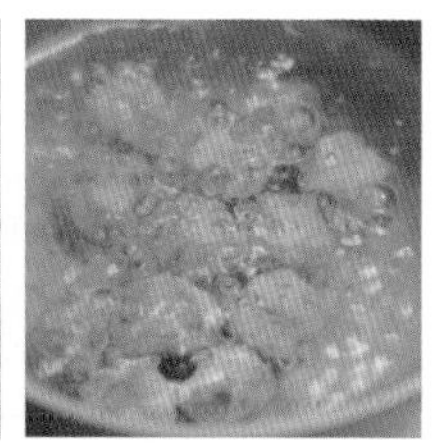

1. 손질한 새우살은 쌀뜨물이나 물에 10~20분 정도 담가 짠맛을 줄인다.
2. 새우와 부추를 다진다.
3. (빵가루를 제외한) 모든 재료를 섞는다.
4. 동그랗게 빚어 끓는 물에 익힌다. 새우 색이 붉게 변하고 위로 떠오르면 1분 뒤에 건진다.

[크로켓]

4. 2의 반죽을 먹기 좋게 뭉쳐 빵가루에 굴린 뒤 에어프라이어 160도에 10분(오븐 170도 15~20분) 굽는다.

Tips!

· 손에 묻어나는 반죽이에요. 손바닥에 물을 묻혀가며 모양을 빚거나 숟가락으로 떠서 그대로 익히면 편합니다.

· 핑거푸드로 먹어도 맛있고, 국물 요리에 완자로 활용해도 아주 좋아요.

맛 더하기 반죽에 후추 2꼬집 섞기

새우 콜리볼 & 크로켓

새우에 콜리플라워를 더해 채소 섭취도 되고,
식감도 다채롭도록 만들었어요.
큰 아이들도 좋아할 메뉴입니다.

재료 (2~3회 분량)		대체 가능한 재료
☐ 생새우살	65~75g	게살
☐ 감자	130g	-
☐ 콜리플라워	50g	브로콜리
☐ (기)버터	1티스푼	생략 가능
☐ 쌀가루	2숟가락	통밀가루 또는 생략 가능
☐ 빵가루(크로켓에만 사용)	1컵	떡뻥가루, 오트밀가루, 코코넛가루

1. 손질한 감자와 콜리플라워를 끓는 물에 넣는다.
2. 콜리플라워 색이 선명해지면 건져내고(약 2분 내외) 감자는 젓가락이 푹 들어갈 때까지 익힌다.
3. 감자가 식기 전에 곱게 으깨며 버터 1티스푼을 섞는다.
4. 익힌 콜리플라워와 생새우를 잘게 다진다.
5. 모든 재료를 섞는다. 반죽이 너무 질퍽할 때만 쌀가루를 넣는다.
6. 먹기 좋은 크기로 빚어서 에어프라이어 160도에 7분 굽는다(오븐 170도 15분). 납작하게 빚어 식용유를 약간 두른 팬에 약한 불로 구워도 좋다.

[크로켓]

굽기 전에 빵가루 또는 떡뻥가루를 표면에 묻히거나, 통밀가루 → 달걀물 → 빵가루 순으로 입힌다.

Tips!

새우살은 요리하기 20분 전에 찬물에 담가두면 짠 맛을 줄일 수 있어요.

맛 더하기 다진 부추 더하기

콜리플라워 치즈볼 & 스틱

콜리플라워 원물의 맛과 향이 아이에겐 낯설 수 있어요.
치즈를 더해주는 것 만으로도 정말 맛있어진답니다.

재료 (2~3회 분량)		**대체 가능한 재료**
□ 콜리플라워	150g	브로콜리
□ 아기치즈	반 장	-
□ 쌀가루	50g	통밀가루, 현미가루, 오트밀가루
□ 물	15ml	-

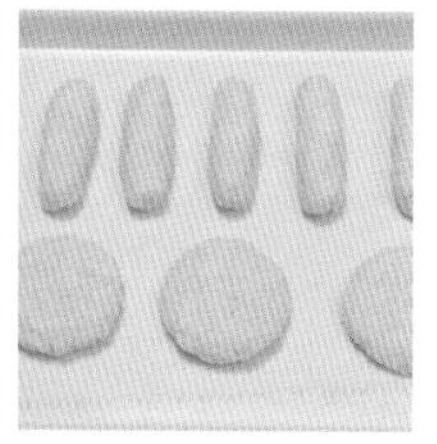

1. 콜리플라워를 찌거나 삶아서 익힌다.
2. 익힌 콜리플라워를 곱게 다지고 식기 전에 치즈를 넣어 녹인다.
3. 모든 재료를 섞는다.
4. 먹기 좋은 크기로 빚어 에어프라이어 150도에 10분간 굽는다(오븐 170도 15분).

콜리플라워가 다 식기 전에 재료를 섞어야 치즈를 쉽게 녹이면서 섞을 수 있어요.

맛더하기 파마산 치즈, 후추, 양파가루를 반죽에 섞기

메뉴+1 볶은 소고기나 만능소볶(48쪽)을 반죽에 섞어 구우면 영양가도 맛도 더해진 핑거푸드가 돼요.

대구감자볼 & 크로켓

생선을 처음 접할 때 시도하기 좋은 메뉴예요.
아래 재료 외에 다진 채소를 더 넣어주어도 좋아요.

재료 (2~3회 분량)		대체 가능한 재료
□ 감자	150g	-
□ 대구살	50g	가자미, 광어 등 흰살생선
□ 달걀(크로켓에만 사용)	1개	-
□ 쌀가루(크로켓에만 사용)	2숟가락	통밀가루
□ 빵가루(크로켓에만 사용)	반 컵	떡뻥가루, 오트밀가루, 코코넛가루

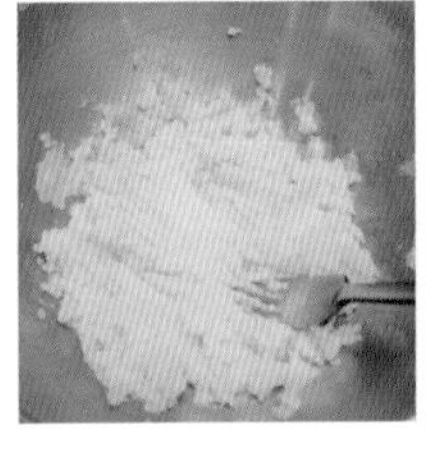

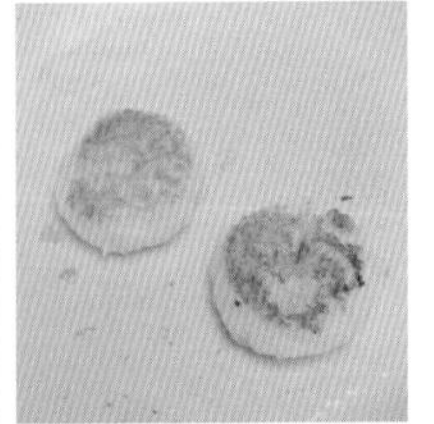

1. 감자를 삶거나 쪄서 식기 전에 으깬다.
2. 대구살을 다져서 1에 섞는다.
3. 먹기 좋은 크기로 동그랗게 또는 납작하게 빚는다.
4. 식용유를 충분히 두른 팬에 중간 불과 약한 불을 오가며 앞뒤로 노릇하게 굽거나 에어프라이어 150도에 10분 굽는다(오븐 170도 15분).

[크로켓]

3번의 반죽에 떡뻥가루를 표면에 묻히거나, 통밀가루(쌀가루) → 달걀물 → 빵가루를 차례로 입혀 4번과 같은 방법으로 굽는다.

Tips!

· 생선 비린내가 걱정된다면 반죽할 때 청주나 맛술을 1티스푼 섞거나 마늘가루 2~3꼬집을 섞어주세요.

· 레시피는 생물 생선을 사용한 것이지만, 이미 익혀진 생선으로도 가능합니다. 반죽이 부서지지 않게 힘을 주어 뭉쳐주세요.

맛 더하기 반죽에 소금 반티스푼, 후추 2꼬집 섞기
케첩에 찍어 먹기

슈렉소세지

요즘 육아인이라면 한 번쯤 들어봤을
레전드 메뉴 슈렉소세지예요.
채소 배합을 조절해서 다양한 맛으로 만들어 보세요!

재료 (3~4회 분량)		**대체 가능한 재료**
ㅁ 닭 안심 또는 닭 가슴살	120g	소고기
ㅁ 시금치	70g	근대, 청경채 등 잎채소
ㅁ 양파	40g	양파잼 1숟가락
ㅁ 당근	40g	-
ㅁ 달걀	1개	감자 반 개 + 전분 1숟가락
ㅁ 쌀가루	50g	통밀가루, 찹쌀가루, 현미가루

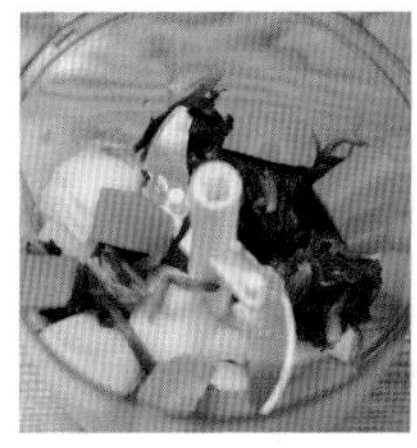   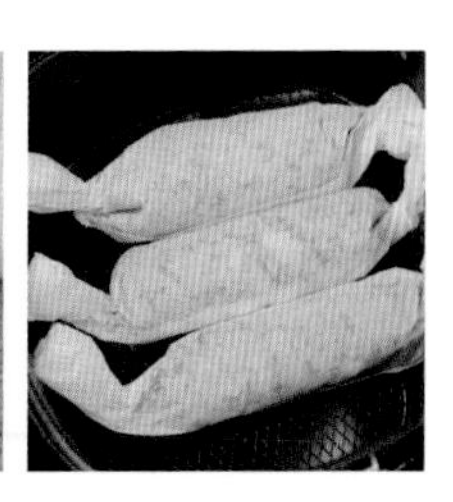

1. 손질한 시금치를 끓는 물에 20초간 데쳐 물기를 짠다.
2. 닭고기, 양파, 당근, 시금치, 달걀을 함께 갈거나 다진다.
3. 2에 쌀가루를 더해 섞는다.
4. 종이 호일에 반죽을 덜어 돌돌 말거나 틀에 붓는다.
5. 에어프라이어 180도에 15분 내외로 굽거나(오븐 190도 25~30분) 김이 오른 찜기에 20분간 찐다.
6. 먹기 좋은 크기로 썬다.

· 종이 호일로 반죽을 말 때, 호일의 앞쪽 끝단에 반죽을 놓고, 한 번 접은 뒤에 말면 모양을 더 쉽게 잡을 수 있어요. 종이 호일 외에 어떤 종류의 틀이든 활용할 수 있습니다.

· 냉동 보관하려면 썰어서 냉동해주세요.

맛 더하기
- 반죽에 소금 반티스푼, 후추 2꼬집 섞기
- 케첩에 찍어 먹기

콩가루고구마 볼 & 쿠키

누구나 쉽게 만들 수 있는 핑거푸드입니다.
햄프씨드로 영양가를 더해 보았어요.
이밖에도 견과류, 기타 곡류 등 얼마든지 응용할 수 있지요.

재료 (1~2회 분량)		대체 가능한 재료
□ 고구마	150g	감자, 단호박
□ 콩가루	10g	-
□ 햄프씨드	1숟가락	다진 견과류 또는 생략 가능

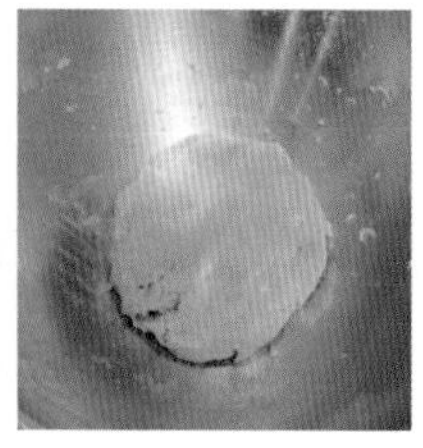

1. 고구마는 찌거나 삶아 익히고 곱게 으깬다.
2. 모든 재료를 섞고 뭉쳐서 그대로 먹거나 에어프라이어 180도에 5분 정도 구워 표면을 말려주듯 굽는다(오븐 200도 7분).

Tips!

· 퍽퍽한 고구마를 사용하면 뭉치지 않고 흩어질 수 있어요. 물 1~2숟가락을 섞어 약간 부드럽게 만든 뒤 뭉칠 수 있는 점도로 조절해 주세요.

· 모두 익은 재료라서 굽지 않아도 돼요. 굽는 과정은 모양을 좀 더 단단하게 잡아주는 역할을 합니다.

맛더하기 반죽에 올리고당 또는 조청 1티스푼 섞기

노계란 팬케이크

달걀을 먹기 전인 아기에게도 만들어 줄 수 있는
분유 팬케이크예요.
약한 불에 서서히 굽는 게 포인트입니다.

□ 분유 탄 물	100ml
□ 쌀가루	50g

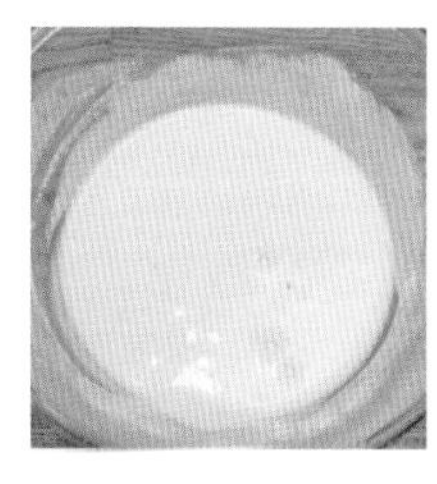

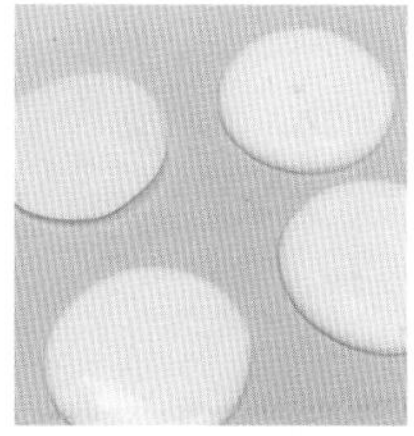

1. 정량 비율로 탄 분유 100ml에 쌀가루를 섞어 반죽한다.
2. 팬에 버터 또는 식용유를 약간 두르고 키친타월로 닦아낸다. 약한 불에서 예열하고 반죽을 한 숟가락씩 떠서 올린다.
3. 약한 불을 유지하고, 가장자리가 익기 시작하면 뒤집어서 마저 굽는다.

살짝 쫀득한 질감의 팬케이크입니다.

맛더하기
- 반죽에 베이킹 파우더 반티스푼 추가하기
- 잼이나 과일 퓨레 곁들여 먹기

블루베리 팬케이크(노계란)

달걀을 쓰지 않고, 과일을 넣어 만든 팬케이크예요.
집에 있는 과일로 대체해서 만들 수도 있어요!

재료 (1~2회 분량)

- ☐ 블루베리 40g
- ☐ 쌀가루 50g
- ☐ 분유 탄 물 40ml

대체 가능한 재료

딸기
통밀가루, 현미가루
우유, 두유, 아몬드밀크

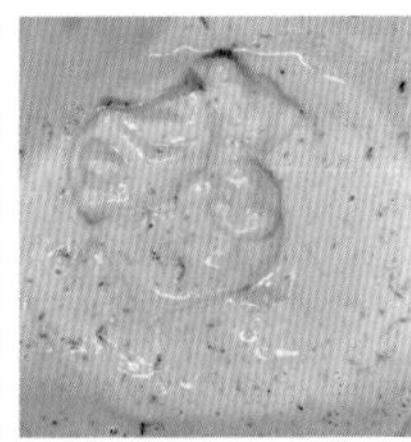

① 블루베리를 갈거나 으깬다.

② 정량 비율로 탄 분유 탄 물에 1과 쌀가루를 섞는다.

③ 약한 불로 예열한 팬에 반죽을 얇게 떠서 올리고 앞뒤로 굽는다.

키위, 바나나, 망고, 딸기, 복숭아 등 다양한 과일로 응용해 보세요.

맛더하기 잼이나 크림치즈 곁들여 먹기

시금치 팬케이크

잎채소도 팬케이크 재료가 될 수 있답니다.
잎채소의 향과 맛이 강하지 않아 먹기 좋아요.

재료 (1~2회 분량)		대체 가능한 재료
ㅁ 시금치	50g	청경채, 비타민 등 잎채소
ㅁ 달걀	1개	-
ㅁ 물	15g	-
ㅁ 쌀가루	40g	통밀가루, 현미가루, 찹쌀가루
ㅁ 올리브오일	1티스푼	식용유 또는 생략 가능
ㅁ 베이킹 파우더	반티스푼	생략 가능

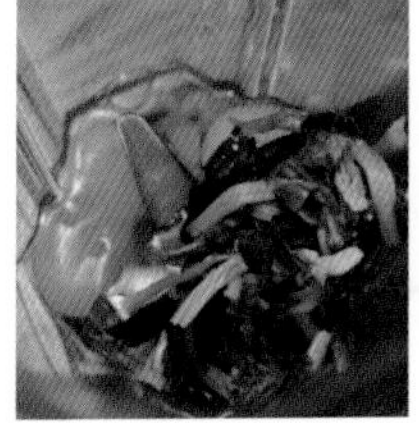

1. 손질한 시금치를 끓는 물에 20초간 데치고 물기를 짠다.
2. 시금치를 잘게 잘라 달걀, 물과 함께 믹서에 간다.
3. 2를 볼에 옮겨 올리브오일과 쌀가루, 베이킹 파우더(생략 가능)를 함께 섞는다.
4. 팬에 버터 또는 식용유를 약간 두르고 키친타월로 닦아낸다. 약한 불로 예열하고 반죽을 한 숟가락씩 떠서 올린다.
5. 약한 불을 유지하고, 가장자리가 익으면 뒤집어서 마저 굽는다.

맛 더하기 2번에서 소금 2꼬집, 설탕 1/2~1티스푼 섞기

요거트 팬케이크

우유 대신 요거트를 넣어 살짝 새콤한 맛이 나는 부드러운 팬케이크예요.

재료 (1~2회 분량)		대체 가능한 재료
□ 요거트	60g	-
□ 달걀	1개	-
□ 쌀가루	35g	통밀가루, 현미가루, 찹쌀가루
□ 베이킹 파우더	3꼬집	생략 가능

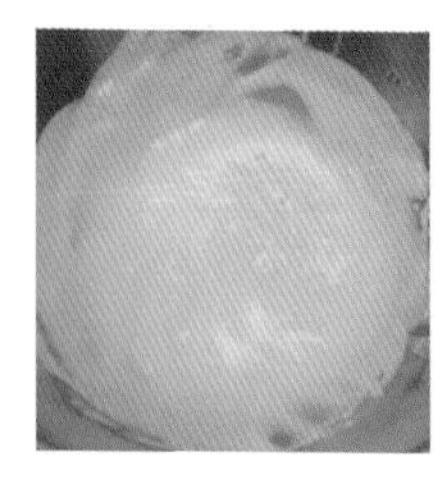

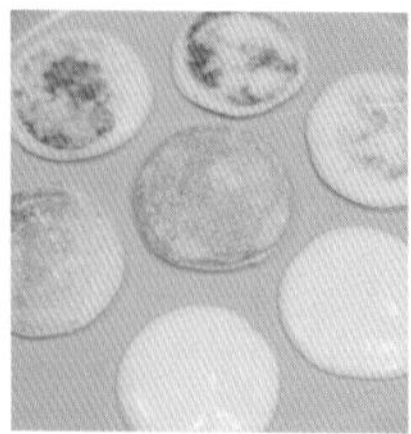

1. 모든 재료를 섞어 반죽을 만든다.
2. 팬에 버터 또는 식용유를 약간 두르고 키친타월로 닦아낸다. 약한 불로 예열하고 반죽을 한 숟가락씩 떠서 올린다.
3. 약한 불을 유지하고, 윗면에 기포가 생기기 시작하면 뒤집어서 마저 굽는다.

3번 과정에서 뒤집기 직전에 반죽을 반 숟가락 떠서 올린 뒤 뒤집으면 앞뒷면 모두 고른 표면을 가진 폭신 도톰한 팬케이크가 됩니다.

맛 더하기 반죽에 설탕 1/2~1티스푼 섞기, 메이플 시럽 뿌려 먹기

당근팬케이크 & 머핀

당근을 갈아서 팬케이크를 구우면
그 고운 색깔에 놀라게 돼요.
같은 반죽으로 두 가지를 만들 수 있어요.

재료 (1~2회 분량)		대체 가능한 재료
ㅁ 당근	60g	파프리카, 브로콜리, 고구마, 바나나, 단호박, 감자 등
ㅁ 쌀가루	45g	통밀가루, 현미가루, 오트밀가루
ㅁ 우유	20g	두유, 분유 탄 물, 아몬드밀크
ㅁ 달걀	1개	-

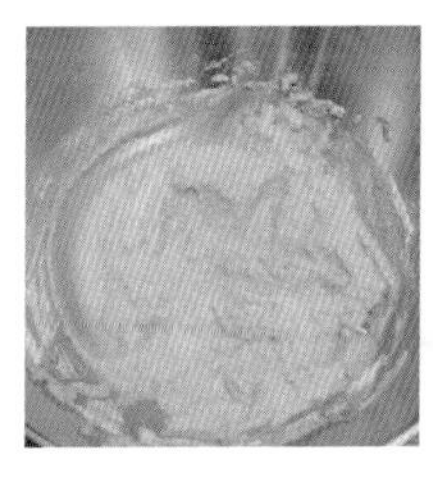

1. 당근, 우유, 달걀을 믹서에 넣고 곱게 간다.
2. 1에 쌀가루를 더해 잘 섞는다.
3. 팬에 버터 또는 식용유를 약간 두르고 키친타월로 닦아낸다. 약한 불로 예열하고 반죽을 한 숟가락씩 떠서 올린다.
4. 약한 불을 유지하고, 윗면에 기포가 생기기 시작하면 뒤집어서 마저 굽는다.

[머핀]

같은 반죽을 틀에 얇게 붓고 에어프라이어 150도에 8분 굽는다(오븐 170도 15분).

Tips!

· 다른 팬케이크보다 살짝 되직한 반죽이에요. 고르게 떠서 펴기 어렵다면 머핀을 추천합니다.

· 베이킹 파우더 반티스푼을 더하면 더욱 폭신한 머핀을 만들 수 있어요.

맛 더하기
- 1번에서 설탕 1/2~1티스푼 섞기, 시나몬가루 더하기
- 크림치즈와 메이플 시럽 곁들여 먹기

검은콩 팬케이크

검은콩 뿐만 아니라, 다른 모든 콩으로도 할 수 있어요.
영양 만점 팬케이크 레시피입니다.

재료 (1~2회 분량)

재료	분량
□ 삶은 서리태콩	30g
□ 쌀가루	30g
□ 우유	30g
□ 달걀	1개

대체 가능한 재료

기타 콩류 : 병아리콩, 강낭콩, 완두콩 등
통밀가루, 현미가루, 오트밀가루
두유, 분유 탄 물, 아몬드밀크
-

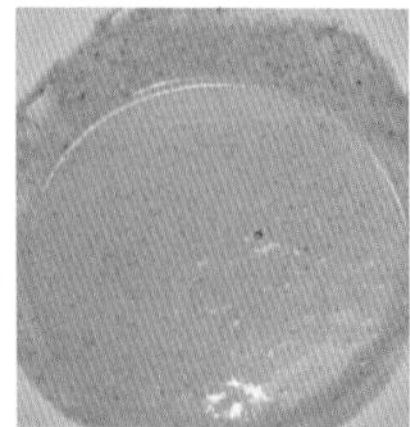

1. 삶은 콩, 우유, 달걀을 믹서에 넣고 곱게 간다.
2. 1에 쌀가루를 더해 잘 섞는다.
3. 팬에 버터 또는 식용유를 약간 두르고 키친타월로 닦아낸다. 약한 불로 예열하고 반죽을 한 숟가락씩 떠서 올린다.
4. 약한 불을 유지하고, 가장자리가 익으면 뒤집어서 마저 굽는다.

콩은 전날 밤에 불려놓고 끓는 물에 30분 정도 삶아 푹 익혀 사용하세요. 물을 넉넉히 붓고 전기 밥솥 만능찜 모드로 20~30분간 쪄도 돼요.

맛 더하기 1에서 소금 2꼬집, 설탕 반티스푼, 베이킹 파우더 반티스푼 더하기

비트 팬케이크

색깔 깡패 비트! 팬케이크에도 활용해 보세요.
강렬한 색깔에 비해 의외로 부드러운 맛이 나는
예쁜 팬케이크예요.

재료 (2~3회 분량)		대체 가능한 재료
□ 비트	80g	-
□ 우유	60g	두유, 아몬드밀크, 분유 탄 물, 물
□ 달걀	1개	-
□ 쌀가루	30g	통밀가루, 현미가루
□ 오트밀가루	20g	오트밀

1. 비트, 우유, 달걀을 함께 믹서에 곱게 간다.
2. 1을 볼에 옮기고 쌀가루와 오트밀가루를 더해 잘 섞는다.
3. 팬에 버터 또는 식용유를 약간 두르고 키친타월로 닦아낸다. 약한 불로 예열하고 반죽을 한 숟가락씩 떠서 올린다.
4. 약한 불을 유지하고, 윗면에 기포가 생기기 시작하면 뒤집어서 마저 굽는다.

Tips!

비트는 생비트나 익힌 비트 모두 사용 가능해요.

맛 더하기
- 반죽에 베이킹 파우더 반티스푼, 소금 1꼬집, 설탕 반티스푼 더하기
- 크림치즈와 메이플 시럽 곁들여 먹기

딸기오트밀 납작떡

딸기 뿐만 아니라, 다양한 과일로 만들 수 있는
초간단 핑거푸드 레시피예요.
외출용 간식으로도 최고지요!

재료(1~2회 분량)		대체 가능한 재료
□ 딸기	80g	베리류 과일, 키위, 망고, 복숭아 등
□ 오트밀	20g	-
□ 쌀가루	30g	찹쌀가루, 통밀가루, 현미가루

1. 딸기를 포크로 으깨고 쌀가루와 오트밀을 넣고 섞는다. 아기가 거친 질감을 싫어하면 오트밀을 미리 곱게 갈아서 쓴다.
2. 종이 호일 위에 반죽을 5mm 정도의 두께로 고르게 펴준다.
3. 에어프라이어 150도에 15분간 굽는다(오븐 170도 20~25분).
4. 한 김 식혀 먹기 좋은 크기로 잘라준다.

· 생딸기가 안 나는 계절엔 냉동 딸기를 활용해도 좋고, 제철 과일로도 응용해 보세요.

· 냉장 또는 냉동 보관 후에는 전자레인지에 10~15초 정도 데우거나 전기밥솥에 잠시 넣어 다시 말랑하게 해서 드세요.

맛더하기 1번에서 설탕 1/2~1티스푼 섞기

브로콜리 피넛쿠키

고소한 피넛 쿠키에 브로콜리가 콕콕 박혀 있어요.
브로콜리를 싫어하는 아이도 고소한 맛과 향 때문에
이 쿠키는 거부하지 못할 거예요.

재료 (1~2회 분량)

재료	분량	대체 가능한 재료
□ 브로콜리	20g	콜리플라워
□ 피넛버터	50g	아몬드버터
□ 두유	50ml	우유, 분유 탄 물, 아몬드밀크
□ 쌀가루	40g	통밀가루, 현미가루, 찹쌀가루

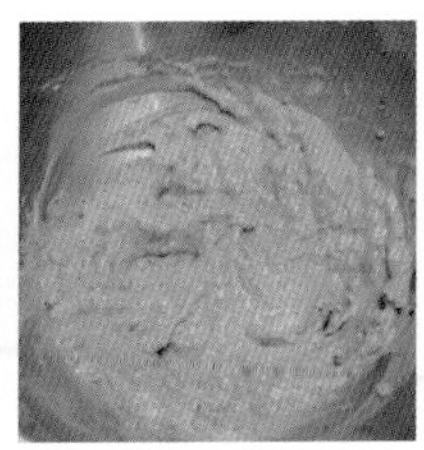

1. 피넛버터를 휘저어 부드럽게 만든다. 냉장 보관으로 굳은 상태라면 중탕으로 데우거나, 전자레인지에 10초간 돌려서 녹여준다.
2. 1에 두유를 섞고, 브로콜리를 곱게 다져 섞는다.
3. 쌀가루를 섞어 날가루가 보이지 않을 정도로만 섞어준다.
4. 먹기 좋은 크기로 빚어 오븐 170도에 15분간 굽는다(에어프라이어 150도 8~10분). 얇게 빚어 팬에 약한 불로 구워도 좋다.

Tips!

· 브로콜리는 익힌 것을 써도 좋아요.

· 포크나 모양틀 등 다양한 도구로 무늬나 모양을 찍어 보세요. 아이와 함께하는 요리 활동도 좋겠지요.

맛 더하기
- 1번에서 소금 2꼬집, 설탕 1/2~1티스푼 섞기
- 무염 피넛버터 대신 가염 가당 피넛버터 사용

미역쿠키

이 쿠키 덕을 본 변비 아가들이 많다지요?
그래서 쾌변 쿠키라고도 불러요.
미역국 하려다가 미역을 너무 많이 불렸다면?
꼭 해보세요!

재료 (2~3회 분량)		**대체 가능한 재료**
□ 불린 미역	50g	-
□ 아몬드가루	50g	통밀가루
□ 쌀가루	30g	통밀가루, 현미가루
□ (기)버터(상온에 준비)	5g	-
□ 달걀 노른자	한 알	-

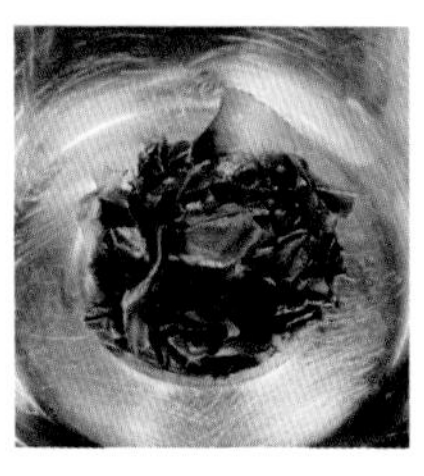

1. 미역을 불려 찬물에 여러 번 비벼서 씻고 헹군다. 물기를 최대한 짜고 다진다.
2. 모든 재료를 섞어 반죽한다.
3. 반죽을 뭉쳐 비닐랩이나 종이 호일 위에 놓고 모양을 다듬어 감싼다.
4. 냉동실에서 1시간 정도 굳힌 뒤 5mm 정도 두께로 썬다.
5. 에어프라이어 170도에 10~15분(오븐 180도 20~25분) 굽는다.

· 건빵처럼 수분이 없고 단단한 식감의 쿠키예요.

· 미역은 불리면 10배 정도의 무게가 돼요. 5g 정도의 건미역을 불리면 됩니다.

맛 더하기 반죽에 조청 1티스푼 또는 설탕 1/2~1티스푼 섞기

김쿠키

김만 있으면 완밥이라는 대한민국의 아이들.
김을 쿠키에 넣었으니 별미일 수밖에요!

재료 (1~2회 분량)		**대체 가능한 재료**
□ 김	2g(김밥 김 1장)	-
□ 아몬드가루	25g	
□ 쌀가루	10g	통밀가루, 현미가루, 찹쌀가루
□ 달걀 노른자	1알	-
□ 우유	12g	두유, 아몬드밀크, 분유 탄 물 또는 물
□ (기)버터(상온에 준비)	3g	식용유, 올리브오일 또는 생략 가능

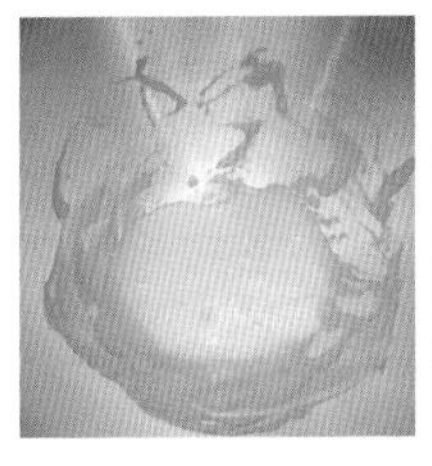

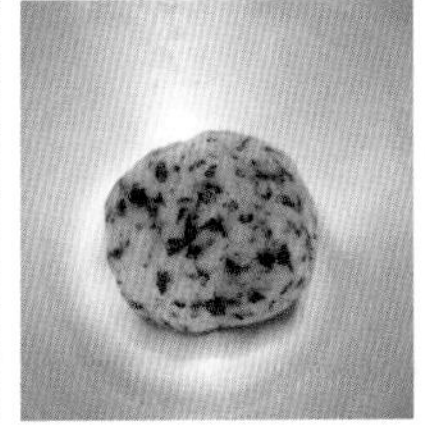

1. 달걀을 풀고 우유, 버터를 잘 섞는다.
2. 김은 믹서에 갈거나 손으로 부숴 1에 섞는다. 아몬드가루, 쌀가루를 더해 반죽한다.
3. 기둥 모양으로 다듬어 종이 호일이나 랩에 싸서 냉동실에 1시간 둔다.
4. 반죽을 꺼내 5mm 정도 두께로 썬다.
5. 180도로 예열한 오븐에 10~15분간 굽거나 에어프라이어 160도에 7분간 굽는다.

3번 과정을 생략하고 반죽을 밀대로 펴서 적당한 크기로 썰거나 쿠키 커터로 찍어서 바로 구워도 돼요. 손으로 눌러 납작하게 빚어도 됩니다.

맛 더하기 1번에서 설탕 1/2~1티스푼 섞기

슈퍼곡물쿠키

슈퍼푸드로 알려진 햄프씨드와 퀴노아를 넣은
건강 쿠키 레시피예요.
집에 있는 견과류를 다져서 활용해 보세요.

재료 (1~2회 분량)		대체 가능한 재료
ㅁ 바나나	1개	-
ㅁ 햄프씨드	8g	-
ㅁ 삶은 퀴노아	20g	-
ㅁ 아몬드가루	40g	오트밀가루
ㅁ 쌀가루	40g	통밀가루, 현미가루

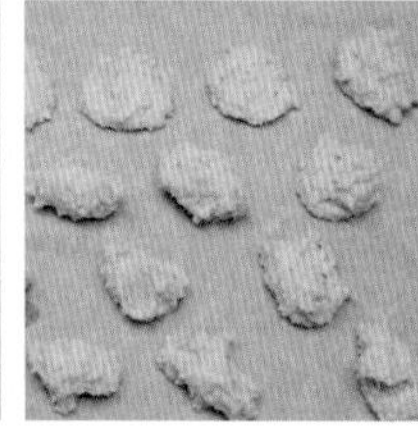

1. 바나나를 으깬다.
2. 1에 나머지 재료를 모두 넣고 섞는다.
3. 반죽을 종이 호일에 조금씩 떠서 올린다. 물 묻힌 손가락으로 톡톡 누르며 모양을 만들어준다.
4. 에어프라이어 160도에 10분 굽는다(오븐 180도 15분).

맛 더하기 반죽에 소금 2꼬집, 설탕 1/2~1티스푼 또는 메이플 시럽 1~2티스푼 섞기

검은콩바나나 쿠키 & 머핀

자칫 밍밍하거나 씁쓸할 수 있는 콩을
바나나와 함께 맛있는 쿠키와 머핀으로 만들어요.

재료 (2~3회 분량)		대체 가능한 재료
ㅁ 삶은 서리태	50g	기타 콩류 : 병아리콩, 강낭콩, 완두콩
ㅁ 바나나	80g	-
ㅁ 쌀가루	10g	통밀가루, 현미가루
ㅁ 오트밀	6g	오트밀가루
ㅁ (기)버터(상온에 준비)	1티스푼	생략 가능
ㅁ 달걀(머핀에만 사용)	1개	-

1. 바나나를 으깨고 버터를 섞는다.
2. 삶은 콩을 블렌더나 다지기로 곱게 다져 1에 섞는다.
3. 쌀가루와 오트밀을 더해 섞고 종이 호일에 조금씩 떠 놓는다.
4. 에어프라이어 160도에 12분 굽는다(오븐 180도 15분).

[머핀]

1번 과정에서 달걀을 함께 섞는다. 3번 과정에서 머핀 틀에 얇게 붓고 4번과 동일하게 굽는다.

맛더하기 반죽에 베이킹 파우더 반티스푼, 소금 2꼬집, 설탕 1티스푼 또는 메이플 시럽 1숟가락 섞기

바나나 두부머핀

바나나로는 섬유질을, 두부로는 단백질을 섭취하는,
맛있으면서 영양가도 높은 레전드 레시피!
촉촉한 질감이라 어린 아기들도 잘 먹을 수 있어요.

재료 (1~2회 분량)		대체 가능한 재료
□ 바나나	1개(120g)	-
□ 물기 짠 두부	65g	-
□ 쌀가루	50g	통밀가루, 현미가루
□ 베이킹 파우더	반티스푼	생략 가능

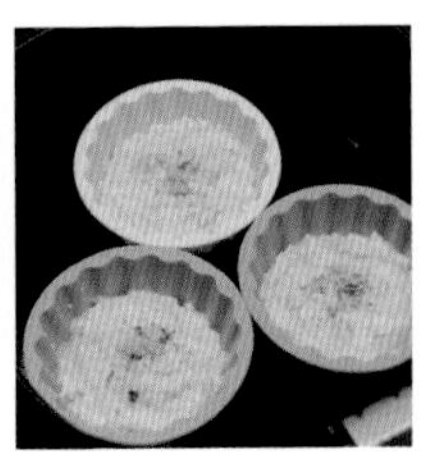

1. 바나나를 곱게 으깬다.
2. 물기를 꼭 짠 두부를 바나나와 섞는다.
3. 나머지 재료를 더해 섞는다.
4. 틀에 얇게 부어 에어프라이어 160도에 10분 굽는다(오븐 180도 15~20분).

· 달걀 노른자를 반죽에 더하면 질감과 맛이 더 좋아집니다.

· 반죽에 오트밀 1티스푼, 으깬 견과류 1티스푼을 더하면 영양가가 up 됩니다.

맛더하기 시나몬가루 3꼬집 더하기

요거트 쌀찐빵

부드러운 식감과 맛으로 수많은 아기에게 사랑받은 찐빵.
쪄서도, 구워서도 만들 수 있어요.
요거트 먹기 시작한 아기라면 일단 요거 한 번 만들어 보세요!

재료 (1~2회 분량)		대체 가능한 재료
☐ 요거트	80g	-
☐ 고구마	50g	단호박
☐ 달걀 노른자	1알	-
☐ 쌀가루	40g	통밀가루, 현미가루, 오트밀가루
☐ 베이킹 파우더	반티스푼	생략 가능

1. 고구마의 껍질을 벗겨 잘게 썰거나 다진다.
2. 고구마를 포함하여 모든 재료를 섞는다.
3. 반죽을 틀에 얇게 붓는다.
4. 김이 오른 찜기에 12~15분간 찌거나 에어프라이어 150도에 15분 굽는다(오븐 170도 18~20분).

Tips!

· 미리 익힌 고구마를 사용하면 조리 시간을 단축할 수 있어요. 으깨서 넣으면 더 부드러워요.

· 아기에게 만들어줄 때는 당이 첨가되지 않은 요거트 제품이 좋아요. 점도는 그릭 요거트 같은 꾸덕한 것도 좋고 묽은 아기 요거트로도 가능해요.

맛 더하기 반죽에 소금 2꼬집, 설탕 1/2~1티스푼 또는 메이플 시럽 1~2티스푼 섞기

고구마우엉 머핀 & 부침

질기고 씁쓸한 우엉을 어린 아기에게 먹일 수 있을까요?
답은 YES! 고구마가 부드럽고 포슬하게 감싸줍니다.

재료 (2~3회 분량)		대체 가능한 재료
□ 고구마	200g	-
□ 우엉	70g	-
□ 달걀	1개	-
□ 아몬드가루	25g	오트밀가루
□ 시나몬가루	2꼬집	생략 가능

1. 껍질을 손질한 고구마와 우엉은 토막내어 끓는 물에 8분간 같이 삶는다.
2. 고구마와 우엉을 함께 다진다.
3. 볼에 달걀을 풀고 2와 가루류를 넣고 섞는다.
4. 틀에 얇게 부어 에어프라이어 160도에 10~15분 굽는다(오븐 180도 17분). 또는 팬에 식용유를 충분히 두르고 약한 불에 앞뒤로 부친다.

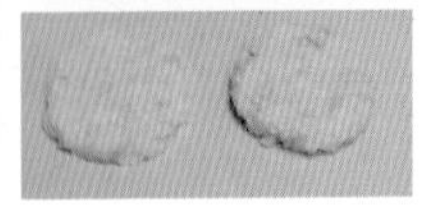

반죽에 다진 견과류를 섞으면 맛과 영양가가 up 됩니다.

맛 더하기 반죽에 소금 2꼬집, 설탕 1/2~1티스푼 또는 메이플 시럽 1~2티스푼 섞기

콩가루찐빵 & 팬케이크

부드럽고 고소한 콩가루 찐빵과 팬케이크.
한 가지 반죽으로 아이가 좋아하는 모양으로 만들어 주세요.

재료 (1~2회 분량)		대체 가능한 재료
□ 콩가루	15g	-
□ 쌀가루	25g	통밀가루, 찹쌀가루, 현미가루, 오트밀가루
□ 달걀	1개	-
□ 우유	20ml	두유, 아몬드밀크, 분유 탄 물
□ 식용유	1티스푼	(기)버터, 올리브오일 또는 생략 가능
□ 베이킹 파우더	반티스푼	생략 가능

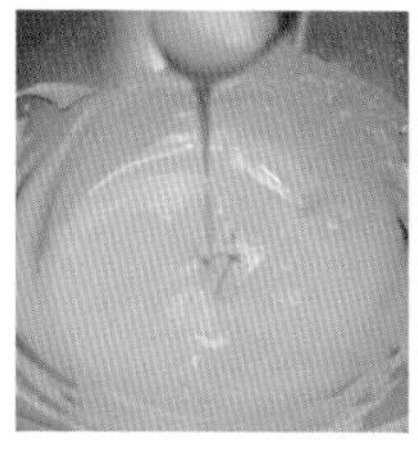
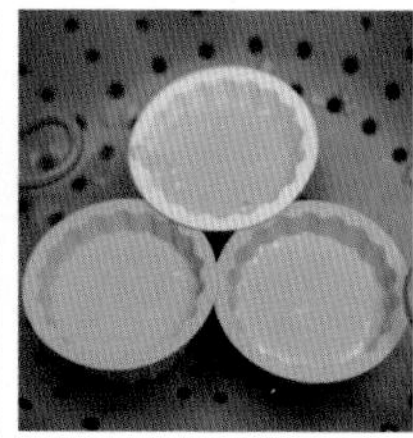

1. 달걀을 풀고 우유와 식용유를 섞는다.
2. 1에 콩가루, 쌀가루, 베이킹 파우더(생략 가능)를 섞는다.
3. 반죽을 틀에 부어 김이 오른 찜기에 15분 찐다.

반죽에 넣는 식용유 또는 버터는 빵 질감을 조금 더 부드럽게 해줘요.

[팬케이크]

식용유를 살짝 닦아낸 팬에 반죽을 덜고 약한 불로 굽는다.

맛 더하기 반죽에 소금 2꼬집, 설탕 1/2~1티스푼 또는 메이플 시럽 1~2티스푼 섞기

당근빵

디저트 가게에서 흔히 보는 당근케이크를
아기 버전으로 만들어 보았어요.
어른도 함께 먹어요!

재료 (1~2회 분량)		대체 가능한 재료
□ 당근	70g	-
□ 달걀	1개	-
□ 쌀가루	30g	통밀가루, 현미가루, 오트밀가루
□ 아몬드가루	20g	-
□ 다진 호두	10g	아몬드, 캐슈넛, 땅콩 등 기타 견과류
□ (기)버터(상온에 준비)	4g	생략 가능
□ 베이킹 파우더	반티스푼	생략 가능

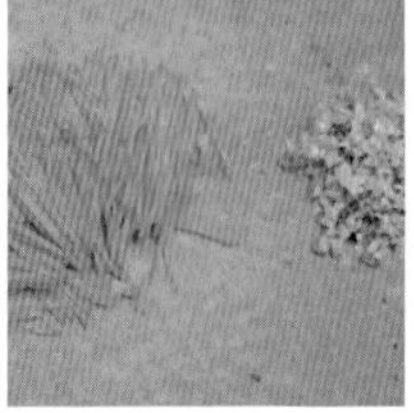

1. 볼에 녹인 버터와 달걀을 섞고, 가루류를 체에 쳐서 내린 뒤 가볍게 섞는다.
2. 당근을 채 썰고 호두를 다져 반죽에 더한다.
3. 반죽을 틀에 부어 에어프라이어 160도에 10분(오븐 180도 15~20분) 굽는다.

Tips!

· 당근을 채썰지 않고 다져서 사용해도 좋아요.

· 호두는 끓는 물에 2분 정도 삶아서 쓰면 떫은 맛이 없어져요.

맛 더하기
- 반죽에 소금 2꼬집, 설탕 1~2티스푼 또는 메이플 시럽 1~2숟가락, 시나몬 가루 3꼬집 섞기
- 크림치즈 곁들여 먹기

애호박브레드

애호박을 듬뿍 넣고 촉촉하게 만든 빵이에요.
맛과 질감 모두 부드러워 누구나 잘 먹을 수 있어요.

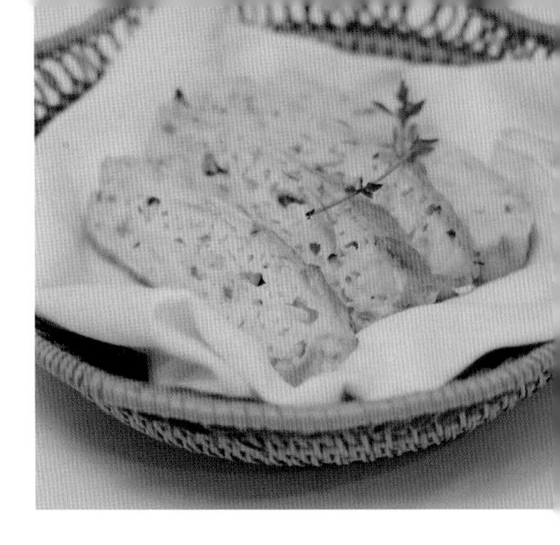

재료 (3~4회 분량)		대체 가능한 재료
□ 애호박	120g	쥬키니 호박
□ 달걀	1개	-
□ 요거트	50g	-
□ (기)버터(상온에 준비)	7g	식용유, 올리브유
□ 통밀가루	80g	현미가루, 쌀가루
□ 시나몬가루	3꼬집	생략 가능

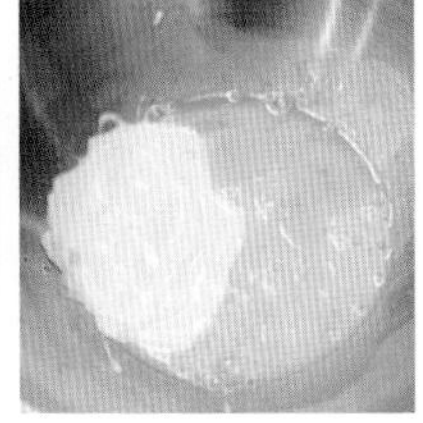
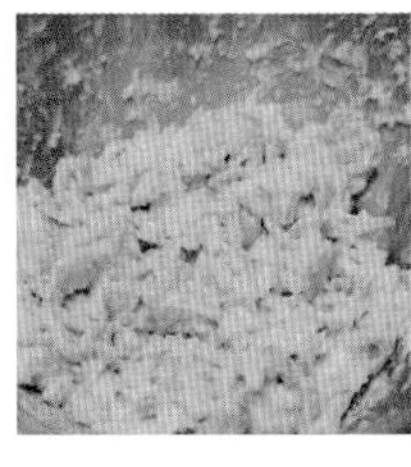

1. 애호박을 잘게 채 썬다.
2. 볼에 버터를 넣고 휘저어 부드럽게 만들고 요거트, 달걀과 함께 섞는다.
3. 2에 가루류를 체쳐서 넣고 섞다가 채썬 애호박을 넣는다. 반죽은 너무 휘젓지 않고, 날가루가 보이지 않을 정도로 가볍게 섞는다.
4. 반죽을 틀에 붓고 180도로 예열한 오븐에 25분간 굽는다(에어프라이어 150도 15분).

· 다 구운 뒤, 틀에서 빵을 꺼내 오븐에 5~10분간 더 돌리면 바깥 면이 단단해져서 더 꼬들꼬들한 식감으로 즐길 수 있어요.

· 위 사진에서는 실리콘 찜기를 사용했어요. 머핀 틀이나 사각 식빵 틀을 사용해도 좋아요.

맛 더하기 반죽에 소금 2꼬집, 설탕 1/2~1티스푼, 베이킹 파우더 반티스푼 섞기

흑임자 바나나 쿠키 & 머핀

고소함 끝판왕 흑임자를 넣었어요.
달콤한 바나나랑 만났으니 맛없없 아니겠어요?

재료 (1~2회 분량)		대체 가능한 재료
☐ 바나나	1개(80g)	-
☐ 흑임자(검은깨)	1숟가락	참깨, 다진 견과류
☐ 통밀가루	50g	쌀가루, 현미가루, 오트밀가루
☐ 달걀(머핀에만 사용)	1개	-
☐ (기)버터(상온에 준비)	5g	생략 가능
☐ 베이킹 파우더	3꼬집	생략 가능

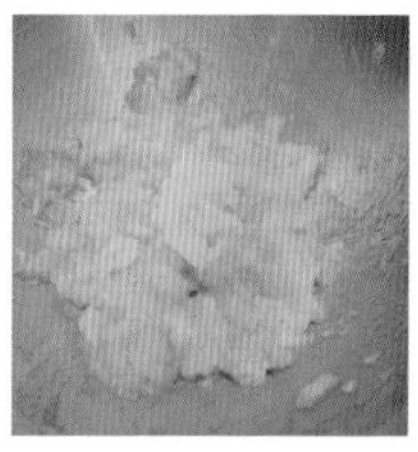
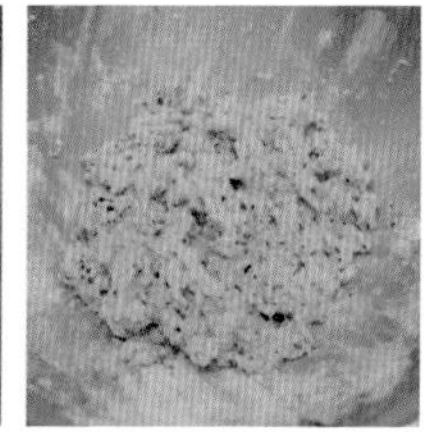

1. 바나나를 으깨 버터와 섞는다.
2. 통밀가루를 체에 쳐서 넣고 (절구에 빻은)깨도 더해 살살 섞는다.
3. 종이 호일에 납작하게 떠서 180도로 예열한 오븐에 20분(에어프라이어 160도 12분) 굽는다.

Tips!
2번 과정에서 힘을 줘서 너무 많이 섞으면 결과물이 단단하고 질겨져요. 날가루가 안 보일 정도로만 섞어주면 됩니다.

[머핀]

1번 과정에서 달걀을 함께 섞는다. 머핀 틀에 붓고 3번과 동일하게 굽는다.

맛 더하기 반죽에 소금 2꼬집, 설탕 1/2~1티스푼 섞기

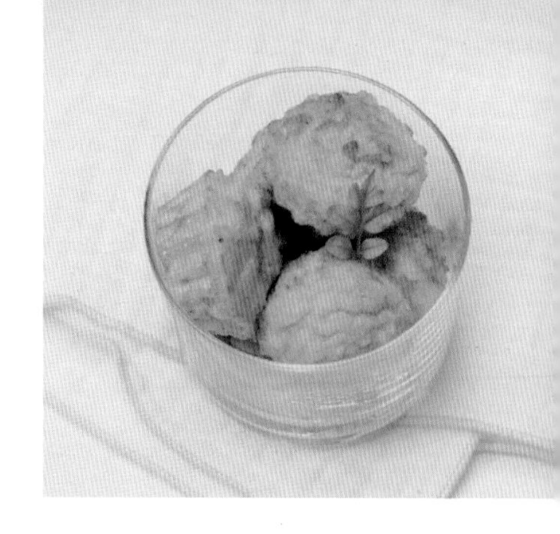

두부감자빵

쉽고, 맛있고, 식감까지 완벽한 빵 레시피.
약간의 간을 하면 어른 간식으로도 너무 좋아요.

재료 (1~2회 분량)		대체 가능한 재료
□ 물기를 짠 두부	70g	-
□ 감자	40g	-
□ 달걀	1개	-

1. 감자를 삶거나 쪄서 으깬다.
2. 볼에 달걀을 풀고, 물기를 짠 두부와 으깬 감자를 섞는다.
3. 반죽을 틀에 넣고 에어프라이어 160도에 10분(오븐 170도 15~20분) 또는 전자레인지에 2분 돌린다.

맛 더하기 반죽에 소금 2꼬집, 설탕 1/2~1티스푼 섞기

슈렉머핀

잎채소로 만드는 슈렉 시리즈에 머핀이 빠질 수 없겠죠.
빵은 좋아하지만 초록색 채소는 싫어하는 아이라면
이 메뉴에 꼭 도전해 보세요.

재료 (2~3회 분량)		**대체 가능한 재료**
□ 시금치	25g	케일, 근대, 깻잎, 미나리 등 잎채소
□ 달걀	1개	-
□ 사과	80g	배
□ 쌀가루	50g	통밀가루, 현미가루
□ 오트밀가루	10g	생략 가능
□ 베이킹 파우더	반티스푼	생략 가능

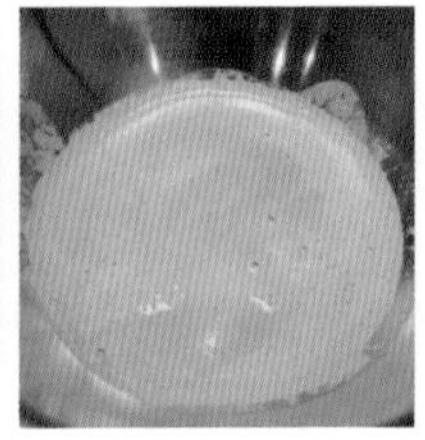
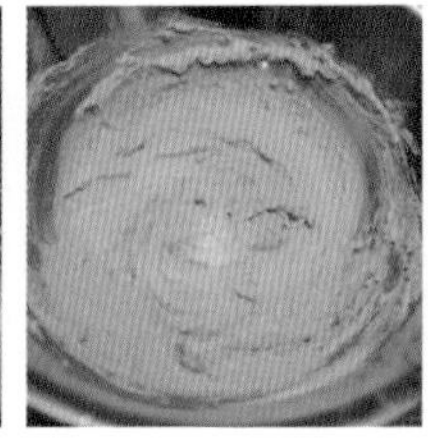

1. 손질한 시금치를 끓는 물에 20초간 데친다.
2. 데친 시금치의 물기를 꼭 짜고 가위로 잘게 썰어 달걀, 사과와 함께 믹서에 간다.
3. 2를 볼에 옮기고 가루류를 더해 가볍게 섞는다.
4. 틀에 얕게 부어 오븐 170도에 25~30분 굽는다(에어프라이어 160도 10~15분).

맛 더하기 반죽에 소금 2꼬집, 설탕 1/2~1티스푼 섞기

비트닭고기머핀

닭고기로 단백질 섭취를, 비트로 철분 섭취를 도와주는 머핀.
단일 메뉴로도 한 끼 식사가 충분히 되지요.
메인 재료들이 풍부하게 들어가 든든한 머핀이에요.

재료 (2~3회 분량)		대체 가능한 재료
☐ 닭고기(안심 또는 가슴살)	2덩이(80g)	소고기, 돼지고기
☐ 비트	50g	-
☐ 양파	50g	양파잼 1숟가락
☐ 사과	50g	-
☐ 쌀가루	30g	통밀가루, 현미가루

1. 양파, 닭고기, 비트, 사과를 다진다.
2. 팬에 버터 또는 올리브 오일을 두르고 양파를 노릇하게 중간 불로 볶는다.
3. 닭고기와 비트를 더해 닭고기 표면이 익을 때까지 볶다가 사과도 넣는다.
4. 사과 숨이 죽으면 불을 끄고 한 김 식혀 쌀가루를 섞는다. 너무 푸석하면 물을 5~10g 더한다..
5. 틀에 얕게 눌러 담고 에어프라이어 150도에 20~25분 굽는다(오븐 170도 25~30분). 또는 김이 오른 찜기에 10분간 찐다.

Tips!

· 익힌 비트를 사용해도 돼요.

· 달걀 알레르기가 없는 아이는 4번 과정에서 달걀 1개를 섞어 주세요. 맛과 질감이 더 좋아져요.

· 재료를 잘게 다질수록 수분이 많이 생겨 단면이 질퍽할수 있어요. 팬에서 충분히 볶아서 쓰고, 혹시라도 구운 결과물이 조금 질퍽하더라도 안 익은 것은 아니니 걱정 말고 드세요.

맛 더하기 반죽에 소금 2꼬집, 설탕 1/2~1티스푼 섞기

사과머핀

과일 조림 또는 퓨레를 활용하여
쉽게 만드는 머핀이에요.
단맛을 더해주면 큰 어린이들도 좋아할 메뉴죠.

재료 (1~2회 분량)		대체 가능한 재료
□ 사과 조림(44쪽)	60g	과일 퓨레
□ 우유	40g	두유, 분유 탄 물, 아몬드밀크
□ (기)버터(상온에 준비)	5g	올리브오일
□ 통밀가루	35g	쌀가루, 현미가루
□ 아몬드가루	25g	-
□ 다진 견과류	1~2숟가락	생략 가능
□ 베이킹 파우더	반티스푼	생략 가능

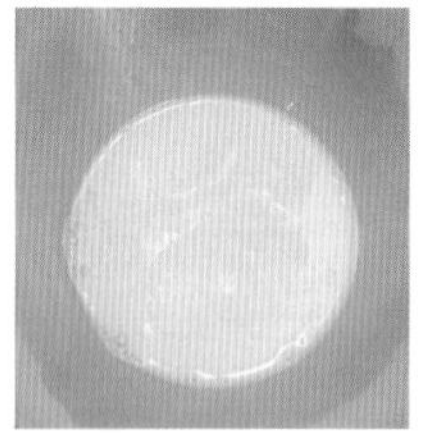
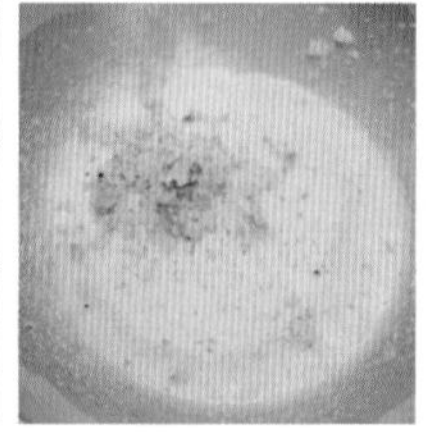

1. 우유와 (기)버터, 사과 조림을 섞는다.
2. 통밀가루, 아몬드가루, 베이킹 파우더를 1에 체 쳐서 넣고 반죽한다. 견과류도 이때 섞는다.
3. 틀에 부어 오븐 180도에 25분 굽는다(에어프라이어 160도 10~15분)

노계란 레시피라 달걀 알레르기가 있는 아이에게도 해줄 수 있어요. 알레르기 문제가 없다면 달걀 1개를 추가하면 더 맛있어요. 달걀 추가 시에는 아몬드가루나 쌀가루 10g을 추가해주세요.

맛 더하기 반죽에 소금 2꼬집, 설탕이나 메이플 시럽 1티스푼 섞기

퐁신머핀

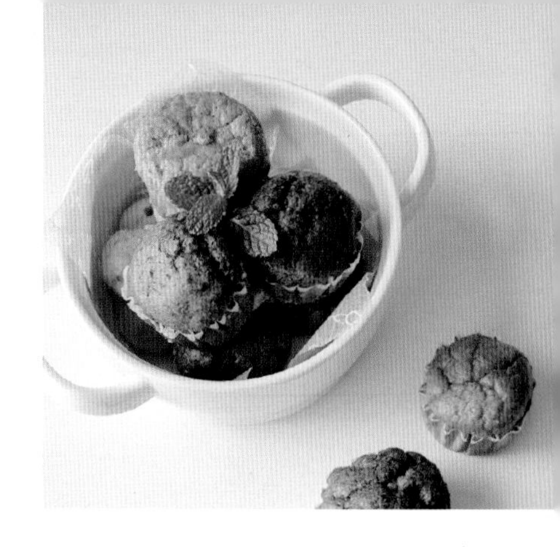

아기 머핀도 폭신하게 만들 수 없을까 고민하다가 나온 레시피.
폭신하고 맛있는 머핀을 아이와 함께 맛있게 먹을 수 있어요.
머랭 치기는 가족 중 가장 팔 힘이 좋은 분께 맡기기로 해요.

재료 (1~2회 분량)		대체 가능한 재료
ㅁ 과일 또는 채소 퓨레	150g	비트사과소스(195쪽)75g
ㅁ 아몬드가루	30g	-
ㅁ 쌀가루	20g	통밀가루, 현미가루
ㅁ 달걀	1개	-
ㅁ 우유	60ml	분유 탄 물, 두유, 아몬드밀크

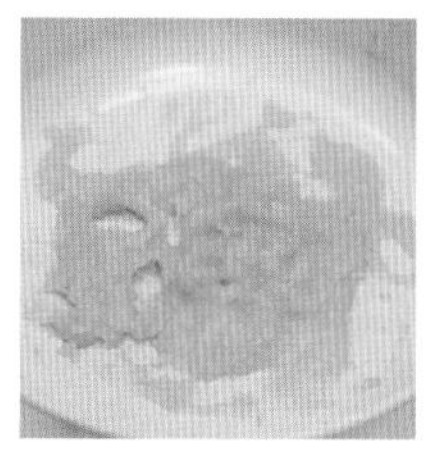

1. 과일 퓨레를 약한 불에 졸여 꾸덕한 잼 질감으로 만든다. 중량이 반 정도로 줄어들면 적당하다(일반적인 시판 퓨레 기준이며, 집에서 만든 퓨레의 경우 더 되거나 묽을 수 있다).
2. 1과 아몬드가루, 쌀가루, 우유, 달걀 노른자를 섞는다.
3. 달걀 흰자는 뿔이 단단히 올라올 때까지 머랭을 친다.
4. 2에 머랭을 넣고 살살 섞는다(너무 섞으면 숨이 죽으니 10번 미만으로 뒤적이듯 섞는다).
5. 반죽을 틀에 부어 에어프라이어 150도에 15분(오븐 170도 15~20분) 굽는다.

빵이 너무 부드러워 틀에서 떼면서 모양이 망가질 수 있어요. 반죽을 붓기 전에 틀 안쪽에 식용유를 살짝 펴바르거나, 머핀용 유산지를 활용하면 모양을 유지하는 데 도움이 됩니다. 틀에서 꺼내지 않고 떠먹어도 돼요.

맛 더하기 퓨레 양을 늘리기(반죽이 묽어지지 않도록 충분히 꾸덕하게 졸여주세요.)

꼬꼼마 키쉬

아기에게 '고구마' 발음이 쉽지 않아
'꼬꼼마'로 불리게 된 고구마 키쉬.
간을 전혀 하지 않고 먹어도 너무나 맛있어요.

재료 (2회 분량)		대체 가능한 재료
□ 고구마	120g	-
□ 아몬드가루	40~50g	-
□ 다진 닭고기(안심이나 가슴살)	20~30g	돼지고기
□ 다진 채소(당근, 양파, 애호박 등)	70g	파프리카, 브로콜리 등 냉털 채소
□ 쌀가루	20g	통밀가루,현미가루
□ 달걀	1개	-
□ 우유	20g	분유 탄 물, 두유, 아몬드밀크

1. 팬에 식용유를 약간 두르고 다진 채소를 볶다가 다진 닭고기를 더해 핏기가 가실 때까지만 볶는다.
2. 삶거나 쪄서 익힌 고구마를 으깨고, 아몬드가루와 쌀가루를 넣고 섞는다.
3. 일정한 크기로 반죽을 나누어 동그랗게 편 뒤, 틀에 반죽을 펴바르듯이 누르며 얇게 둘러준다.
4. 3에 1을 조금씩 떠 넣는다.
5. 볼에 달걀을 풀고 우유를 섞어 4에 조금씩 떠서 키쉬 안쪽을 채워준다.
6. 에어프라이어 160도에 10~14분 굽는다(오븐 180도 25~30분).

Tips!

· 고구마의 수분감에 따라 가루의 양을 줄이거나 늘려야 할 수도 있습니다. 퍽퍽한 밤고구마는 물을 약간 더해줘야 해요. 계속 반죽하면서 고구마가 손에 묻지 않는 반죽이 되도록 해주세요.

· 살짝 식힌 뒤 틀에서 떼어내면 잘 떨어져요.

맛 더하기 5번의 달걀물에 후추 2꼬집, 소금 2꼬집, 바질가루 3꼬집 더하기

브로콜리 가자미 키쉬

꼬꼼마 키쉬로 키쉬와 친해졌다면
다른 재료로도 해봐야죠.
생선을 활용한 맛있는 키쉬 레시피예요.

재료 (2회 분량)		대체 가능한 재료
☐ 가자미살	40g	대구, 광어 등 흰살생선, 새우, 오징어 등 해산물
☐ 브로콜리	20g	콜리플라워, 애호박
☐ 양파	15g	-
☐ 셀러리	10g	생략 가능
☐ 달걀	1개	-
☐ 쌀가루 + 아몬드가루	각 30g	통밀가루, 현미가루
☐ 다진 마늘	1티스푼	마늘가루 3꼬집
☐ 우유	20ml	분유 탄 물, 두유, 아몬드밀크
☐ 아기치즈	1장	-

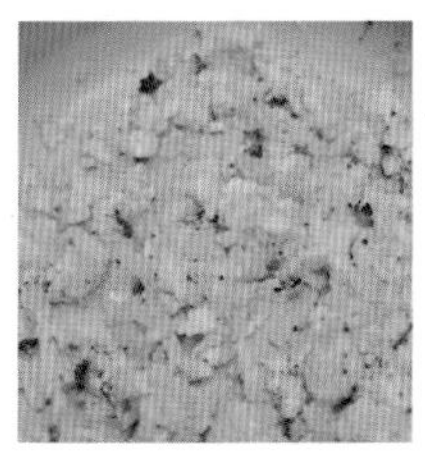
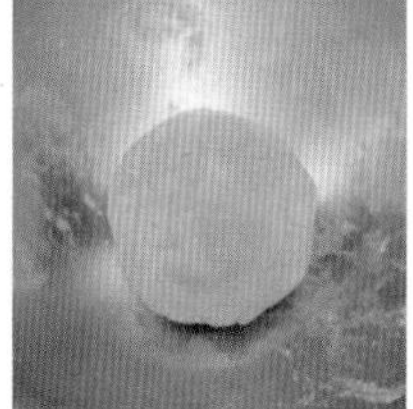

1. 브로콜리, 양파, 셀러리를 잘게 다진다.
2. 팬에 식용유를 약간 두르고 중간 불로 다진 마늘을 볶다가 노릇해지면 다진 채소들을 볶는다. 양파가 반투명해지면 가자미살을 넣고 부수면서 함께 볶는다.
3. 달걀 1개를 풀어 반을 따로 덜어두고, 쌀가루, 아몬드가루와 섞는다. 아기치즈를 더해 손으로 주무르면서 치대듯이 섞는다.
4. 일정한 크기로 반죽을 나누어 동그랗게 편 뒤, 틀 벽에 붙이듯이 얇게 둘러준다.
5. 4의 반죽 안에 2를 떠 넣고, 3에서 덜어둔 달걀물에 우유를 섞어 조금씩 부어 채워준다.
6. 에어프라이어 160도에 12분 굽는다(오븐 180도 20분).

생선은 익힌 것을 써도 돼요.

맛 더하기 위에 피자 치즈를 올려 굽기, 반죽에 소금 2꼬집, 설탕 반티스푼 섞기

메뉴+1 2에서 볶은 재료가 남으면 쪄서 으깬 감자와 섞은 뒤 반죽하고 구워 핑거푸드를 만들어 보세요.

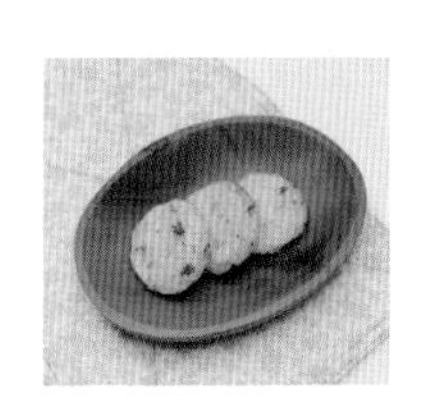

토마토 가지 키쉬

토마토와 가지가 맛있는 여름철엔 꼭 해드세요.
이거 하나만으로도 든든한 식사가 될 수 있어요.

재료 (2회 분량)		대체 가능한 재료
□ 토마토, 가지, 양파	각 30g	-
□ 달걀	1개	-
□ 아몬드가루	30g	-
□ 쌀가루	30g	통밀가루, 현미가루
□ 우유	20ml	분유 탄 물, 두유, 아몬드밀크

1. 토마토, 가지, 양파를 잘게 썰거나 다진다.
2. 팬에 식용유를 약간 두르고 중간 불에 양파를 볶다가 투명해지면 토마토와 가지를 살짝 볶는다.
3. 달걀 1개를 풀어 반을 따로 덜어두고, 쌀가루, 아몬드가루와 함께 반죽한다.
4. 일정한 크기로 반죽을 나누어 동그랗게 편 뒤, 틀에 반죽을 펴바르듯이 누르며 얇게 둘러준다.
5. 4의 반죽 안에 2를 떠넣고, 3에서 덜어 두었던 달걀물에 우유를 섞어 조금씩 부어 채워준다.
6. 에어프라이어 160도에 12분 굽는다(오븐 180도 20분).

Tips!

다짐육을 더하면 더 든든해요. 2번 과정에서 함께 볶으면 돼요.

맛 더하기 위에 피자 치즈를 올려 굽기, 반죽에 소금 2꼬집, 설탕 반티스푼 섞기

식빵을 사용한 키쉬

키쉬를 만들어 보고는 싶은데 반죽할 엄두가 나지 않는다면? 식빵을 활용하면 된답니다. 앞에 나온 다른 키쉬들도 이 방법으로 만들 수 있어요.

재료 (1~2회 분량)		대체 가능한 재료
☐ 식빵	2장	또띠아
☐ 단호박	40g	고구마
☐ 만능소복(48쪽)	20g	다진 채소나 고기
☐ 달걀	1개	-

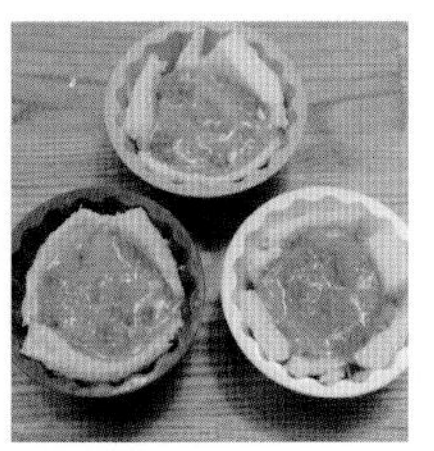

1. 식빵 모서리를 잘라내고 밀대로 얇게 민다.
2. 식빵을 찢어 틀 안에 둘러준다.
3. 단호박을 쪄서 으깬다.
4. 3에 달걀을 풀어 섞고 만능소복도 섞는다.
5. 2에 4를 조금씩 떠넣는다.
6. 에어프라이어 150도에 10분 굽는다(오븐 170도 15~20분).

Tips!

2번 과정에서 빵을 빈 틈 없이 채울 필요는 없어요. 달걀 필링이 틈새로 새더라도 구워지면서 모양이 잡힙니다.

맛 더하기 위에 피자 치즈를 올려 굽기

통밀빵

식빵을 집에서 만들 수 있냐구요? 물론 가능하죠.
정제 밀가루가 아닌, 통밀가루로 건강한 빵을 만들어 보아요.
아주 건강한 버전과 건강한 버전, 두 가지 레시피를 준비했어요.
빵 끊기 힘든 다이어터 부모님들에게도 강추해요.

재료

무염 무설탕 버전

- □ 통밀가루 200g
- □ 물 60ml
- □ 과일퓨레 55g
- □ 이스트 4g

가염 버전

- □ 통밀가루 200g
- □ 물 150ml
- □ 소금 2g
- □ 설탕 4g
- □ 이스트 4g

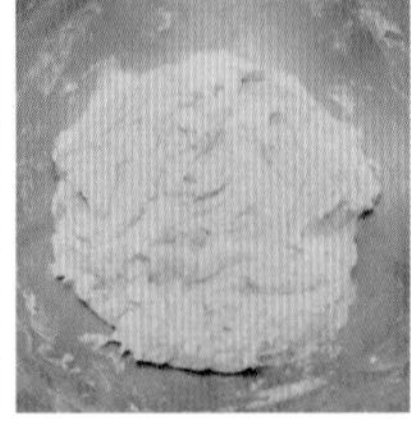

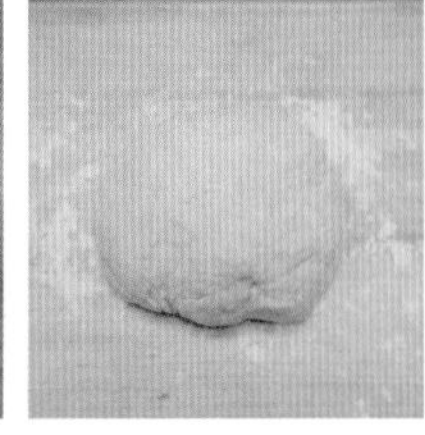

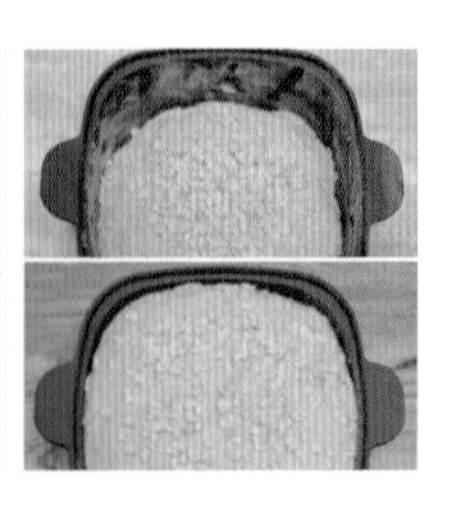

1. 가루 재료를 모두 섞는다.
2. 40도로 데운 물(+퓨레)을 조금씩 부어가며 날가루가 보이지 않을 때까지 반죽한다.
3. 반죽을 한 덩어리로 뭉쳐서 볼에 담긴 채로 젖은 면포를 덮는다. 전자레인지 또는 상온의 오븐에 넣고 뜨거운 물 한 컵을 옆에 놓는다. 문을 닫고 작동하지 않은 채로 40분~1시간 동안 두어 발효시킨다.
4. 반죽 부피가 2배 정도로 부풀어 오르면 전체적으로 주물러서 빵틀에 넣거나 작은 덩어리로 성형한다.
5. 젖은 면포를 덮고 3번과 같은 환경 또는 상온에서 30~40분 동안 한 번 더 발효시킨다.
6. 200도로 예열한 오븐에 17~20분(에어프라이어 180도 15~20분) 굽는다.

Tips!

· 발효는 온도와 습도의 영향을 많이 받아요. 한여름에는 상온에서도 짧은 시간에 발효가 잘 되지만, 겨울에는 보온에 더 신경써야 하고 더 긴 시간이 필요합니다.

· 낮에 요리 시간을 많이 확보하기 어려우면, 밤에 2번 과정까지 한 뒤 숨구멍을 뚫은 비닐을 덮어 냉장고에서 8~10시간 동안 저온 발효가 되게 두고 아침에 이후 과정을 이어가면 좋아요.

맛 더하기

- 가염 버전에서 소금과 설탕 양을 2~3배로 늘리기
- 다진 견과류 원하는 만큼 더하기(계량에 영향을 주지 않음)

쌀크래커

딱딱한 과자를 좋아하는 아이들을 위해
집에서 만드는 매우 건강한 과자 레시피예요.
오븐이나 에어프라이어 없이도 쉽게 구울 수 있어요!

재료 (1~2회 분량)		대체 가능한 재료
ㅁ 쌀가루	60g	통밀가루, 현미가루
ㅁ 우유	35g	분유 탄 물, 두유, 아몬드밀크, 물
ㅁ 올리브오일	10g	현미유, 아보카도오일 등 식용유
ㅁ 검은깨(참깨)	1티스푼	햄프씨드, 치아씨드 등 씨앗류, 잘게 다진 견과류

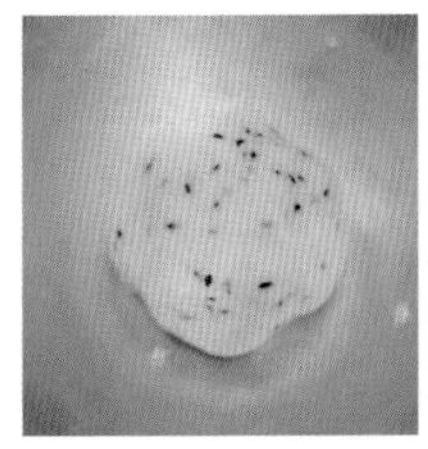
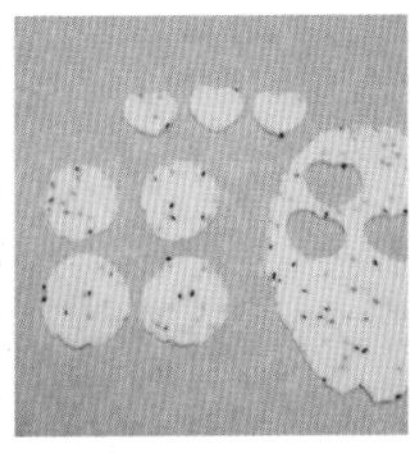
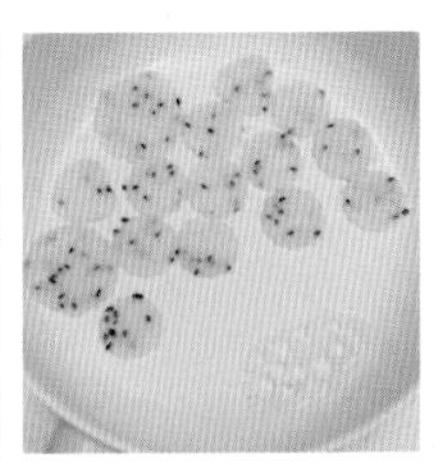

1. 모든 재료를 섞어 반죽한다.
2. 반죽을 작게 떼어 납작하게 누르거나 밀대로 얇게 펴서 모양틀로 찍어내거나 칼로 썬다.
3. **[팬 조리]** 마른 팬에 놓고 약한 불로 굽는다. 중간에 물 2~3숟가락을 팬 한켠에 부어 뚜껑을 닫으면 더 빨리 익는다. 앞뒤가 노릇하게 익으면 불을 끈다.

   [오븐/에어프라이어 조리] 170도로 예열한 오븐에 10~15분 또는 에어프라이어 150도에 8분 굽는다.

납작하고 길게 썰어 구우면 <퍼먹&찍먹템>파트의 각종 소스나 퓨레 등을 찍어 먹기에도 좋아요.

맛 더하기 반죽에 조청이나 올리고당 1~2티스푼 더하기

오늘은
어떤 맛있는 걸
먹게 되려나~?

1타 N피 스페셜

한 가지 메뉴를 만들고, 이를 재료 삼아
N개의 또다른 메뉴를 만들어내는 멀티 레시피 모음이에요!
아이가 특정 음식을 어려워하는 건 단순히 맛 때문은 아닙니다.
한 번 거부당했다고 좌절하거나, 바로 음식을 버리지 마세요.
살짝 변화를 주면 완전히 새로운 음식으로 재탄생할 수 있거든요.
이번 챕터에서 아이디어를 얻어서 그다음 챕터 '퍼먹&찍먹템'을 200% 활용하시길!

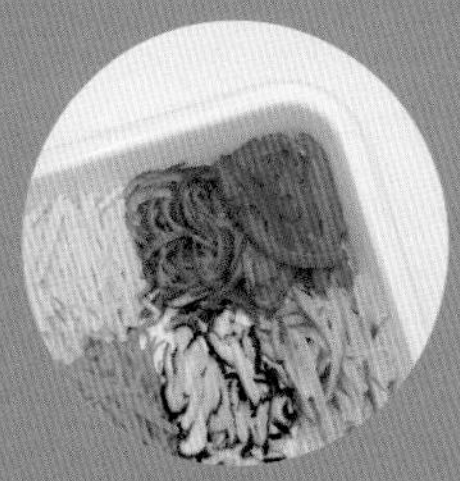

바나나 후무스

병아리콩을 각종 향신료와 섞어 만든 중동의 디핑소스를 후무스라고 해요.
향신료는 빼고, 바나나를 섞어 아이가 맛있게 먹을 수 있는 후무스를 만들었어요.

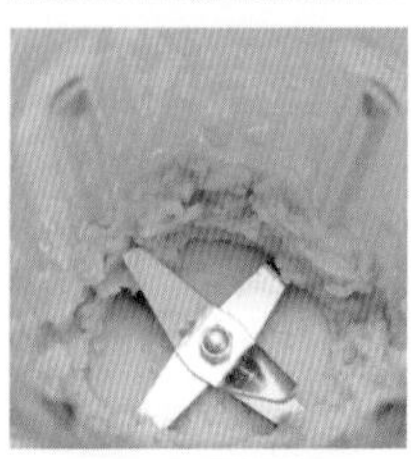

재료 (2~3회 분량)

- ㅁ 병아리콩(건조 상태 무게) 50g
  (강낭콩, 서리태콩으로 대체 가능)
- ㅁ 바나나 1개

1. 병아리콩에 물을 충분히 부어 하룻밤 동안 불린다(불리면 콩 무게가 약 100g이 된다).
2. 물을 300ml정도 부어 콩이 충분히 잠기게 해서 중간 불로 끓이다가 끓어오르면 약한 불로 줄여 30분 이상 삶는다.
3. 병아리콩을 믹서에 넣고 콩 삶은 물을 약간 부어 간다. 믹서가 헛돌지 않을 정도로만 물을 더해주면 된다.
4. 3과 으깬 바나나를 섞는다. 그대로 먹어도 되고 빵이나 핑거푸드를 찍어 먹는다.

바후쿠키

재료 (2~3회 분량)		대체 가능한 재료
□ 바나나 후무스	120g	-
□ 쌀가루	45g	통밀가루, 현미가루
□ (기)버터	8g	생략 가능
□ 다진 견과류	1숟가락	생략 가능

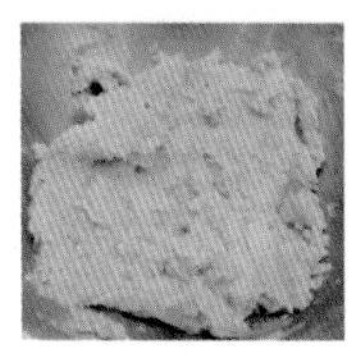

1. 볼에 모든 재료를 함께 섞는다.
2. 오븐 팬이나 종이 호일에 1의 반죽을 숟가락으로 떠서 올린다. 반죽 표면이 뾰족한 상태로 구워지면 먹을 때 까슬거릴 수 있으니 물 묻은 손으로 살짝 두드려 표면을 다듬어준다. 오븐 170도에 20분(에어프라이어 150도 12~15분) 굽는다.

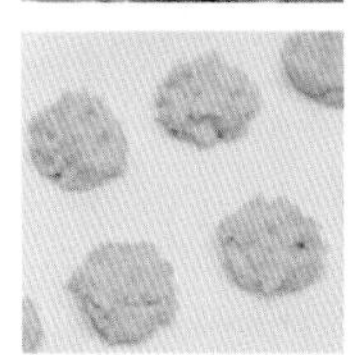

바후팬케이크

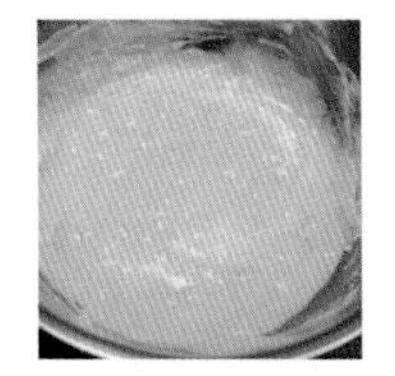

재료 (2~3회 분량)		대체 가능한 재료
□ 바나나 후무스	120g	-
□ 쌀가루	40g	통밀가루, 현미가루, 오트밀가루
□ 달걀	1개	-
□ 두유	30g	우유, 분유 탄 물, 아몬드밀크

1. 볼에 모든 재료를 함께 섞는다.
2. 팬에 식용유나 버터를 약간 두르고 키친타월로 닦아낸 뒤 약한 불로 예열한다. 반죽을 얇게 떠서 가장자리 색이 짙어지고 표면에 기포가 생기면 뒤집어 굽는다.

맛더하기 베이킹 파우더 반티스푼 더하기, 메이플 시럽 곁들여 먹기

1타 N피

애호박 소고기 퓨레

애호박과 소고기를 사용하여 퓨레를 만들어요.
퓨레는 그냥 먹어도 되지만 활용도도 정말 다양해요.

재료 (2~3회 분량)		대체 가능한 재료
□ 애호박	1개	쥬키니호박, 단호박
□ 양파	60g	-
□ 다진 소고기	60g	-
□ 물	30ml	채수, 육수

1. 애호박과 양파를 토막내어 찜 용기에 넣고 전자레인지에 2~3분 돌려 익힌다. 찜기를 이용해도 좋다.
2. 마른팬에 다진 소고기를 중간 불로 볶다가 1을 더해 겉이 노릇해지게 볶는다.
3. 2를 믹서에 넣고 물 30ml를 더해 간다.
4. 그대로 먹어도 되고, 너무 묽을 경우 팬에 옮겨 약한 불에 저으면서 되직한 농도를 만들어준다.

· 소고기 잡내가 날 때는 다진 마늘이나 마늘가루를 함께 볶아주세요.

· 완성된 퓨레는 이유식처럼 떠먹이거나 스스로 스푼을 사용하게 유도할 수도 있고, 다른 핑거 푸드에 묻혀서 먹게 해줘도 좋아요.

애호박소고기진밥

재료 (1~2회 분량)

- ㅁ 애호박 소고기 퓨레 80g
- ㅁ 밥 90g

① 애호박 소고기 퓨레를 팬에 약한 불로 가열하다가 밥을 넣어 섞는다. 밥이 촉촉하게 풀어지면 불을 끈다. 더 부드럽게 하려면 물이나 육수, 채수 등을 더해 약한 불에 끓이면서 저어준다.

애호박소고기부침

재료 (1~2회 분량)		대체 가능한 재료
ㅁ 애호박 소고기 퓨레	90g	-
ㅁ 쌀가루	30g	통밀가루, 현미가루, 오트밀가루
ㅁ 달걀 노른자	1알	생략 가능

① 볼에 모든 재료를 섞는다.

② 틀에 담거나 볼이나 스틱 형태로 뭉쳐서 에어프라이어 160도에 10~14분 굽거나(오븐 180도 15~17분), 납작하게 빚어 식용유를 약간 두른 팬에 부친다.

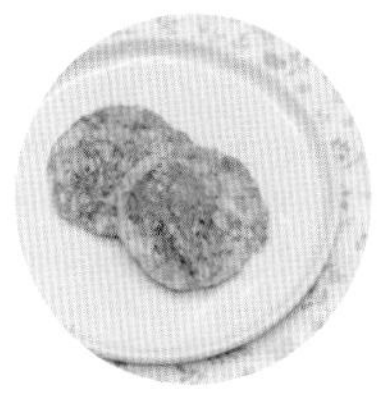

메뉴+1 반죽에 쌀가루 대신 밥을 섞어 밥전도 만들어 보세요.

서리태 사과퓨레

1타 N피

서리태와 사과를 밥솥으로 푹 익혀서 만든 영양 만점 퓨레입니다.
이 퓨레로 다양한 형태의 핑거푸드를 만들어 보아요.

재료 (2~3회 분량)

- ㅁ 서리태(강낭콩 대체 가능) 60g * 불리기 전 무게
- ㅁ 사과 반 개(100g)

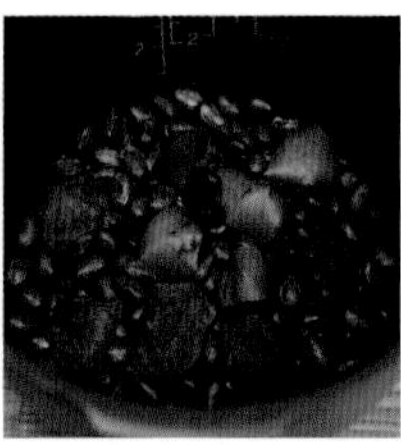

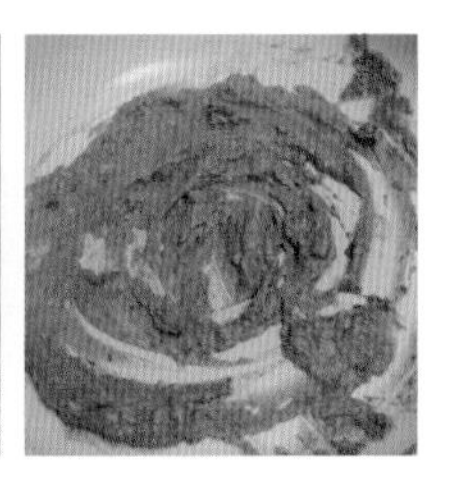

1. 콩(서리태)을 하룻밤 동안 불린다. 충분히 불린 콩은 두 배 정도 중량이 된다.
2. 불린 콩, 사과, 물 200ml를 넣고 밥솥에 백미 모드로 취사한다.
3. 취사가 완료되면 믹서에 넣고 간다. 잘 갈리지 않으면 물을 조금 더해서 간다.
4. 그대로 먹어도 되고, 너무 묽을 경우 팬에 옮겨 저으면서 약한 불로 되직한 농도를 만들어준다.

Tips!

완성된 퓨레는 이유식처럼 떠먹이거나 스스로 스푼을 사용하게 유도할 수도 있고, 다른 핑거 푸드에 묻혀서 먹게 해줘도 좋아요. 4번 과정에서 되직하게 하면 손으로 퍼먹을 수도 있답니다.

서리태사과 볼 & 스틱

재료 (1~2회 분량)

- ㅁ 서리태 사과 퓨레 80g
- ㅁ 쌀가루 25g

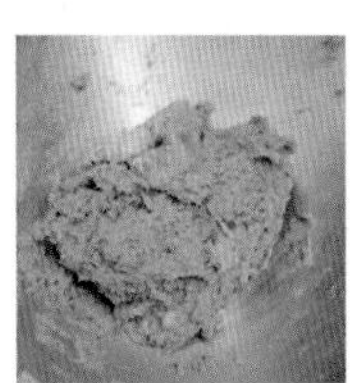

❶ 모든 재료를 섞는다.

❷ 뭉쳐서 스틱 또는 볼 모양으로 빚는다. 손에 많이 묻는다면 쌀가루를 더 섞거나 손바닥에 물을 묻혀가며 빚으면 수월하다.

❸ 에어프라이어 150도에 10분(오븐 170도 13~15분) 굽는다.

Tips! 퓨레가 묽으면 반죽도 묽어져 모양을 만들기 힘들어요. 반죽이 많이 질척인다면 틀에 넣고 구워 주세요.

서리태사과 오트밀쿠키

재료 (1~2회 분량)		대체 가능한 재료
ㅁ 서리태 사과 퓨레	80g	-
ㅁ 오트밀	20g	오트밀가루
ㅁ 쌀가루	10g	통밀가루, 현미가루
ㅁ 올리브유	1티스푼	기타 식용유

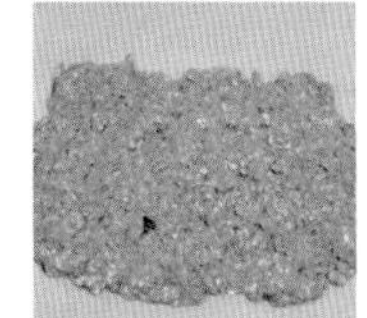

❶ 볼에 모든 재료를 함께 섞는다.

❷ 종이 호일에 반죽을 조금씩 떠서 올리고, 포크나 손가락을 사용해 표면을 정돈해준다.

❸ 170도로 예열한 오븐에 10분 굽는다(에어프라이어 160도 8분).

❹ 한 김 식혀서 먹기 좋은 크기로 썬다.

단호박 무스 1타 N피

누구나 좋아하는 맛, 달콤하고 고소한 단호박 무스.
한 번 만들어두면 활용도가 무궁무진하지요!

재료 (3~4회 분량)		대체 가능한 재료
□ 단호박	200g	고구마
□ 우유	150g	분유 탄 물, 두유, 아몬드밀크

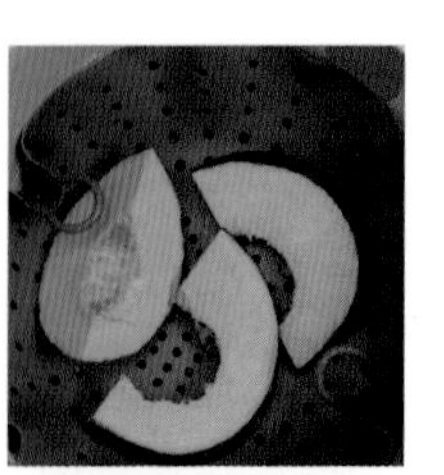

1. 단호박을 전자레인지나 김이 오른 찜기에 푹 익힌다.
2. 익은 단호박과 우유를 믹서에 간다.
3. 그대로 먹어도 되고, 너무 묽을 경우 팬에 옮겨 저으면서 약한 불로 되직한 농도를 만들어준다. 바로 먹지 않을 분량은 소분하여 냉장(이틀) 또는 냉동(1주일)할 수 있다.

Tips! 완성된 무스는 이유식처럼 떠먹이거나 스스로 스푼을 쓰게 유도할 수도 있고, 다른 핑거 푸드에 묻혀서 먹게 할 수도 있어요. 3번 과정에서 되직하게 하면 손으로 퍼먹을 수도 있답니다.

맛더하기 소금 2꼬집 더하기

메뉴+1 단호박 무스와 우유를 섞어 단호박 라떼를 만들어 보세요.
여름엔 시원하게, 겨울엔 따뜻하게 즐겨요.

단호박 (오트밀)죽

재료 (1~2회 분량)		**대체 가능한 재료**
☐ 단호박 무스	80g	-
☐ 오트밀	20g	쌀밥 60g
☐ 육수 또는 채수 또는 물	100ml	우유, 분유 탄 물, 두유

1. 육수/채수/물에 오트밀 또는 쌀밥을 넣고 약한 불로 끓인다.
2. 오트밀이 원하는 질감으로 풀어지면 단호박 무스를 넣고 잘 섞은 뒤 한 번 끓어 오르면 불을 끈다. 기호에 따라 물을 더해 더 묽게 할 수도 있다.

맛 더하기 소금 2꼬집 더하기

단호박 머핀

재료 (1~2회 분량)		**대체 가능한 재료**
☐ 단호박 무스	80g	-
☐ 달걀	1개	-
☐ 쌀가루	40g	통밀가루, 현미가루
☐ 아몬드가루	20g	오트밀 가루
☐ 베이킹 파우더	반티스푼	생략 가능

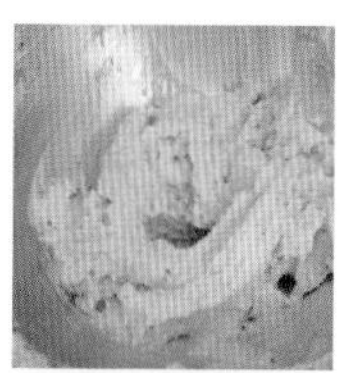

1. 볼에 달걀을 풀고 모든 재료를 함께 섞는다.
2. 170도로 예열한 오븐에 15~20분 굽는다(에어프라이어 160도 10~15분).

대파스프

스프를 만들고, 이를 활용해 손쉽게 만들 수 있는 팬케이크와 리조또 레시피예요.
이 책에 수록된 모든 스프를 이 방법으로 1타 N피 할 수 있답니다.
우리 카페 인기 메뉴인 대파스프 a.k.a. '대박스프' 한 번 만들어 보세요!

재료 (2~3회 분량)		대체 가능한 재료
□ 대파	80g	-
□ 양파	80g	양파잼 1숟가락
□ 고구마	200g	감자
□ 우유	100ml	분유 탄 물, 두유, 아몬드밀크
□ (기)버터	1숟가락	올리브오일, 식용유
□ 아기치즈	1장	생략 가능

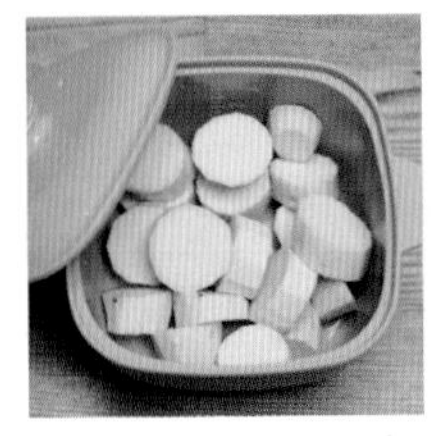

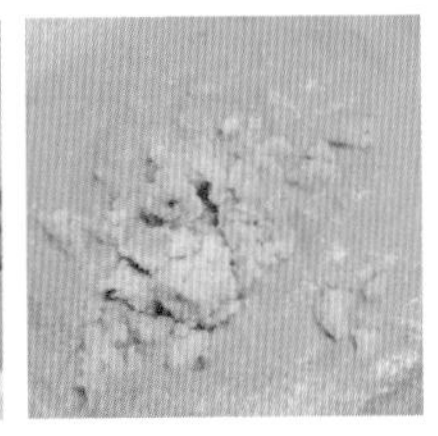

1. 고구마를 큼직하게 썰어 미리 삶거나 쪄서 익힌다.
2. 대파와 양파를 큼직한 크기로 썰어 (기)버터를 녹인 팬에 표면을 살짝 태우듯이 그을려 구워준다.
3. 2에 물을 반 컵 더해 뚜껑을 닫고 양파가 투명해질 때까지 약한 불로 푹 익힌다.
4. 3을 한 김 식혀 고구마와 우유를 넣고 믹서에 간다.
5. 다시 약한 불로 가열해 치즈를 녹인 뒤, 따뜻하게 또는 시원하게 내준다.

Tips!

· 4번 과정에서 고구마를 모두 갈지 않고 일부 빼놨다가 덩어리째 넣어 주거나 포크로 대강만 으깨 주면 어린 아기도 손으로 퍼먹기 좋아요.

· 3번 과정에서 푹 익혀야 맵거나 아린 맛이 남지 않아요.

대파스프 팬케이크

재료 (1~2회 분량)

- □ 대파스프 80g
- □ 달걀 1개
- □ 쌀가루 (통밀가루, 현미가루, 오트밀 가루로 대체 가능) 20g

❶ 모든 재료를 섞는다.

❷ 팬을 약한 불로 예열하고 식용유나 버터를 약간 둘러 키친타월로 살짝 닦아낸 뒤 반죽을 한 숟가락씩 떠서 올린다. 가장자리 색이 짙어지고 기포가 조금씩 생기면 뒤집어 뒷면도 굽는다.

맛 더하기 소금 2꼬집, 설탕 반티스푼, 베이킹 파우더 반티스푼 더하기

대파스프 리조또

재료 (1~2회 분량)		**대체 가능한 재료**
□ 대파스프	100g	-
□ 쌀밥	70g	오트밀 20g

❶ 냄비에 대파스프와 밥을 섞고 저으며 약한 불에 잘 풀어준다.

❷ 물을 더해가며 가열하고 원하는 질감이 되면 불을 끈다. 식감을 더 부드럽게 하고 싶으면 블렌더로 살짝 갈아주거나 물을 충분히 넣고 저어가며 푹 끓인다.

맛 더하기 다진 소고기, 소금 2~3꼬집 추가하기, 치즈 더하기

완두콩 스프레드

그냥 떠먹어도 맛있고, 찍어 먹어도 맛있고, 버무려 먹어도 맛있는 완두콩 스프레드!
햇완두콩이 나오는 초여름에 듬뿍 만들어서 저장해 두세요.

재료 (2~3회 분량)		**대체 가능한 재료**
□ 완두콩	100g	기타 콩류
□ 캐슈넛 또는 땅콩	20g	기타 견과류 또는 아몬드가루
□ 우유	30g	분유 탄 물, 두유, 아몬드밀크
□ 올리브오일	2~3숟가락	식용유
□ 배즙	2숟가락	사과즙
□ 요거트	2숟가락	-
□ 레몬즙	1숟가락	식초 또는 생략 가능

1. 완두콩을 끓는 물에 5분간 삶는다.
2. 완두콩을 체에 걸러 물기를 빼고 충분히 식힌 뒤, 나머지 재료와 함께 모두 믹서에 넣고 간다.
3. 그대로 떠먹어도 좋고, 빵이나 핑거 푸드에 묻혀서 먹는다. 냉장 보관하고 이틀 내로 소진한다.

- 믹서에 잘 갈리지 않는다면 오일 또는 우유를 더해가며 갈아주세요.
- 견과류 대신 아몬드가루를 사용할 경우 2번에서 갈이 갈지 말고, 다 간 뒤 섞어주세요.

맛 더하기 소금 3꼬집, 설탕 반티스푼 더하기

완두콩스프

재료 (1~2회 분량)		대체 가능한 재료
ㅁ 완두콩 스프레드	80g	-
ㅁ 우유	100ml	물, 분유 탄 물, 두유, 아몬드밀크

1. 완두콩 스프레드와 우유를 함께 갈거나 볼 또는 냄비에 넣고 잘 섞는다.
2. 시원한 스프 그대로 먹거나, 약한 불로 한 번 끓여 따뜻하게 먹는다.

맛 더하기 소금 3꼬집, 설탕 반티스푼 더하기, 파마산 치즈 뿌려 먹기

완두콩 치즈빵

재료 (1~2회 분량)		대체 가능한 재료
ㅁ 완두콩 스프레드	60g	-
ㅁ 오트밀 + 쌀가루	45g	오트밀이나 쌀가루 단독, 또는 통밀가루
ㅁ 달걀	1개	-
ㅁ 아기치즈	1장	반 장으로 줄이거나 생략 가능
ㅁ 베이킹 파우더	반티스푼	생략 가능

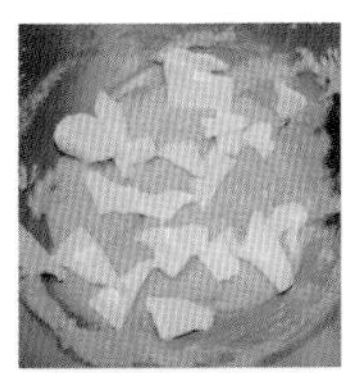

1. 볼에 달걀 1개를 풀고 완두콩 스프레드를 잘 섞는다.
2. 1에 가루를 체 쳐서 넣고 치즈를 잘게 찢어 날가루가 보이지 않을 정도로만 섞는다.
3. 틀에 반죽을 넣고 에어프라이어 150도에 10분(오븐 170도 15분) 굽는다.

Tips!

치즈 조각이 겉으로 노출되면 그 부분만 부풀어오르거나 질겨질 수 있어요. 반죽을 담은 뒤 치즈가 나오지 않도록 안쪽으로 넣어주세요.

1타 N피

바나카도 매시

바나나, 아보카도, 오트밀을 섞어서 그대로 먹어도 좋고,
다른 메뉴의 재료로 활용할 수도 있어요.
부드러운 맛과 질감으로 누구나 먹기 좋은 메뉴예요.

재료 (1~2회 분량)		대체 가능한 재료
□ 바나나	1/4 개	-
□ 아보카도	반 개	-
□ 오트밀	15g	생략 가능

 Tips!

바나나 양을 늘리면 단맛이 더해져서 더 맛있어요. 단, 오른쪽 페이지의 머핀과 팬케이크 재료로 활용하려면 정량으로 하는 것이 좋습니다.

1. 바나나와 아보카도를 으깬다.
2. 오트밀을 섞어서 10분 정도 두고 부드러워지면 먹는다.

바나카도 스무디

(1~2회 분량)

위의 바나카도 매시 전량과 요거트 80g을 믹서에 간다.

 Tips!

콜드파스타의 소스처럼 활용해도 좋아요. 파스타를 삶아서 식힌 뒤 버무려 주세요.

바나카도 머핀 & 팬케이크

재료 (1~2회 분량)		대체 가능한 재료
□ 바나카도 매시	전량	-
□ 쌀가루	30g	통밀가루, 현미가루, 오트밀가루
□ 달걀	1개	-
□ 베이킹 파우더	3꼬집	생략 가능

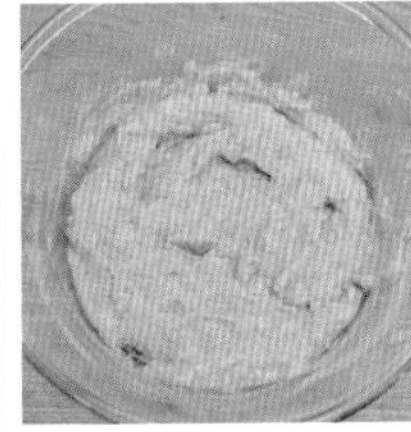

❶ 모든 재료를 섞는다.

❷ **[머핀]** 틀에 부어 에어프라이어 150도에 10~15분 굽는다(오븐 170도 20~25분)

[팬케이크] 팬에 버터 또는 식용유를 약간 두르고 키친타월로 닦아낸다. 약한 불로 예열하고 반죽을 한 숟가락씩 떠서 올린다. 약한 불을 유지하고, 윗면에 기포가 생기기 시작하면 뒤집어서 마저 굽는다.

1타 N피

당근 퓨레

당근을 퓨레로 만들어 부드럽게 먹기 좋아요.
그냥 먹어도 되고, 치즈 한장만 섞으면 쓰임새가 좋은 소스가 되지요.

재료 (2~3회 분량)

재료	분량	대체 가능한 재료
□ 당근	1개(140g)	-
□ 양파	80g	양파잼 2숟가락
□ 육수 또는 채수	80ml	당근과 양파 삶은 물

1. 당근과 양파를 같이 삶거나 쪄서 푹 익힌다.
2. 익은 당근과 양파, 육수 또는 채수(또는 당근 삶은 물)을 믹서에 넣고 곱게 간다. 그대로 먹어도 되고, 소스로 활용해도 좋다.

믹서에 갈 때 올리브오일 반티스푼을 넣어 보세요. 당근은 기름과 만나면 지용성 비타민 흡수율이 높아져요.

당근치즈소스

재료 (1~2회 분량)

ㅁ 당근 퓨레	100g
ㅁ 아기치즈	1장

① 당근 퓨레를 냄비나 팬에 약한 불로 가열한다.

② 치즈를 녹여 잘 섞고 불을 끈다.

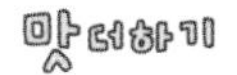

아기치즈 대신 일반 치즈 사용

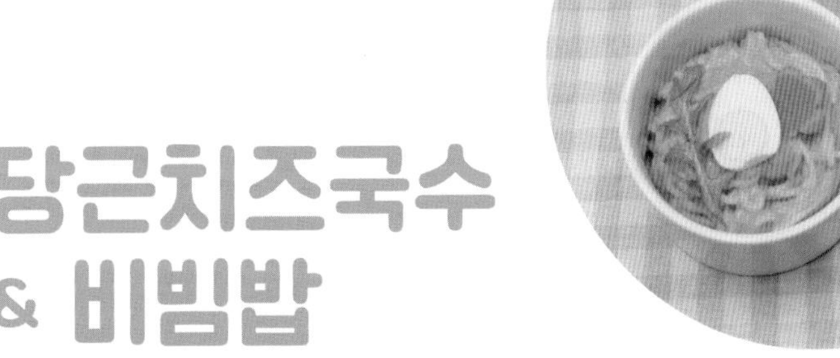

당근치즈국수 & 비빔밥

[국수/파스타] 끓는 물에 면을 삶아 건지고 당근치즈소스를 버무려준다.

[비빔밥] 쌀밥에 소스를 비벼준다.

Tips!

볶은 채소나 만능소볶(48쪽), 달걀프라이 등을 곁들여주면 더욱 맛있어요!

밥 친구들

밥은 있는데 반찬이 없다면? 아주 간단하게 할 수 있는 밥 메뉴들을 모았어요.
레전드 메뉴인 밥머핀부터 유아식 대표 메뉴 유부초밥까지!
도시락으로 싸서 외출 시에 먹기에도 참 좋은 밥 친구들이에요!

밥머핀 & 밥전

재료 (1~2회 분량)		대체 가능한 재료
□ 쌀밥	100g	-
□ 만능소복(48쪽)	50~70g	다져서 볶은 채소와 해산물, 생선 등 다양한 냉털재료 활용
□ 달걀	1개	치아씨드 1숟가락 + 물 3숟가락 / 전분 1숟가락 + 물 3숟가락
□ 아기치즈	1장	생략 가능

1. 달걀, 쌀밥, 만능소복을 섞는다.
2. **[밥머핀]** 1을 틀에 얕게 부어 에어프라이어 160도에 13~16분 굽는다(오븐 180도 20~25분).

   [밥전] 식용유를 약간 두른 팬에 1을 얇게 떠서 약한 불로 노릇하게 부친다.
3. 다 구워진 밥머핀 / 밥전이 식기 전에 아기치즈를 작게 잘라 올려준다.

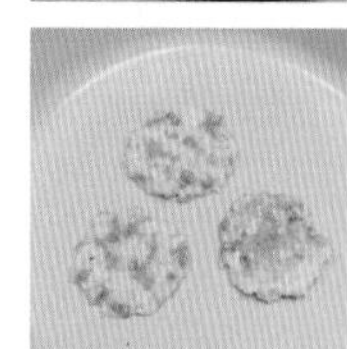

- 노른자만 사용할 때는 2알을 사용해 주세요.
- 해동된 재료는 물기가 나올 수 있어 밥과 섞기 전에 한 번 볶는 게 좋아요. 만약 이를 생략한다면 쌀가루 1숟가락을 섞어 되직하게 만들어 주세요.

맛더하기

반죽에 소금 2꼬집, 후추 2꼬집 섞기, 반죽에 토마토 소스 섞기
굽기 전에 피자 치즈 올려주기, 케첩과 함께 즐기기

유부초밥

재료 (1~2회 분량)

- ☐ 쌀밥 100g
- ☐ 만능소복(48쪽) 50g
- ☐ 유부초밥용 유부 6~8개

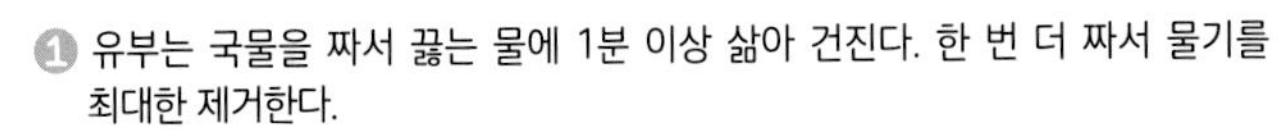

1. 유부는 국물을 짜서 끓는 물에 1분 이상 삶아 건진다. 한 번 더 짜서 물기를 최대한 제거한다.
2. 쌀밥과 만능소복을 섞고 동그랗게 뭉쳐 유부 주머니 안에 넣고 모양을 다듬어준다.

유부는 꼭 데쳐주세요. 시판 조미 유부는 맛이 매우 강하고 첨가물도 들어 있어 최대한 빼고 쓰는 것이 좋아요.

밥크로켓

재료 (1~2회 분량)

- ☐ 쌀밥 100g
- ☐ 만능소복(48쪽) 50g
- ☐ 달걀 1개
- ☐ 빵가루 (떡뻥가루, 오트밀가루, 코코넛가루 대체 가능) 반 컵

1. 따뜻한 밥에 만능소복을 넣고 아기치즈를 녹여 섞는다.
2. 둥글게 뭉쳐 달걀물과 빵가루를 차례로 입힌 뒤 에어프라이어 160도에 7분간 굽는다.

맛더하기 토마토 소스나 케첩 곁들이기

볶음밥

볶음밥, 너무 많이 해서 남을 때가 있지요?
기본 볶음밥 레시피와 이를 활용한 메뉴들입니다.

재료 (1~2회 분량)

재료	분량	대체 가능한 재료
□ 냉털 채소 + 다진 소고기	80g	만능소복(48쪽), 소고기는 다른 육류, 해산물 대체 가능
□ 달걀	1개	생략 가능
□ 쌀밥	100g	-

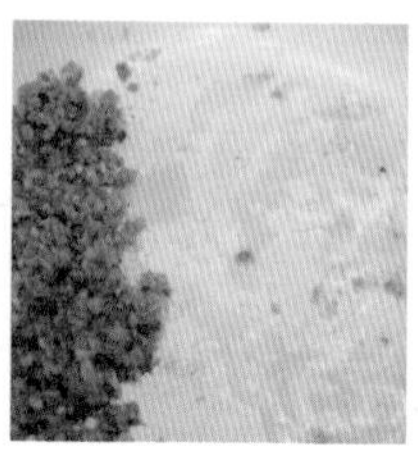

1. 채소를 잘게 다져 식용유를 약간 두른 팬에 중간 불로 볶다가 색이 짙어지면 다진 소고기를 넣고 볶는다.
2. 볶던 것을 팬 한쪽에 밀어두고, 빈 공간에 달걀을 깨 넣어 스크램블로 볶는다.
3. 밥을 넣고 잘 섞으며 볶는다.

Tips!

· 만능소복을 활용하면 더 빠르게 조리할 수 있어요.

· 달걀은 꼭 넣지 않아도 돼요.

맛 더하기 간장 또는 굴소스 반티스푼으로 간하기

볶음밥머핀 & 볶음밥전

재료 (1~2회 분량)

- ㅁ 볶음밥 150g
- ㅁ 달걀 1개

① 달걀 1개를 풀고 볶음밥을 섞는다.

② **[머핀]** 반죽을 틀에 붓고 에어프라이어 160도에 10~15분(오븐 180도 20분) 굽는다.

[밥전] 팬에 식용유를 약간 두르고 반죽을 올려 중간 불과 약한 불을 오가며 노릇하게 부친다.

볶음밥김밥

재료 (1~2회 분량)

- ㅁ 볶음밥 100g
- ㅁ 김밥 김 2장

① 김 위에 볶음밥을 얇게 펴서 만다. 김밥 김은 2등분 또는 4등분으로 잘라서 쓰는 것이 좋다.

② 먹기 좋은 크기로 썬다.

 **Tips!** 김밥을 썰 때는 빵칼 같은 톱니칼이 좋아요. 김밥을 말자마자 썰지 말고 김 끝부분을 바닥으로 해서 잠시 두었다가 썰면 쉽게 분리되지 않아요.

만두소 & 만두

1타 N피

만두소는 한 번 만들면 이렇게 다양한 메뉴로 변주할 수 있어요.
유아식 반찬으로 정말 유용하지요!

재료 (3~4회 분량)		대체 가능한 재료
□ 다진 돼지고기	200g	소고기, 닭고기
□ 물기 짠 두부	100g	-
□ 당면	30g	생략 가능
□ 부추	20g	대파, 쪽파, 깻잎
□ 양파	30g	양파잼 1숟가락
□ 다진 마늘	1티스푼	마늘 가루 또는 생략 가능

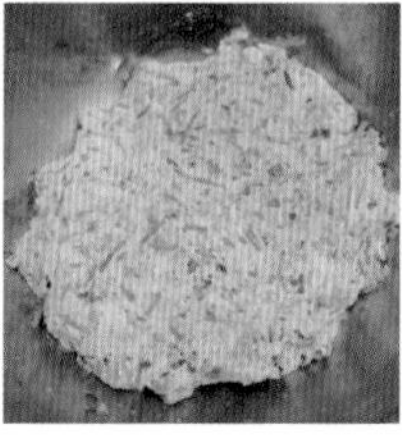

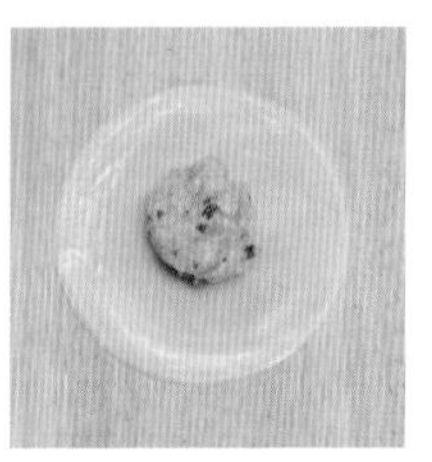

1. 다진 돼지고기는 키친타월로 꾹 눌러 핏기를 제거한다.
2. 당면은 끓는 물에 10분간 삶아 잘게 다지고, 부추와 양파도 다진다.
3. 모든 재료를 섞어 치대듯이 반죽한다.

* **시판 만두피로 만두 만들기** : 만두피에 3의 만두소를 1티스푼 떠넣고 가장자리에 물을 살짝 묻혀 붙인다. 김이 오른 찜기에 면포를 깔고 찌거나 끓는 물에 삶아 만두피가 반투명해질 때까지 익힌다.

Tips!

직접 만두피를 만들려면 305쪽 수제비 & 칼국수 반죽을 참고하세요. 반죽을 아주 얇게 밀어서 원형틀로 찍거나 잘라 만두피로 사용할 수 있어요.

맛 더하기 반죽에 새우가루/밥새우 1티스푼 또는 소금 3~4꼬집으로 간하기, 후추 더하기

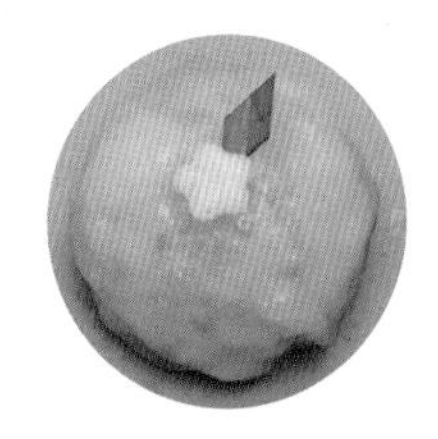

굴림만두

재료

- □ 만두소 적당량
- □ 달걀 흰자 1개
- □ 전분 2~3숟가락

1. 만두소를 둥글게 뭉친다.
2. 뭉친 만두소를 전분 위에 굴려 골고루 입힌 뒤 달걀 흰자에 적시듯이 굴린다. 다시 전분에 굴려 표면을 고르게 만들어준다.
3. 김이 오른 찜기에 면포를 깔고 표면이 반투명해질 때까지 찐다.

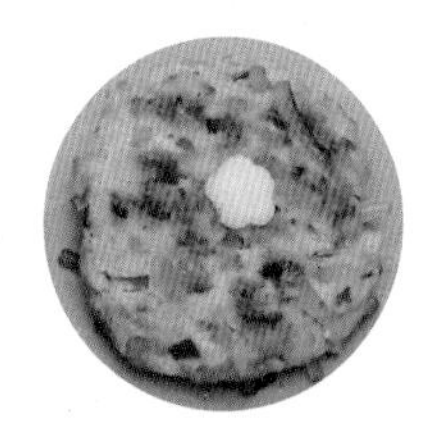

만두랑땡 & 누드만두

재료		대체 가능한 재료
□ 만두소	적당량	-
□ 달걀(만두랑땡만)	1개	생략 가능
□ 쌀가루(만두랑땡만)	1~2숟가락	전분, 통밀가루

1. 만두소를 동글납작하게 빚는다.
2. 쌀가루를 표면에 살짝 묻히고 털어낸 뒤 달걀 푼 것에 담갔다가 식용유를 두른 팬에 중간 불과 약한 불을 오가며 노릇하게 굽는다.

[누드 만두] 달걀을 쓰지 않고 바로 부치거나 찜기에 찐다.

양파볶음

오래 볶으면 단 맛이 올라오는 양파.
넉넉히 볶아 놓으면 활용도가 무궁무진해요!

재료 (여러 번 사용할 분량)

□ 양파 300g

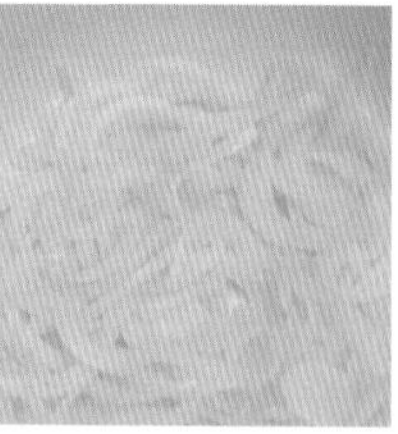

1. 양파를 얇게 채 썬다.
2. 팬에 식용유를 약간 두르고 중간 불과 약한 불을 오가며 옅은 갈색이 돌 때까지 볶는다. 바닥이 타려고 하면 물을 조금씩 추가하면서 볶는다.

깨만 솔솔 뿌려주면 반찬으로도 훌륭해요.

맛더하기 소금 3꼬집으로 간하기

양파스프 & 양파크림소스

재료 (1~2회 분량)		대체 가능한 재료
□ 양파볶음	3숟가락	-
□ 육수(채수)	100ml	물
□ 아기치즈	1/2~1장	-

[양파스프]

1. 양파볶음에 육수를 더해 중간 불로 끓인다.
2. 끓어 오르면 불을 끄고 치즈를 반 장 올려 녹인다.

[양파크림소스]

육수 양을 반으로 줄이고, 1번 과정 뒤에 믹서에 간다. 팬으로 옮겨 약한 불로 가열하면서 치즈를 1장 녹여 되직하게 만든다. 파스타나 리조또 베이스로 활용한다.

양파오믈렛

재료 (1~2회 분량)	
□ 양파볶음	3숟가락
□ 달걀	1개

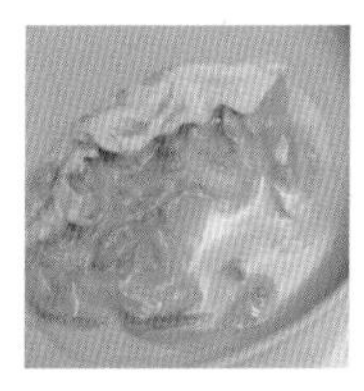

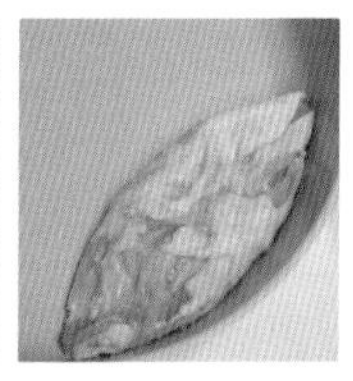

1. 달걀을 풀고 양파볶음을 섞는다.
2. 식용유를 두른 팬을 약한 불로 예열하여 1을 붓고 가장자리부터 익혀 조금씩 말아가며 모양을 만든다.

코티지치즈

우유로 아주 쉽게 치즈를 만들 수 있어요.
만들어지는 양은 아주 적지만 그만큼 영양소가 농축돼 있답니다.

재료 (여러 번 사용할 분량)

- □ 우유 500ml
- □ 레몬즙(식초 대체 가능) 30g

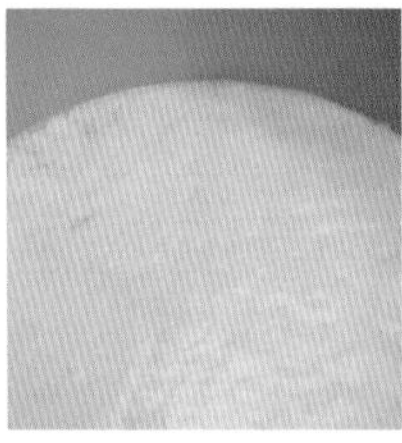
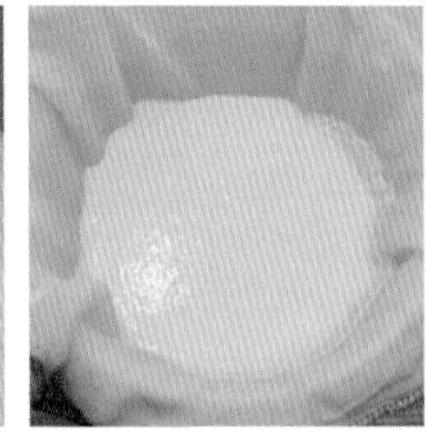
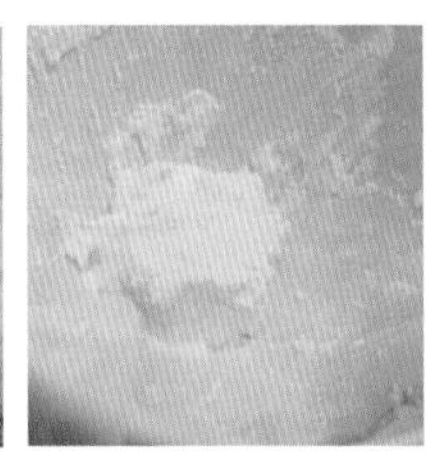

1. 우유를 냄비에 붓고 중약불에서 냄비 끝쪽에 거품이 올라올 때까지 뚜껑을 열고 끓인다. 가끔씩 저어 바닥이 눌지 않게 한다.
2. 레몬즙 또는 식초를 넣고 한 번 저어준 뒤, 불을 끄고 5분 정도 둔다.
3. 깊은 그릇 위에 체를 올려 면포를 깔고 2를 부어 한 김 식으면 냉장고에 둔다. 유청이 빠지고 되직한 치즈가 되면 완성. 그냥 먹어도 되고 요리에 써도 좋다. 냉장 보관하고 5일 내로 소진한다.

맛 더하기 1번에서 설탕 1~2티스푼, 소금 반티스푼 섞기

Tips!

· 생우유, 멸균 우유 모두 가능해요. 분유로는 응고가 되지 않아 불가능해요.

· 생크림 100ml를 섞으면 더 고소하고 부드러운 치즈가 돼요.

치즈머핀

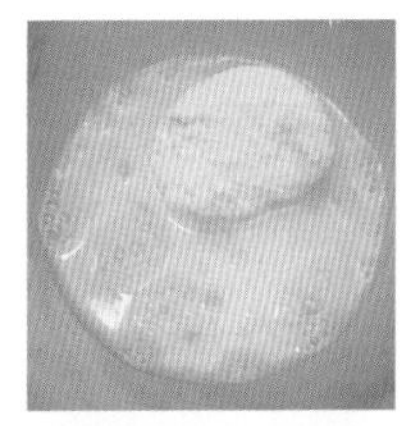

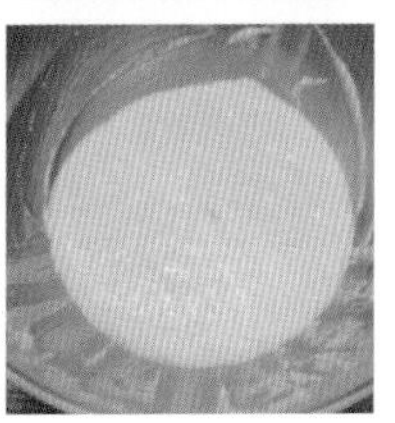

재료 (1~2회 분량)		대체 가능한 재료
□ 코티지치즈	60g	크림치즈
□ 쌀가루	30g	통밀가루, 현미가루
□ 우유	80g	두유, 아몬드밀크, 분유 탄 물
□ 달걀	1개	-
□ 사과퓨레	10~20g	기타 과일 퓨레 또는 과일잼
□ 베이킹 파우더	반티스푼	생략 가능

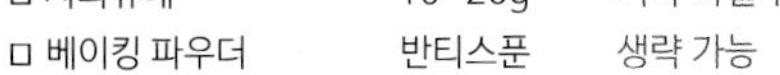

1. 모든 재료를 섞는다.
2. 틀에 부어 에어프라이어 160도에 10~15분(오븐 170도 16분) 굽거나 김이 오른 찜기에 10~15분간 찐다.

맛더하기 설탕(1/2~1티스푼) 또는 메이플 시럽(1~2티스푼)으로 반죽에 단맛 더하기

1타 N피

토마토콩스튜

남미의 '칠리 콘 카르네'라는 요리를
순한 맛으로 만들어 보았어요. 조리 과정도 정말 쉽답니다.

재료 (2~3회 분량)		대체 가능한 재료
ㅁ 콩(강낭콩, 서리태, 병아리콩 등)	50g	-
ㅁ 토마토	2개(약 400g)	홀토마토
ㅁ 양파	60g	-
ㅁ 다진 소고기	70g	돼지고기, 닭고기
ㅁ 다진 마늘	1티스푼	-

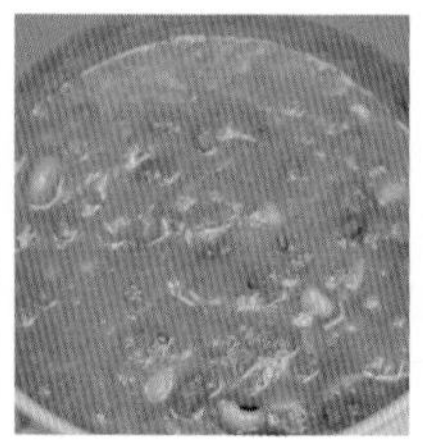
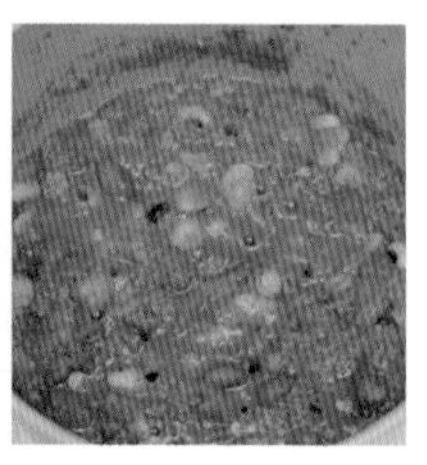

1. 콩을 하룻밤 불려 30분 이상 푹 삶는다.
2. 팬이나 냄비에 식용유나 올리브오일을 두르고 다진 마늘과 다진 양파를 중간 불에 볶는다.
3. 양파가 노릇해지면 소고기를 넣고 볶는다.
4. 토마토를 믹서에 갈아 3에 붓고, 삶은 콩도 더한다. 중간 불로 끓이다가 끓어오르면 약한 불로 줄이고 30분 정도 끓이듯 볶는다.
5. 국물이 적당히 졸아들면 불을 끈다. 빵이나 밥을 곁들여 식사로 먹거나 요리에 사용한다.

Tips!

전기밥솥의 만능찜 기능을 사용해서 쉽게 할 수 있어요. 불린 콩, 볶은 양파와 소고기, 간 토마토를 모두 밥솥에 넣고 만능찜 모드로 30분 취사해주세요(20분 취사 후 상태를 보고 시간 추가).

맛 더하기 소금 3꼬집 더하기, 파마산 치즈 곁들이기

콩또띠아롤

시판 또띠아는 염도가 높은 편이에요.
가염식을 시작한 아이와 가족에게 권하는 메뉴입니다.

재료 (1~2회 분량)

□ 또띠아	1~2장
□ 토마토콩스튜	4~5숟가락
□ 각종 채소(양상추, 파프리카, 오이 등)	적당량
□ 요거트	3~4숟가락

1. 채소를 잘게 채 썬다. 양상추는 물기를 털어 넓적하게 썬다.
2. 또띠아를 마른 팬에 말랑해지게 굽고, 모든 재료를 조금씩 올린다.
3. 양상추 한 장을 맨 위에 올려 힘있게 만다. 랩으로 감싸 모양을 고정시켜 준다.

맛더하기 아보카도를 썰어서 넣거나 과카몰리(191쪽) 더하기, 어른은 칠리소스 더하기

토마토콩파스타

재료 (1~2회 분량)

□ 파스타	50g
□ 토마토콩스튜	반 컵

1. 끓는 물에 파스타를 10분 이상 푹 삶는다.
2. 파스타가 충분히 익으면 건져서 토마토콩스튜와 함께 팬에 3분 정도 볶는다.

맛더하기 파스타 삶을 때 소금 반티스푼 넣기, 파마산 치즈 곁들여 먹기

1타 N피

채썬 채소 볶음과 달걀지단

자투리 채소가 애매하게 남았다면 채 썰어 볶으세요!
이거 한가지면 아이들이 좋아하는 메뉴를 뚝딱 만들어낼 수 있어요.
채소만으로는 허전하니 달걀 지단도 함께 하면 더 좋겠죠?

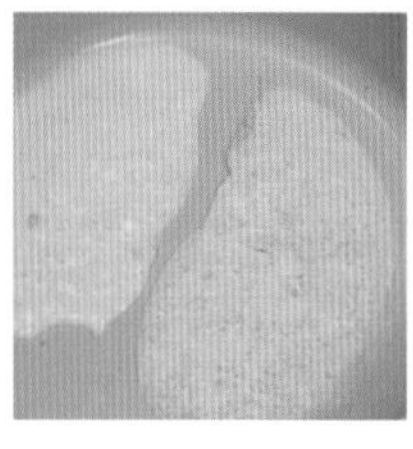

재료

- ㅁ 각종 채소(당근, 애호박, 파프리카, 피망, 버섯, 오이 등)
- ㅁ 달걀(생략 가능)

1. 재료를 모두 가늘게 채 썬다.
2. 팬에 식용유를 약간 두르고 단단한 순으로 채소를 더해가며 중간 불로 볶는다. 재료별로 따로 볶아도 좋다.
3. 달걀은 그릇에 잘 풀어서(황백지단을 따로 하려면 흰자와 노른자를 미리 분리한다.) 약한 불로 충분히 예열한 팬에 붓고 뚜껑을 닫아 윗면까지 서서히 익힌다. 한 김 식힌 뒤 가늘게 썬다.

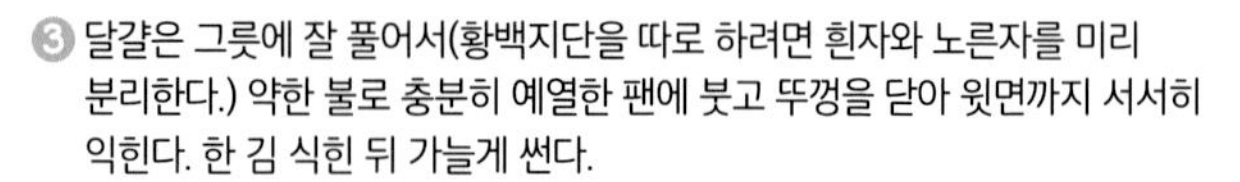

Tips!

· 채소는 각각 볶으면 색깔도 더 예쁘고 맛도 좋지만 번거롭죠. 조리가 오래 걸리는 재료 순으로 하나씩 더하며 볶으면 편하답니다.

· 볶은 재료들은 깨를 뿌려 그대로 반찬으로 먹어도 좋아요.

김밥

재료 (1~2회 분량)

□ 채채볶음	적당량
□ 김밥 김	2장
□ 쌀밥	100g

1. 김밥 김 위에 쌀밥을 얇게 펼쳐 올린다. 작은 김밥을 만드려면 김밥 김을 반 또는 1/4로 잘라서 쓴다.
2. 채채볶음을 원하는 만큼 올리고 힘있게 만다.
3. 먹기 좋은 크기로 썬다.

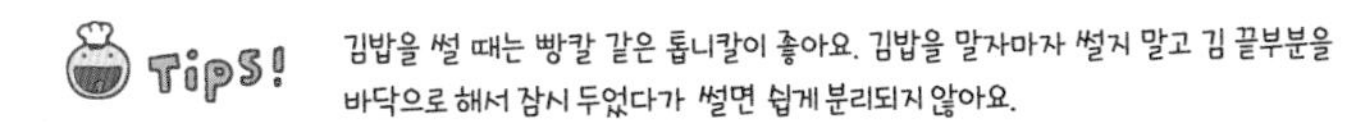

Tips!

김밥을 썰 때는 빵칼 같은 톱니칼이 좋아요. 김밥을 말자마자 썰지 말고 김 끝부분을 바닥으로 해서 잠시 두었다가 썰면 쉽게 분리되지 않아요.

월남쌈

재료

- □ 채채볶음
- □ 라이스 페이퍼

Tips!

어른은 월남쌈 소스를 곁들이고, 아기는 193쪽 콩가루 소스를 곁들여주면 그럴싸한 요리가 돼요.

1. 미지근한 물에 라이스 페이퍼를 잠깐 담갔다가 건져 펼치고, 재료들을 소복하게 올린다.
2. 가장 가까운 부분을 먼저 한 번 말고 양쪽을 접은 뒤 돌돌 만다.

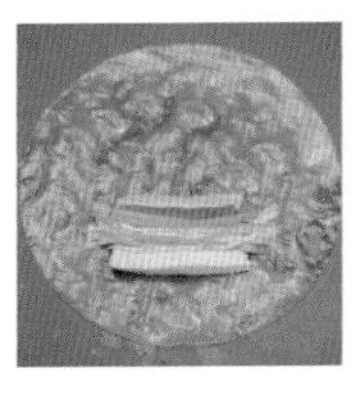

비빔밥 & 비빔국수 & 잔치국수

[비빔밥] 밥에 채채볶음을 얹고 비빔장(190쪽) 또는 들기름과 깨 1티스푼을 비벼 먹는다. 채채볶음을 조금 잘게 한 번 더 잘라주면 숟가락으로 떠먹기 좋다.

[비빔국수] 국수를 끓는 물에 삶아 찬물에 헹군다. 채채볶음을 얹고 두부들깨드레싱(192쪽) 또는 참기름과 깨, 김가루를 뿌려 비벼 먹는다.

[잔치국수] 국수를 끓는 물에 삶아 찬물에 헹구고 그릇에 담는다. 채채볶음을 얹고 육수(46쪽)를 끓여 부어준다. 기호에 따라 김가루, 참기름 등을 곁들인다.

맛 더하기 간장 1/2~1티스푼으로 간하기

밀전병채소말이

재료 (1~2회 분량)

- ㅁ 채채볶음 적당량
- ㅁ 통밀가루 1/2컵
- ㅁ 물 1/2컵

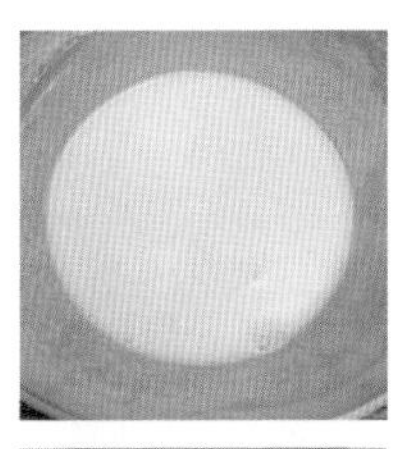

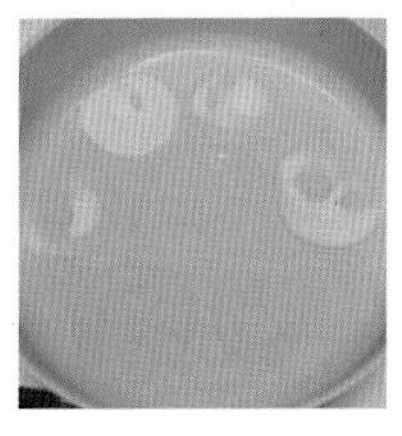

1. 통밀가루와 물을 잘 섞는다.
2. 팬에 식용유를 약간 두르고 키친타월로 닦아낸 뒤 약한 불로 예열한다.
3. 작은 국자로 반죽을 떠서 팬에 올리자마자 국자 바닥면으로 반죽을 얇게 펴준다.
4. 전체적으로 색이 짙어지면 뒤집어서 마저 굽고, 채채볶음을 넣고 만다.

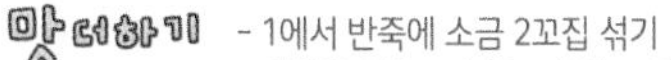

맛더하기 - 1에서 반죽에 소금 2꼬집 섞기
- 어른은 식초 + 소금 + 설탕 + 겨자를 섞은 소스를 만들어 찍어 드세요.

Tips!

쌈무를 활용한 무쌈말이도 해보세요! 시판 쌈무를 사용할 경우 물에 하루 정도 담근 채로 냉장했다가 쓰면 첨가물을 많이 뺄 수 있어요.

잡채

재료 (1~2회 분량)

□ 당면(건면 중량)	50g
□ 채채볶음	적당량
□ 돼지고기(잡채용) (소고기, 닭고기 대체 가능)	50~60g
□ 들기름(참기름)	1티스푼
□ 깨	1티스푼

1. 당면을 끓는 물에 10분간 삶고 건진다.
2. 식용유를 약간 두른 팬에 중간 불로 고기를 볶는다.
3. 볼에 모든 재료를 넣고 잘 버무린다.

맛더하기 간장 1티스푼으로 간하기(잡채, 탕평채 동일)

탕평채

재료 (1~2회 분량)

□ 청포묵	100g
□ 채채볶음	적당량
□ 들기름(참기름)	1티스푼
□ 깨	1티스푼
□ 김가루	1~2숟가락

1. 청포묵을 가늘게 채 썰어 끓는 물에 데친다. 투명해지면 건져서 찬물에 헹구고 체에 밭쳐 물기를 뺀다.
2. 볼에 모든 재료를 넣고 잘 버무린다.

팥소

배즙을 섞어 살짝 달달함을 더한 팥소를 만들어두면
재미있는 메뉴를 많이 만들 수 있어요. 팥을 오래 끓이는 게 번거로우니
한 번 만들 때 넉넉하게 만들어 냉동해두면 편리합니다.
팥 대신 콩으로 해도 돼요!

재료 (2~3회 분량)

- ㅁ 팥(건조 상태 중량) 80g
- ㅁ 배즙 80g

1. 팥을 냄비에 넣고 중간 불에 끓인다. 물이 끓어 오르면 5분 뒤에 물을 버리고, 다시 새 물을 충분히 받아 30분 이상 삶는다. 물이 부족해지지 않도록 중간중간 살펴본다.
2. 푹 삶아진 팥을 체에 밭쳐 물기를 뺀다. 배즙과 함께 믹서에 간다.
3. 팬에 옮겨 약한 불로 저어가며 꾸덕한 식감을 만들어준다.
4. 고운 팥소를 원하면 체에 한 번 내려준다.

Tips!

· 팥소는 팬케이크나 빵에 발라 먹어도 맛있어요.

· 팥을 콩으로 대체하여 같은 방법으로 콩소도 만들 수 있어요.

팥죽

재료 (1~2회 분량)

- ㅁ 팥소 30g
- ㅁ 배즙 10g
- ㅁ 쌀밥 80g

1. 팥소를 물 100ml와 배즙을 섞은 냄비에 잘 풀고 약한 불로 끓인다.
2. 밥을 넣고 저어가며 밥알이 부드러워질 때까지 약한 불로 끓인다. 너무 뻑뻑해질 경우 물을 더해가며 끓인다.

Tips! 고운 팥죽으로 하려면 마지막에 믹서나 핸드블렌더로 갈아주세요.

맛 더하기 소금 + 설탕으로 간하기

팥칼국수

재료 (1~2회 분량)

- ㅁ 팥소 80g
- ㅁ 배즙 20g
- ㅁ 국수(건면 무게) 30~40g

(수타면은 305쪽)

1. 끓는 물에 국수를 삶아 찬물에 헹궈 체에 밭쳐둔다.
2. 팥소를 물 160ml와 배즙을 섞은 냄비에 잘 풀고 약한 불로 끓인다.
3. 국수를 팥 국물에 말아준다.

맛 더하기 소금 + 설탕으로 간하기

팥머핀

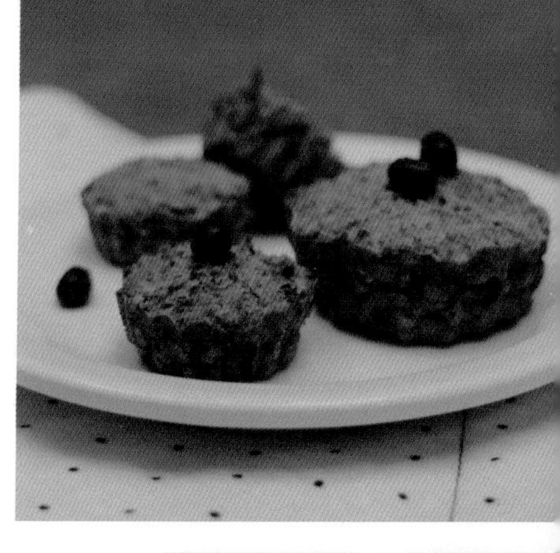

재료 (3~4회 분량)

- ㅁ 팥소 100g
- ㅁ 바나나 1개
- ㅁ 오트밀가루 30g
- ㅁ 쌀가루 20g
- ㅁ (기)버터(상온에 준비) 15g

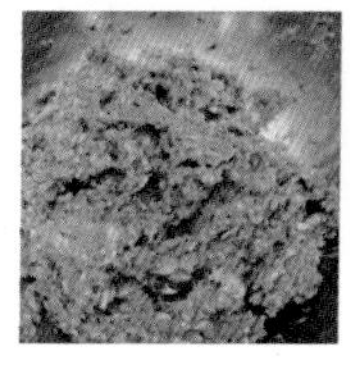

1. 모든 재료를 섞는다.
2. 반죽을 틀에 넣고 에어프라이어 160도에 10분(오븐 170도 15분) 굽는다.

맛 더하기 반죽에 메이플 시럽 1~2티스푼 또는 설탕 1/2~1티스푼 섞기

팥고물경단

재료 (1~2회 분량)

- ㅁ 팥소 1~2숟가락
- ㅁ 쌀가루 80g
  (통밀가루, 현미가루, 찹쌀가루 대체 가능)
- ㅁ 물 50g

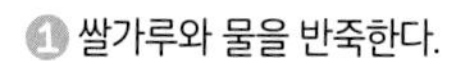

1. 쌀가루와 물을 반죽한다.
2. 반죽을 동그랗게 빚어서 끓는 물에 넣고, 동동 떠서 돌아다니면 2~3분 뒤에 건져 찬물에 식힌다.
3. 팥소를 체에 한 번 걸러 접시에 내리고, 경단을 굴려 묻힌다.

맛 더하기 1에 설탕 반티스푼, 소금 2꼬집 섞어서 반죽하기

낫또 스페셜

삶은 콩을 발효해서 익히지 않고 그대로 섭취하는, 유산균이 풍부한 낫또.
끈적이고 미끌거리는 질감이 낯설면서도 재미있어서인지 좋아하는 아이들이 많다지요?
낫또를 먹는 여러가지 방법을 소개해요. 충분히 비벼 실이 늘어나게 하고,
어린 아기에겐 다져주는 것이 안전해요.

낫또 비빔밥

재료 (1회 분량)

□ 낫또	반 팩
□ 달걀	1개
□ 쌀밥	아이 한 공기

1. 달걀은 프라이 또는 스크램블로 조리한다.
2. 낫또를 충분히 휘저어 1과 함께 밥에 비벼 먹는다.

맛더하기
- 간장을 섞어 비비기, 어른은 겨자 추가하기
- 김치를 잘게 썰어 같이 비비기. 아기 김치는 259쪽

오이 낫또김밥

재료 (1회 분량)

□ 낫또	1팩
□ 오이	반 개
□ 쌀밥	아이 한 공기
□ 김밥 김	1~2장

1. 오이를 채 썬다.
2. 김밥 김에 밥을 얇게 펴고 채썬 오이, 휘저은 낫또를 올려 만다.

Tips! 김밥 김은 반으로 잘라 쓰면 아기용으로 작게 말기 좋아요.
당근이나 달걀 지단 등 다른 재료도 더해 보세요.

맛더하기 채썬 오이를 소금 3꼬집에 절여 물기 짜서 쓰기

낫또를 끓이면 유산균은 죽지만, 된장찌개와 비슷해서
낫또의 끈적거림을 싫어하는 아이에게
조금 더 친근하게 다가갈 수 있는 레시피예요.

낫또찌개

재료 (2~3회 분량)

□ 낫또	1 팩
□ 무	70g
□ 두부	50g
□ 버섯(종류 무관)	20g
□ 육수(채수)	200ml

1. 무는 얇게 나박썰고 두부와 버섯은 작게 썬다.
2. 육수에 무를 넣고 중간 불로 끓인다.
3. 무가 익으면 두부와 버섯을 넣고 조금 더 끓이다가 낫또를 넣고 섞는다. 바로 불을 꺼도 되고, 더 끓이면 끈적거리는 질감이 줄어든다.

맛 더하기 된장 1/2~1티스푼 더하기

낫또 샌드위치

재료 (1~2회 분량)

□ 낫또	반 팩
□ 사과	반 개
□ 식빵	2장

1. 사과를 잘게 다진다.
2. 낫또와 다진 사과를 충분히 비벼 식빵에 샌드한다.

맛 더하기 사과 퓨레 1~2숟가락 더하기

1타 N피

그래놀라

시판 그래놀라는 영양 간편식의 이름을 달고 있긴 하지만
아이에게 주기엔 너무 단맛이 센 제품도 많아요.
집에서 쉽게 만들어 아이와 함께 건강한 아침식사해요!

재료 (여러 번 먹을 분량)		대체 가능한 재료
□ 오트밀	60g	-
□ 아몬드, 호두 등 견과류	60g	-
□ 건과일(크랜베리, 푸룬, 포도 등)	15~20g	생략 가능
□ 과일 퓨레	30~50g	-
□ 올리브오일	1숟가락	현미유, 포도씨유 등

1. 아몬드와 호두를 끓는 물에 3분간 데쳐 물기를 제거한다.
2. 아몬드와 호두, 건과일을 각각 다진다.
3. 건과일을 제외하고 나머지 재료를 모두 섞는다.
4. 오븐팬에 펼쳐 170도로 예열한 오븐에 15분(에어프라이어 150도 8~10분) 굽는다.
5. 오븐팬을 꺼내어 건과일을 넣고 잘 섞은 뒤 150도 오븐에 5~10분 더 굽는다(에어프라이어 140도 5~10분). 타지 않도록 살피면서 연갈색이 골고루 돌면 꺼낸다.

Tips!
· 건과일을 처음부터 넣으면 탈 수 있어요. 반드시 2차 굽기에서 넣어주세요.
· 일반적인 그래놀라에 비해 촉촉하고 부드러운 편이에요.
  낮은 온도에 오래 구울수록 바삭해집니다.
· 보관은 완전히 식혀서 밀폐해주세요. 오래 두려면 냉동이 안전해요.

맛 더하기 과일 퓨레 대신 메이플시럽 또는 꿀(12개월 이후) 사용

요거트볼

재료 (1회 분량)

- ㅁ 요거트 80g
- ㅁ 그래놀라 3~4숟가락
- ㅁ 과일 적당량

1. 과일을 먹기 좋은 크기로 썬다.
2. 모든 재료를 섞어 먹는다.

Tips! 햄프씨드, 치아씨드 등 씨앗류를 더해 영양가를 높여 보세요.

맛더하기 메이플시럽 또는 과일퓨레 1~2티스푼 더하기

콥샐러드

재료		대체 가능한 재료
ㅁ 각종 채소(양배추, 파프리카, 오이 등)	적당량	-
ㅁ 새우살	적당량	닭고기, 소고기 또는 생략 가능
ㅁ 달걀	1개	메추리알
ㅁ 그래놀라	3~4숟가락	-
ㅁ 발사믹 식초 + 올리브 오일	각 1숟가락	발사믹 식초 + 들기름

1. 채소를 깍둑썰기한다. 익혀 먹어야 하는 채소는 찌거나 구워 익힌다. 달걀을 삶는다.
2. 새우살을 먹기 좋은 크기로 썰어 끓는 물에 2분간 삶은 뒤 찬물에 헹군다.
3. 모든 재료를 그릇에 담고 발사믹 식초와 올리브 오일을 뿌려 버무려 먹는다.

맛더하기 간장이나 소금을 약간 더해 입맛에 맞게 간하기

퍼먹 & 찍먹템

스프와 소스

스프는 그대로 먹어도 좋지만 탄수화물을 곁들여 주면 멋진 한 끼를 뚝딱 차릴 수 있지요.
아직 도구를 쓰지 못하는 아이도 '손크레인'으로 얼마든지 묽고 부드러운 음식을 먹을 수 있어요.
여기 나오는 스프, 소스, 스튜, 덮밥 소스를 활용해서
다양한 맛과 음식 형태를 경험시켜 주고, 아이의 취향도 발견해 보아요.

퍼먹 & 찍먹템 200% 활용하기!

1. 스프 메뉴 활용하기

- **스프 그대로 먹기** : 빵을 곁들여 간단 아침 식사로 / 육류와 채소를 더해 푸짐한 식사로 / 간식으로 활용
- **국수/파스타 소스로 활용** : 면을 끓여 적당한 양의 스프를 버무려주면 끝
- **리조또 소스로 활용** : 냄비나 팬에 적당한 양을 넣고 밥을 풀어 가열하면서 원하는 점도로 만들어 주면 끝
- **팬케이크나 머핀 반죽에 활용** : 달걀과 쌀가루(또는 밀가루)를 섞고 반죽해서 부치면 끝(134쪽 대파스프 1타 N피 레시피 참고)

2. 소스 메뉴 활용하기

- **핑거푸드를 찍어 먹기** : 원물 스틱이나 구운 스틱 등을 더 맛있게 먹기
- **파스타/국수/리조또 소스로 활용** : 위 스프와 동일
- **스프레드로 활용** : 빵, 또띠아, 크레페 등에 발라먹기
- **반찬 만들 때 양념으로 활용** : 고기 요리, 볶음 요리, 조림 요리에 넣기
- **반찬 찍어 먹기** : 부침류 반찬 찍어 먹기

브로콜리스프

브로콜리와 친하지 않은 아이라면
스프부터 도전해 보면 어떨까요?

재료 (1~2회 분량)

재료	분량	대체 가능한 재료
□ 브로콜리	80g	콜리플라워, 양배추
□ 양파	80g	양파잼 2숟가락
□ 우유	100ml	두유, 아몬드밀크, 분유 탄 물
□ (기)버터	1티스푼	올리브오일 또는 식용유

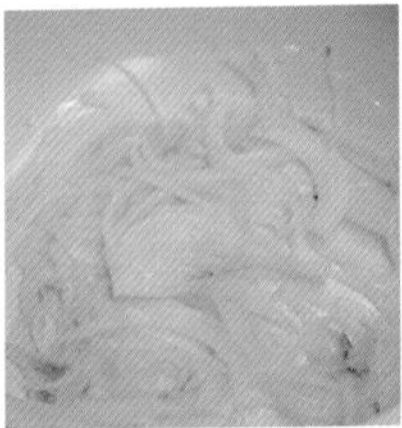

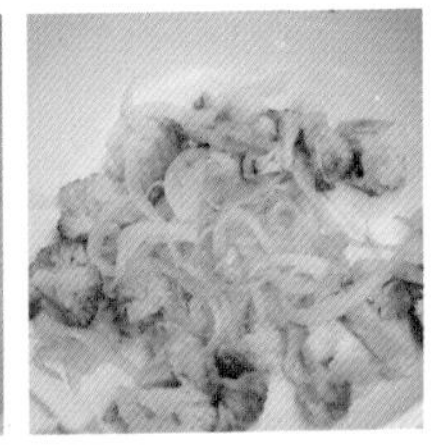

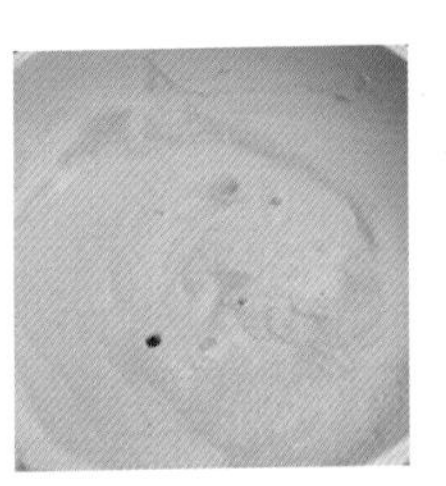

1. 양파는 얇게 썰고 브로콜리는 적당히 썰어 찌거나(전자레인지 2분) 살짝 데친다(끓는 물에 1분 30초).
2. 팬이나 냄비에 버터, 올리브오일 또는 식용유를 약간 두르고 중간 불로 양파를 볶는다. 반투명해지면 브로콜리를 더해 3분 정도 볶는다.
3. 2를 우유와 함께 믹서에 간다.
4. 3을 팬이나 냄비에 부어 잘 섞이도록 천천히 저어준다. 약한 불을 유지하며 한소끔 끓어오르면 불을 끈다.

마지막에 아기치즈를 녹여주면 풍미가 더 올라가요.

맛 더하기 소금 3꼬집 더하기, 우유 대신 생크림 사용

가지스프

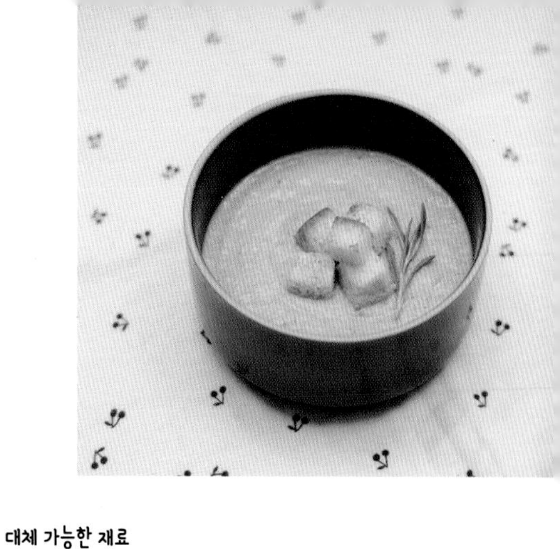

가지를 갈아 스프를 만들면 가지의 향만 은은하게 남아
고소하고 부드럽게 즐길 수 있어요.

재료 (2~3회 분량)		대체 가능한 재료
ㅁ 가지	150g	-
ㅁ 양파	80g	양파잼 2숟가락
ㅁ 대파	30g	-
ㅁ 육수 또는 채수	80ml	물
ㅁ 우유	80ml	두유, 아몬드밀크, 분유 탄 물

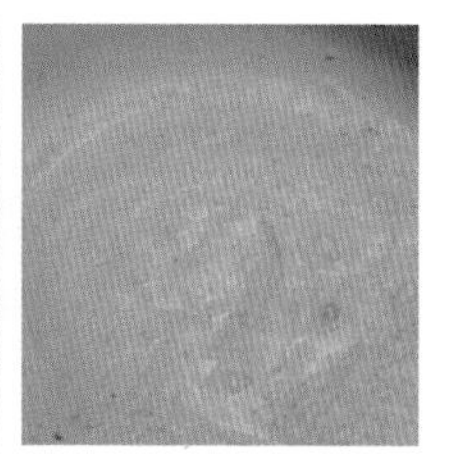

1. 가지, 양파, 대파를 모두 잘게 썬다.
2. 팬에 올리브오일 또는 식용유를 약간 두르고 양파와 대파를 노릇하게 볶는다.
3. 가지를 더해 볶다가 육수를 부어 뚜껑을 닫고 모든 재료를 푹 익힌다.
4. 믹서기에 우유와 3을 부어 곱게 간다.
5. 팬으로 옮겨 저어가며 약한 불로 끓이다가 한소끔 끓어오르면 불을 끈다. 되직한 스프를 원하면 조금 더 오래 끓인다.

마지막에 아기치즈를 녹여주면 풍미가 더 올라가요.

맛더하기 소금 3꼬집 더하기, 우유 대신 생크림 사용

시금치 고구마스프

시금치의 영양가와 고구마의 단맛이 만난 스프.
초록색 음식에 거부감을 가진 아이에게는
빵이나 핑거푸드에 살짝 찍어주는 것부터 시도해 보세요.

재료 (2~3회 분량)		대체 가능한 재료
□ 시금치	50g	-
□ 고구마	100g	-
□ 양파	60g	양파잼 1.5숟가락
□ (기)버터	1티스푼	올리브오일, 식용유

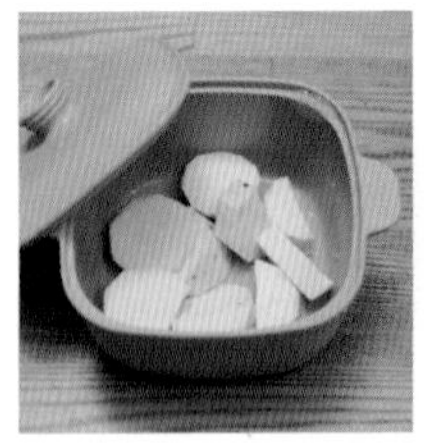

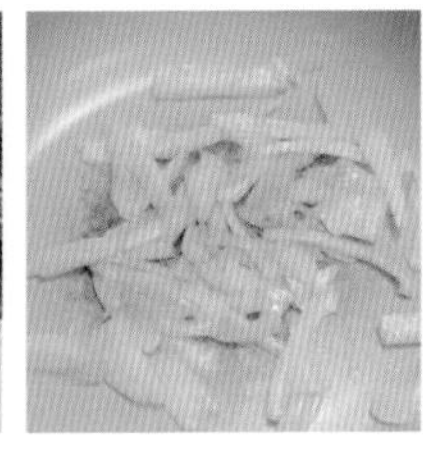

1. 고구마는 찌거나 삶아 푹 익힌다.
2. 손질한 시금치를 끓는 물에 20초간 데쳐 물기를 꼭 짠다.
3. 팬에 버터 또는 식용유를 두르고 얇게 썬 양파를 노릇해질 때까지 볶는다.
4. 시금치, 고구마, 양파를 모두 믹서기에 넣고 물 150ml를 부어 곱게 간다.

Tips!

· 고구마를 믹서에 갈지 않고 으깨어 섞어줘도 돼요. 약간의 건더기 역할을 해서 아이가 퍼먹기 좋아집니다. 이 경우 물 양을 조금 줄여도 좋아요.

· 물 대신 육수나 채수를 쓰면 더 맛있어요.

맛 더하기 소금 2꼬집 더하기

밤스프

겨울철에 잘 어울리는 스프예요.
부드럽고 달콤하고 속까지 든든하지요.

재료 (2~3회 분량)		대체 가능한 재료
ㅁ 깐 밤	200g	-
ㅁ 양파	80g	양파잼 2숟가락
ㅁ 우유	100ml	두유, 분유 탄 물, 아몬드밀크
ㅁ 채수	100ml	육수, 물, 우유, 두유, 분유 탄 물, 아몬드밀크
ㅁ (기)버터	1티스푼	올리브오일, 식용유

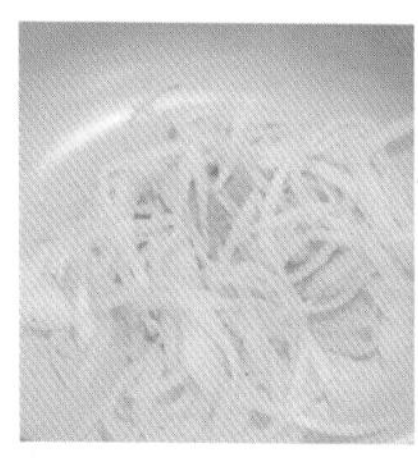
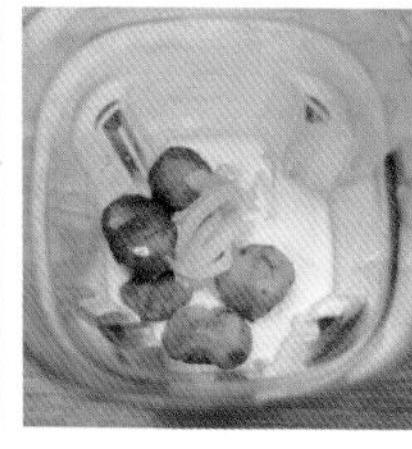
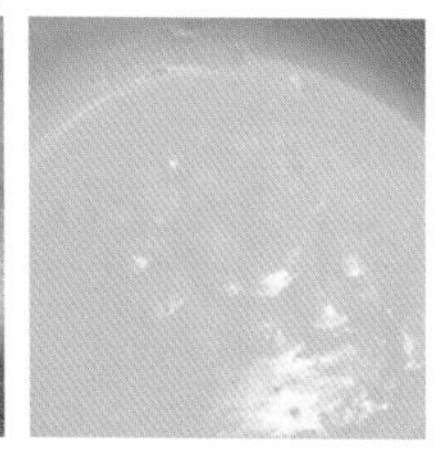

1. 밤을 찌거나 삶아 익힌다. 양파는 채 썬다.
2. 팬이나 냄비에 버터 또는 식용유를 두르고 양파를 노릇해질 때까지 볶는다.
3. 우유, 채수, 밤, 양파를 믹서에 넣고 곱게 간다.
4. 3을 팬 또는 냄비에 옮겨 약한 불로 저어가며 끓인다. 한소끔 끓어오르면 불을 끈다.

맛 더하기 소금 2꼬집 더하기, 우유 대신 생크림 사용

(양송이)버섯스프

양송이버섯으로 하는 것이 일반적이지만
다른버섯으로도 만들 수 있어요.

재료 (2~3회 분량)		대체 가능한 재료
ㅁ 양송이버섯	80g	기타 버섯류
ㅁ 우유	100ml	두유, 아몬드밀크, 분유 탄 물
ㅁ 채수(육수)	100ml	물
ㅁ 쌀가루	10g	통밀가루
ㅁ (기)버터	10g	-

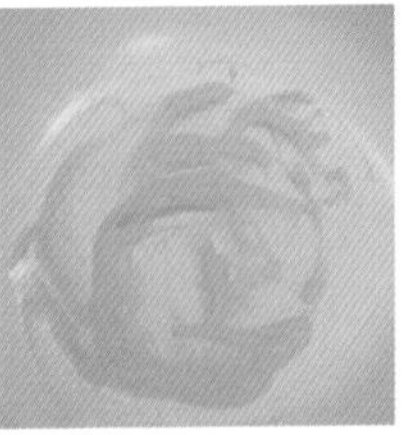
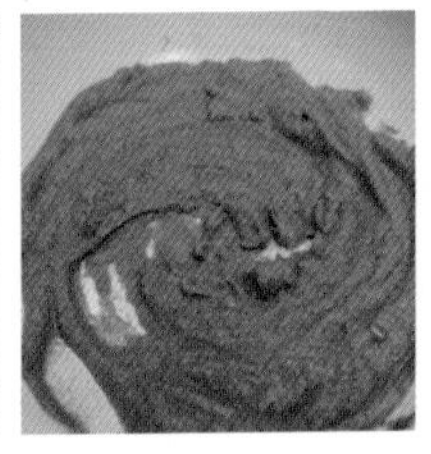
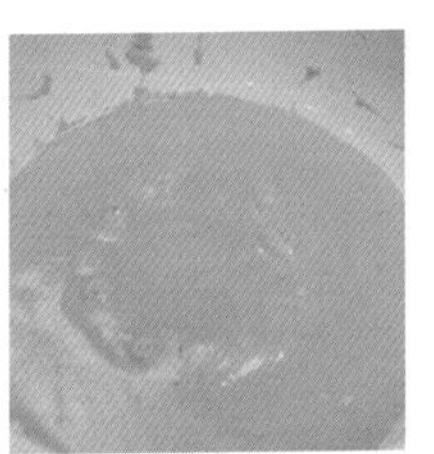

1. 양송이를 적당히 썰어 올리브오일 또는 버터와 함께 중간 불로 볶는다.
2. 양송이를 믹서에 옮기고 채수를 부어 곱게 간다.
3. 빈 팬이나 냄비에 버터와 쌀가루를 약한 불로 휘저어가며 볶아 루를 만든다. 색이 달걀 껍데기 색을 띠면 루 완성.
4. 2를 3에 부어 루가 뭉치지 않게 잘 풀어주면서 섞는다.
5. 우유를 더해가며 약한 불로 끓이다 한소끔 끓어오르면 불을 끈다.

맛 더하기 우유 대신 생크림 사용, 소금 3꼬집 더하기, 파마산 치즈 뿌리기

옥수수 감자스프

소화가 잘되고, 탄수화물이 풍부해
아침 메뉴로 좋은 스프예요.

재료 (2~3회 분량)		대체 가능한 재료
ㅁ 옥수수알	120g	-
ㅁ 감자	70g	-
ㅁ 양파	60g	양파잼 1.5숟가락
ㅁ 채수(육수)	130ml	물
ㅁ 우유	100ml	두유, 아몬드밀크, 분유 탄 물

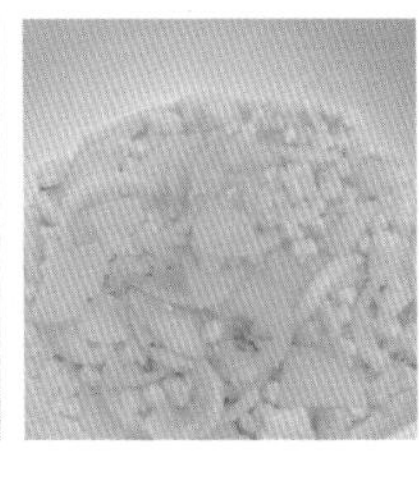

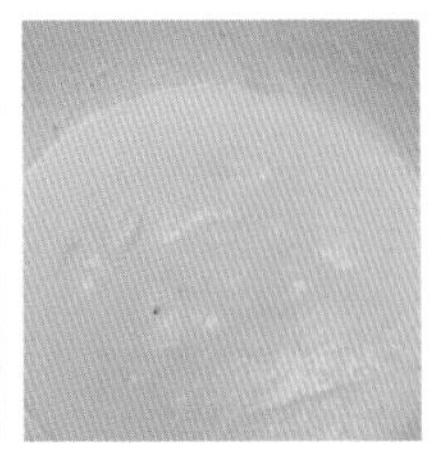

1. 감자와 양파를 얇게 썬다. 캔 옥수수나 병조림 옥수수를 사용할 때는 끓는 물에 3분간 데쳐 건지고, 생옥수수를 사용할 때는 심지에서 알을 썰어내 그대로 사용한다.
2. 팬에 식용유 또는 올리브오일을 두르고 양파와 감자를 중간 불로 표면이 옅은 갈색이 될 때까지 볶는다.
3. 옥수수를 더하고 채수를 부어 뚜껑을 닫고 감자가 푹 익을 때까지 약한 불로 끓인다.
4. 감자가 다 익으면 믹서에 넣고 우유와 함께 간다. 팬으로 옮겨 약한 불로 끓이고 한소끔 끓어오르면 불을 끈다.

마지막에 아기치즈를 녹여주면 풍미가 더 올라가요.

맛 더하기 우유 대신 생크림 사용, 소금 3꼬집 더하기, 파마산 치즈 뿌리기

병아리콩 토마토스프

병아리콩의 고소함과 토마토의 감칠맛이 만났어요.
시원하게 먹어도 맛있는 스프랍니다.

재료 (2~3회 분량)

재료	분량	대체 가능한 재료
□ 삶은 병아리콩	100g	서리태, 강낭콩, 렌틸콩
□ 토마토	1개(약 200g)	-
□ 양파	50g	양파잼 1숟가락
□ 다진 마늘	1티스푼	마늘가루 반티스푼 또는 편마늘
□ 두유	50~100ml	분유 탄 물, 물, 우유, 아몬드밀크

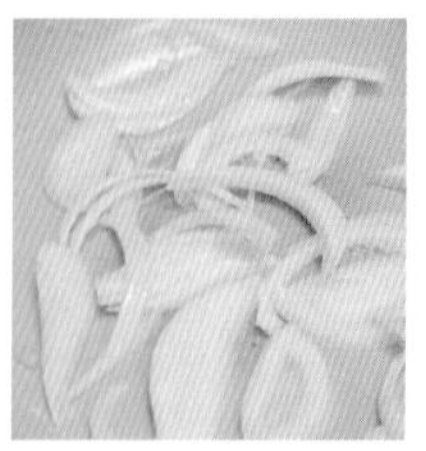
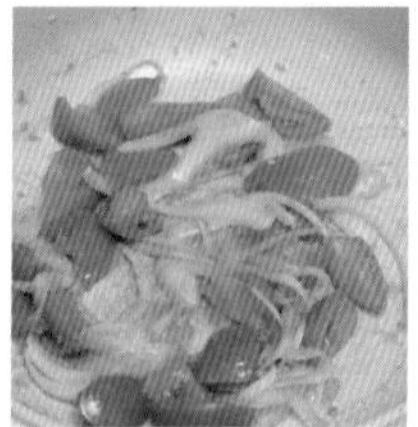
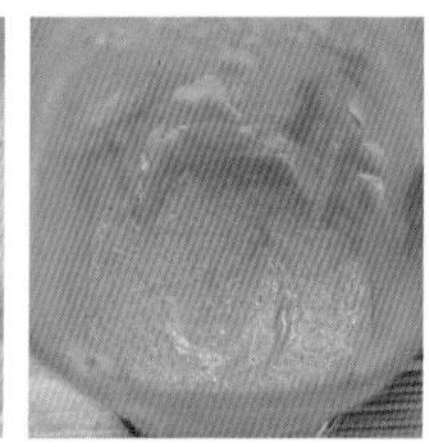
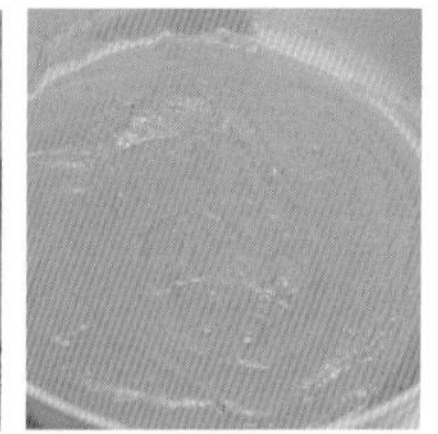

1. 양파는 얇게 썰고 토마토는 적당한 크기로 토막낸다.
2. 팬에 올리브오일이나 식용유를 두르고 양파와 다진 마늘을 중간 불로 볶다가 양파가 반투명해지면 토마토도 함께 볶는다.
3. 삶은 병아리콩, 두유 50ml, 물 50ml를 믹서에 붓고 2도 더해 모두 함께 간다.
4. 팬에 옮겨 약한 불로 끓이면서 젓는다. 두유나 물로 기호에 맞게 농도를 만들어준다.

Tips!

· 병아리콩은 하룻밤 정도 불리고 30분 이상 충분히 삶아주세요. 다 익힌 병아리콩의 무게는 건조 상태의 2~2.2배 정도가 됩니다.

· 시원하게 먹어도 맛있는 스프예요.

맛 더하기
- 소금 3꼬집, 파프리카 가루 3꼬집 더하기
- 2에 셀러리 더하기, 다진 소고기 곁들이기

단호박스프

아이도 어른도 좋아하는 단호박 스프.
생크림을 조금 더하면 더 맛있어요.

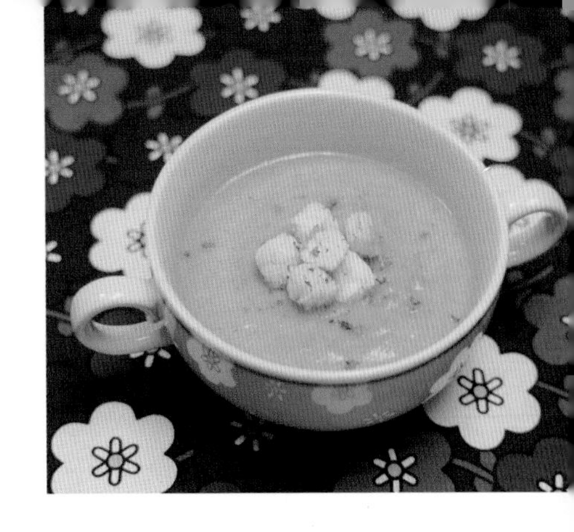

재료 (1~2회 분량)		대체 가능한 재료
□ 단호박	100g	-
□ 양파	80g	양파잼 2숟가락
□ 우유	100g	물, 채수, 육수, 분유 탄 물, 두유, 아몬드밀크

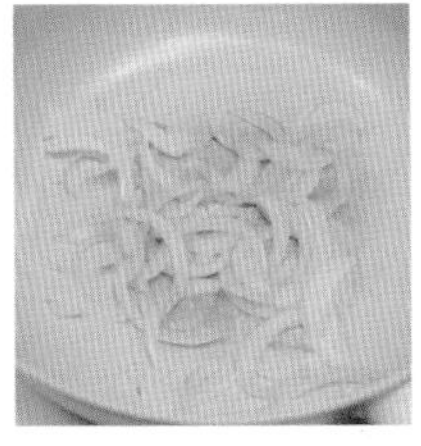
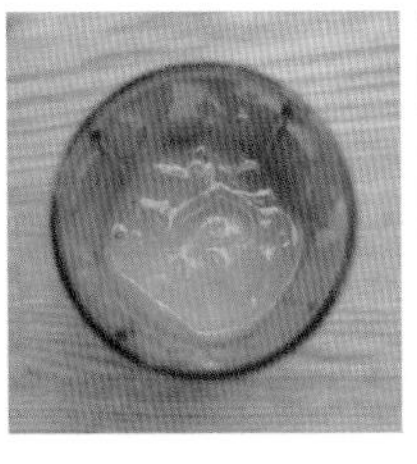
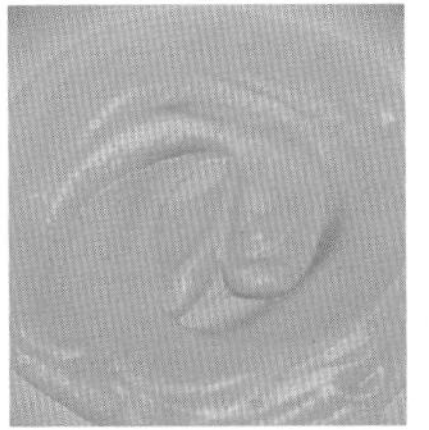

1. 단호박은 쪄서 익힌다(전자레인지 5분, 찜기 6~7분).
2. 팬에 버터나 올리브오일 또는 식용유를 두르고 채 썬 양파를 중간 불에 노릇하게 볶는다.
3. 믹서에 우유, 볶은 양파, 찐 단호박을 넣고 곱게 간다.
4. 팬이나 냄비에 옮겨 약한 불로 저어가며 끓인다. 너무 걸쭉하면 우유나 물을 더한다.

맛 더하기 소금 3꼬집 더하기, 우유 대신 생크림 사용, 파마산 치즈 뿌리기

아스파라거스 감자스프

아스파라거스의 향이 은은하게 느껴지는
고소하고 부드러운 스프입니다.

재료 (2~3회 분량)

재료	분량	대체 가능한 재료
☐ 아스파라거스	70g	그린빈
☐ 감자	120g	고구마
☐ 양파	50g	양파잼 1숟가락
☐ 우유	200ml	물, 채수, 육수, 분유 탄 물, 두유, 아몬드밀크
☐ 아기치즈	1장	생략 가능

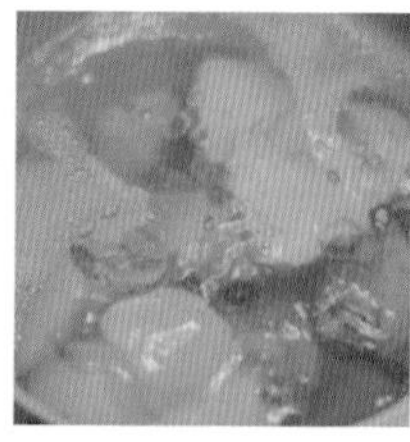

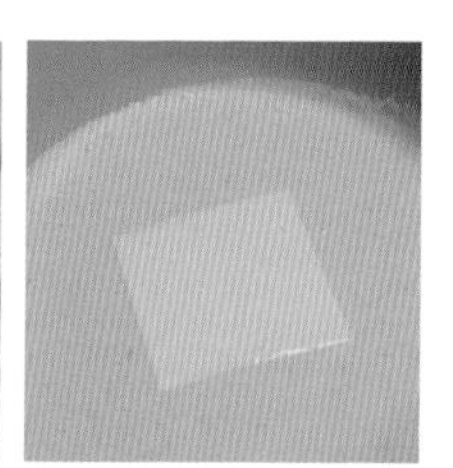

1. 아스파라거스는 밑동을 잘라내고 아랫부분의 섬유질을 감자 칼로 벗겨낸다.
2. 아스파라거스와 감자를 삶아 익힌다. 감자를 7~8분 정도 삶다가 아스파라거스를 더해 2분 정도 더 삶으면 같이 익힐 수 있다.
3. 팬에 올리브오일 또는 식용유를 약간 두르고 채 썬 양파를 중간 불로 투명해질 때까지 볶는다.
4. 익힌 아스파라거스와 감자를 더해 2~3분간 더 볶고, 우유와 함께 믹서에 넣고 간다.
5. 팬이나 냄비로 옮겨 저어가며 약한 불로 끓인다. 원하는 농도가 되면 아기치즈를 1장 녹여 섞는다.

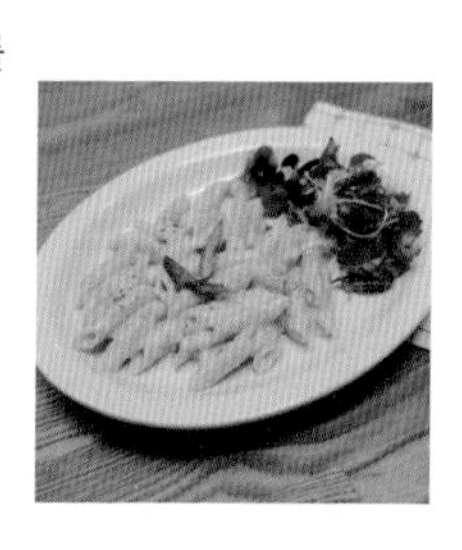

맛 더하기 소금 3꼬집 더하기, 파마산 치즈 뿌리기

콜리플라워 스프

콜리플라워를 볶으면 고소한 맛이 올라와요.
루를 만들어 끓이는 스프에도 도전해 보세요.

재료 (2~3회 분량)		대체 가능한 재료
□ 콜리플라워	150g	양배추, 브로콜리
□ 양파	80g	양파잼 2숟가락
□ 우유	200ml	두유, 아몬드밀크, 분유 탄 물
□ 버터	5g	생략 가능
□ 쌀가루	5g	생략 가능

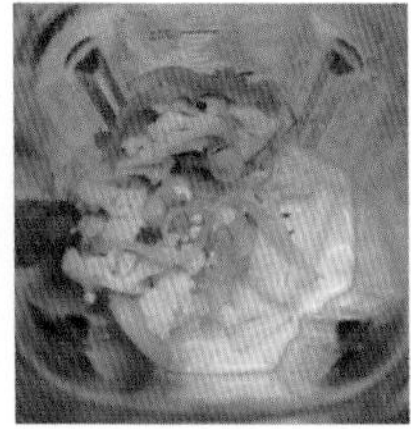
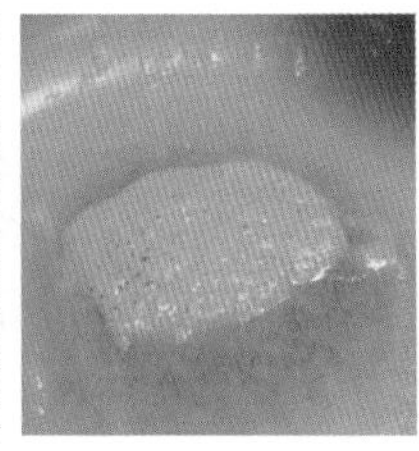
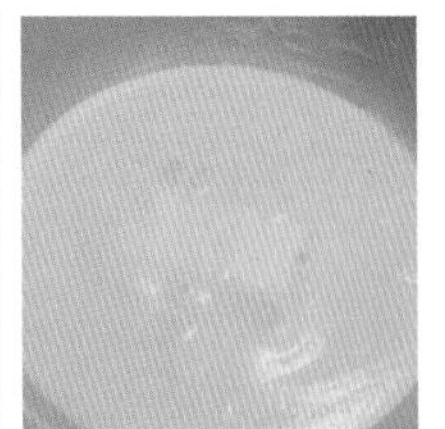

1. 양파는 얇게 썰고 콜리플라워는 적당히 썰어 찌거나(전자레인지 2분) 살짝 데친다(끓는 물에 1분 30초).
2. 팬에 올리브오일 또는 식용유를 약간 두르고 중간 불로 양파를 볶는다. 반투명해지면 콜리플라워를 더해 3분 정도 볶는다.
3. 2를 우유와 함께 믹서에 간다.
4. 빈 팬에 버터와 쌀가루를 휘저어가며 약한 불로 볶아 루를 만든다. 색이 달걀 껍데기 색을 띠면 루 완성.
5. 루에 3을 부어 잘 섞이도록 천천히 저어준다. 약한 불을 유지하며 한소끔 끓어오르면 불을 끈다.

Tips!

· 루를 만들지 않고 콜리플라워, 양파, 우유만 사용해서 만들어도 돼요. 168쪽 브로콜리 스프를 참고하세요.

· 마지막에 아기치즈를 녹여주면 풍미가 더 올라가요.

맛 더하기 소금 3꼬집 더하기, 파마산 치즈 뿌리기

연근버섯 들깨스프

연근은 단단해서 조리가 번거로운데
갈아서 스프로 만들면 씹는 힘이 부족한 아기도
쉽고 맛있게 먹을 수 있지요.

재료 (2~3회 분량)		대체 가능한 재료
☐ 연근	120g	-
☐ 버섯(종류 무관)	80g	-
☐ 우유	200ml	두유, 아몬드밀크, 분유 탄 물, 물
☐ 들깨가루	1~2숟가락	다진 견과류 또는 생략 가능
☐ 양파잼	1숟가락	생략 가능

1. 끓는 물에 연근을 5분간 삶는다.
2. 올리브오일 또는 식용유를 약간 두른 팬에 버섯을 중간 불에 노릇하게 볶는다.
3. 믹서에 연근, 버섯, 우유, 들깨가루, 양파잼을 넣고 곱게 간다.
4. 팬이나 냄비로 옮겨 약한 불로 한소끔 끓인다.

맛더하기 소금 3꼬집 더하기

우엉당근 크림스프

당근과 양파로 단맛을 더해
우엉의 쌉쌀함은 가려주고 향은 살린 맛있는 스프예요.

재료 (2~3회 분량)		대체 가능한 재료
ㅁ 우엉	100g	-
ㅁ 당근	100g	-
ㅁ 양파	50g	양파잼 1숟가락
ㅁ 채수	100ml	육수, 물
ㅁ 두유	100ml	우유, 분유 탄 물, 아몬드밀크, 물

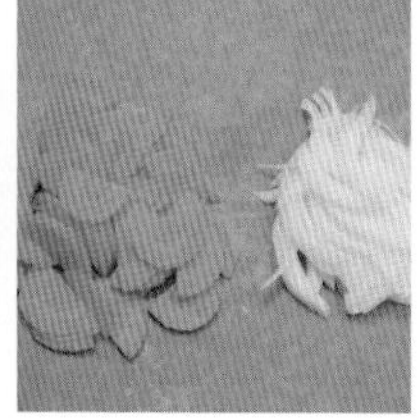
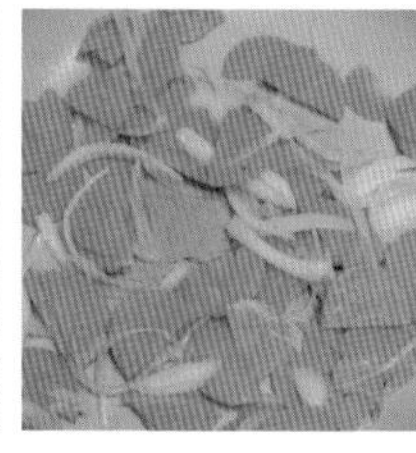
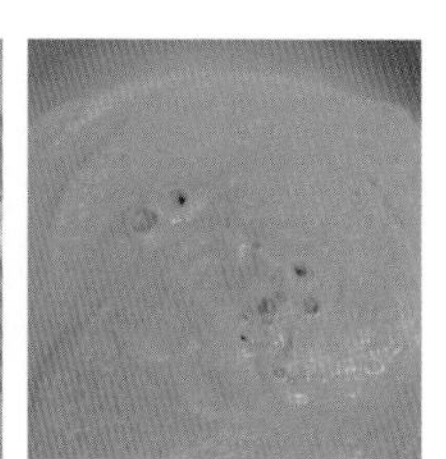

1. 껍질을 벗긴 우엉을 토막내어 끓는 물에 10분간 삶고 건진다.
2. 당근과 양파를 얇게 썬다.
3. 팬에 올리브유 또는 식용유를 두르고 양파와 당근을 중간 불로 노릇해질 때까지 볶는다.
4. 우엉, 양파, 당근, 채수, 두유를 모두 믹서에 넣고 곱게 간다.
5. 팬이나 냄비로 옮겨 약한 불로 끓이면서 물이나 두유를 조금씩 더하며 농도를 조절해준다.

맛 더하기 소금 3꼬집 더하기

토마토 오이 콜드스프

이탈리아 요리 '가스파초'에서 아이디어를 얻었어요.
토마토가 맛있는 여름철에 한 번 해 보세요!

재료 (2~3회 분량)		**대체 가능한 재료**
□ 토마토	1개(약 200g)	-
□ 오이	반 개(약 80g)	-
□ 사과	1/4개	사과퓨레 1숟가락
□ 채수	50ml	육수, 물
□ 올리브오일	1티스푼	생략 가능
□ 레몬즙	1숟가락	식초 1티스푼 또는 생략 가능

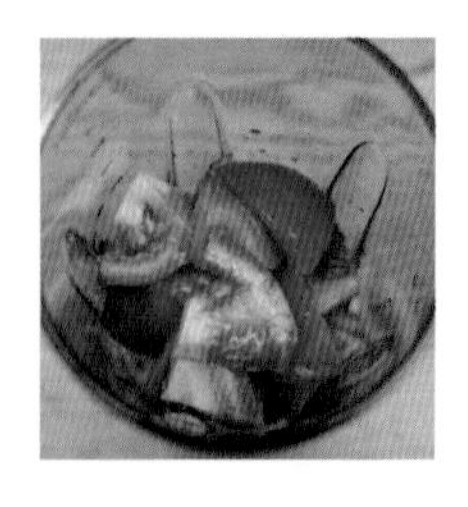

1. 토마토, 오이, 사과를 모두 적당한 크기로 토막낸다.
2. 모든 재료를 믹서에 넣고 곱게 갈아 시원하게 먹는다.

Tips!

믹서에 갈기 때문에 토마토 껍질은 별로 문제되지 않아요. 그러나 더 곱게 만들고 싶다면 토마토 아랫부분에 십자 형태 칼집을 내어 끓는 물에 30초간 데친 뒤 껍질을 벗기고 사용해 주세요.

맛 더하기 소금 2~3꼬집 더하기

라구소스

라구소스만큼 영양 구성도 좋고 맛도 좋은
든든한 소스가 있을까요?
넉넉히 만들어 소분 냉동해 두세요.

재료 (여러 번 사용할 분량)		**대체 가능한 재료**
□ 토마토	2개(약 400g)	홀토마토 300~400g
□ 다진 소고기 + 돼지고기	200g	소고기 단독 또는 익힌 콩
□ 양파	100g	양파잼 2~3숟가락
□ 당근	80g	-
□ 셀러리	60g	생략 가능
□ 다진 마늘	1티스푼	마늘가루 반티스푼 또는 생략 가능

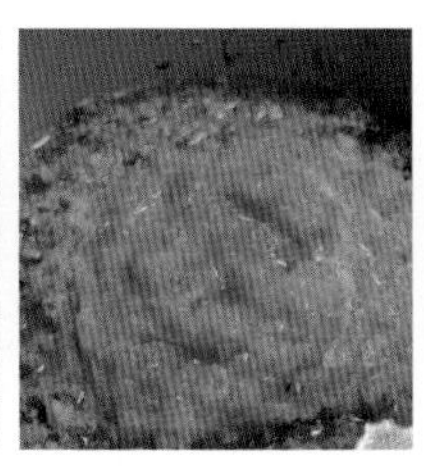
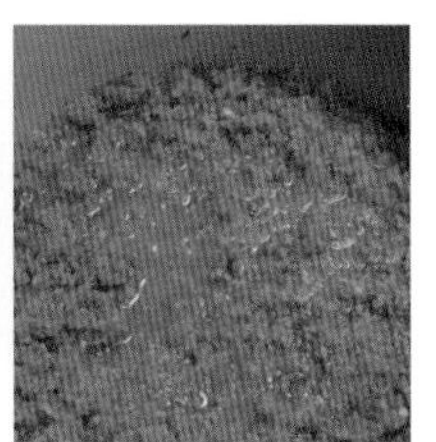

1. 양파, 당근, 셀러리, 고기는 모두 다져 준비한다. 토마토는 십자 칼집을 내어 데친 뒤 껍질을 벗겨 다지거나 믹서에 곱게 간다.
2. 팬에 올리브오일을 약간 두르고 다진 마늘과 고기를 중간 불로 볶다가 핏기가 가시면 채소를 추가해 10분 정도 저으면서 볶는다.
3. 다지거나 간 토마토를 붓고 물 한 컵을 더해 1시간 가량 약한 불로 푹 끓인다. 중간중간 눌어붙지 않게 저어준다. 물이 너무 빨리 졸아들면 물을 조금씩 추가하며 끓인다.

· 완성된 라구 소스는 충분히 식힌 뒤 냉동 용기, 지퍼백, 아이스큐브틀 등에 소분해서 얼려 두면 여러 가지 요리에 유용하게 쓸 수 있어요. 피자, 파스타, 덮밥, 소스 등에 다채롭게 활용해 보세요.

· 홀토마토는 토마토즙과 토마토로 이뤄진 캔 제품이에요. 생토마토를 사용하는 것보다 맛이 진하고 짭짤한 맛이 돌아 간을 하기 시작한 아이들도 소금 간 없이 맛있게 먹어요.

맛더하기 파마산 치즈 더하기

비트토마토소스

비트로 철분을 더한 토마토 소스!
면 요리 뿐 아니라 고기 요리에도 아주 잘 어울려요.

재료 (여러 번 사용할 분량)		**대체 가능한 재료**
□ 토마토	300g	홀토마토
□ 비트	80g	-
□ 양파	반 개	-
□ 파프리카	1/3개	생략 가능

1. 비트, 파프리카, 양파를 잘게 다지고 토마토는 데쳐서 껍질을 벗긴다.
2. 팬에 버터나 올리브오일을 약간 두르고 양파, 파프리카, 비트를 함께 볶는다.
3. 갈거나 다진 토마토를 섞고 저어가며 약한 불로 30분 정도 끓인다.

Tips!

283쪽 비트토마토 치킨스튜의 주재료로 쓰입니다.

로제소스

토마토 소스에 유제품으로 고소한 맛을 더했어요.
토마토 소스의 신맛을 좋아하지 않는 아이도
로제소스는 맛있게 먹을 수 있을 거예요.

재료 (2~3회 분량)

		대체 가능한 재료
□ 토마토	2개(약 400g)	홀토마토 300~400g
□ 생크림	80g	우유, 두유, 분유 탄 물

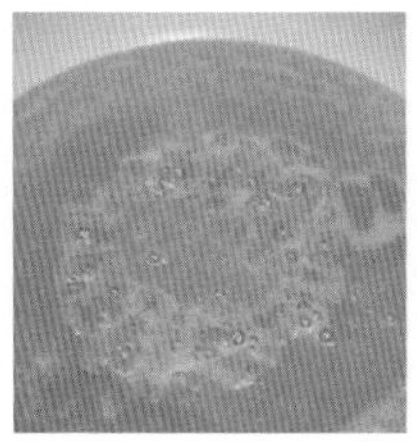
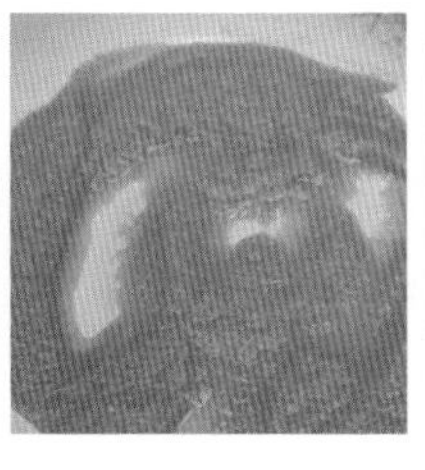
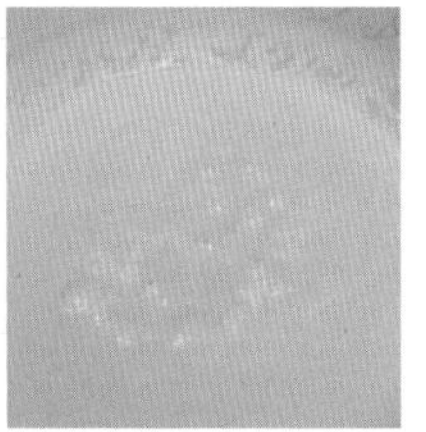

1. 토마토 아랫면에 십자 칼집을 넣고 끓는 물에 30초 데쳐 껍질을 벗긴다.
2. 토마토를 믹서에 곱게 간다.
3. 팬에 붓고 약한 불로 20~30분간 끓인다. 눌어붙지 않게 중간중간 저어준다.
4. 색이 짙어지고 약간 되직해지면 생크림을 붓고 저으면서 10분간 끓인다.

토마토와 생크림의 비율은 입맛에 따라 조절해 주세요.

맛 더하기 소금 3꼬집, 허브가루 더하기

애호박 크림소스

꾸준히 인기를 누리고 있는 '애호박 크림 파스타'의 소스만 따로 레시피로 정리했어요. 파스타에도, 리조또에도 활용해 보세요.

재료 (여러 번 먹을 분량)

재료	분량	대체 가능한 재료
□ 애호박	1개(300g)	쥬키니 호박, 단호박
□ 양파	100g	양파잼 2~3숟가락
□ 우유	100ml	분유 탄 물, 두유, 아몬드밀크, 물, 채수
□ 밥새우	2~3꼬집	생략 가능
□ 아기치즈	1장	생략 가능

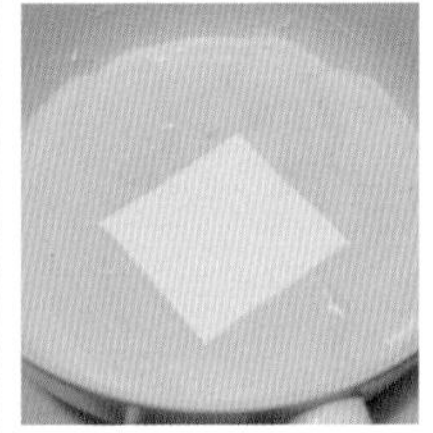

1. 양파는 채 썰고 애호박은 깍둑썰기 또는 채썰기 한다.
2. 팬에 양파를 노릇해질 때까지 볶는다. 물 볶음 하거나 식용유에 볶는다.
3. 애호박과 밥새우를 더해 애호박이 익을 때까지 볶는다.
4. 우유와 3을 믹서에 곱게 갈고 팬으로 옮겨 약한 불로 가열한다. 아기치즈를 녹이고 계속 저으면서 원하는 소스 질감이 되면 불을 끈다.

· 양파를 볶는 동안 애호박을 전자레인지 찜기로 2분 정도 미리 익혀 사용하면 조리 시간을 줄일 수 있어요.

· 소스라는 이름이 붙어 있긴 하지만 퓨레나 스프처럼 먹어도 손색없는 메뉴예요.

맛 더하기 소금 3꼬집, 후추 2꼬집 더하기

비트양파퓨레& 비트크림소스

비트를 어떻게 활용할지 모르겠다면
먼저 퓨레를 만들어 보세요.
퓨레 그대로 떠먹어도 되고 소스로 활용해도 좋아요.

재료 (2~3회 분량)		대체 가능한 재료
☐ 비트	70g	-
☐ 양파	60g	양파잼 2숟가락
☐ 우유	50g	물, 두유, 분유 탄 물, 아몬드밀크
☐ 아기치즈(비트크림소에만) 사용	1장	생략 가능

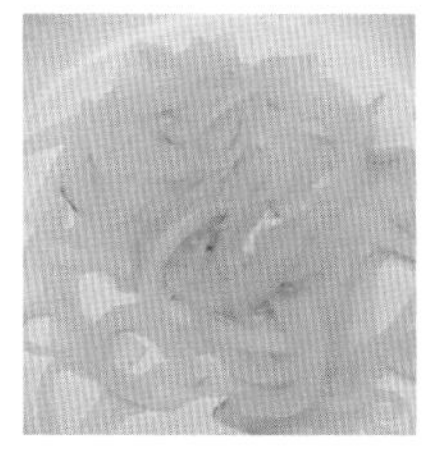
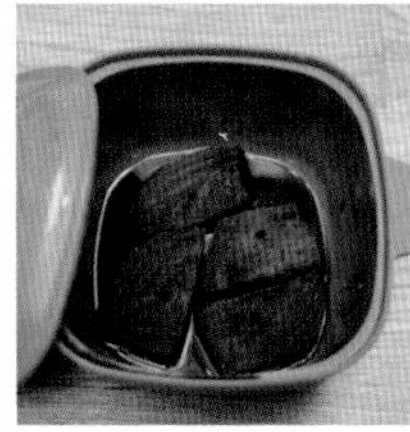
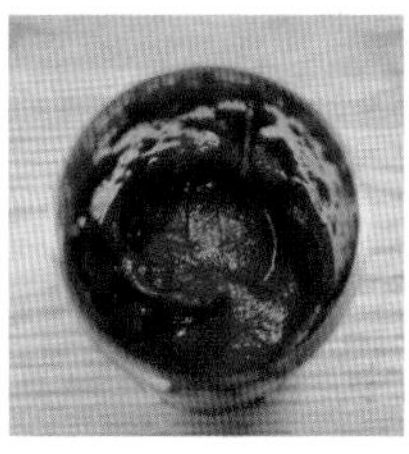

1. 양파를 얇게 채 썰어 식용유를 약간 두른 팬에 중간 불로 볶는다. 타지 않게 저어가며 노릇하게 볶는다.
2. 비트를 토막내어 내열 용기에 물을 3숟가락과 함께 넣고 전자레인지에 4분 돌려 찐다(찜기에 쪄도 좋다).
3. 믹서에 우유, 볶은 양파, 찐 비트를 모두 넣고 곱게 간다. 팬에 옮겨 저으면서 약한 불로 한 소끔 끓인 뒤 불을 끈다.

퓨레에 유제품을 쓰지 않고 싶으면 우유 대신 물이나 채수를 사용하여 갈아주세요.

[비트크림소스]

4. 3을 팬으로 옮겨 약한 불로 가열하면서 아기치즈를 녹이면서 섞는다.

맛더하기 소금 2꼬집 더하기, 생크림 추가하기, 아기치즈 대신 파마산 치즈 사용

페스토소스

오메가3가 풍부한 올리브오일을 듬뿍 넣어
페스토 소스를 만들어 보세요.
다양한 잎채소를 활용할 수 있어요.

재료 (2~3회 분량)		대체 가능한 재료
□ 잎채소(시금치, 깻잎, 바질 등)	70g	완두콩
□ 잣 또는 캐슈넛	25g	기타 견과류
□ 사과즙	40g	사과퓨레+물
□ 올리브오일	15g	-

❶ 잎채소를 끓는 물에 20초간 데치고 찬물에 식혀 물기를 꼭 짠다.

❷ 믹서에 모든 재료를 넣고 간다. 잘 갈리지 않는 경우 사과즙과 올리브오일을 각각 조금씩 추가해준다.

파스타에 쓸 때는 삶은 파스타 100g에 페스토소스 30g정도 넣으면 적당합니다. 빵에 발라 먹거나 리조또 소스로도 활용할 수 있어요.

맛 더하기 소금 3꼬집 더하기, 올리고당이나 조청 1/2~1티스푼 더하기

삶은 스파게티면을 버무려 활용한 사진입니다.

소고기 가지 치즈소스

재료를 다져서 씹는 맛을 살린 소스예요.
리조또, 파스타, 덮밥소스로 활용해 보세요.

재료 (2~3회 분량)		대체 가능한 재료
☐ 다진 소고기	80g	돼지고기
☐ 가지	50g	-
☐ 양파	50g	양파잼 1숟가락
☐ 대파	20g	생략 가능
☐ 다진 마늘	1티스푼	생략 가능
☐ 육수(채수)	150ml	물
☐ 아기치즈	1/2~1장	생크림

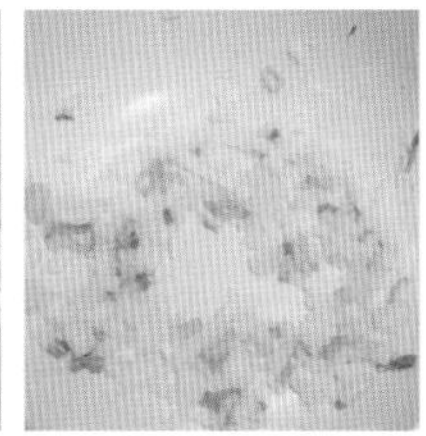

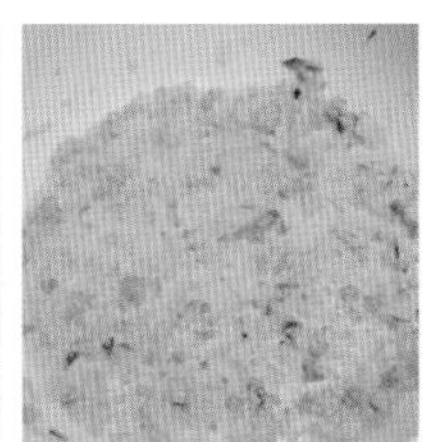

1. 채소를 모두 잘게 다진다.
2. 팬에 올리브오일 또는 식용유를 약간 두르고 중간 불로 다진 마늘을 볶다가 대파와 양파를 더해 노릇하게 볶는다.
3. 가지와 소고기를 넣고 볶다가 핏기가 가시면 육수를 붓고 끓인다.
4. 육수가 절반 이상 졸아들면 아기치즈 반 장 또는 한 장을 녹이며 섞는다.

· 파스타, 덮밥 소스로 활용해 보세요. 구운 빵에 발라 먹어도 맛있어요. 파스타 소스로 활용할 때는 육수나 우유를 더해 촉촉하게 만들어 주면 더 부드럽게 먹을 수 있어요.

· 바로 먹지 않고 냉장 보관했다가 사용하려면 3번 과정까지만 하고 식혀 보관해 주세요. 치즈가 응고되면서 서로 엉겨 붙어요. 일부만 곧바로 사용하고, 남은 것을 냉장했다면 충분히 재가열해 치즈를 부드럽게 녹여 주세요.

맛더하기 소금 3꼬집, 후추 2꼬집 더하기

파프리카잼

파프리카를 구우면 진한 단맛이 생겨요.
끈적하게 졸여서 고추장처럼 활용할 수 있답니다.

재료 (여러 번 사용할 분량)

□ 파프리카	2개
□ 과일즙	60g

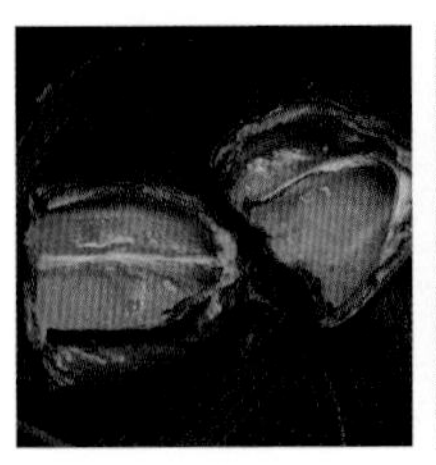
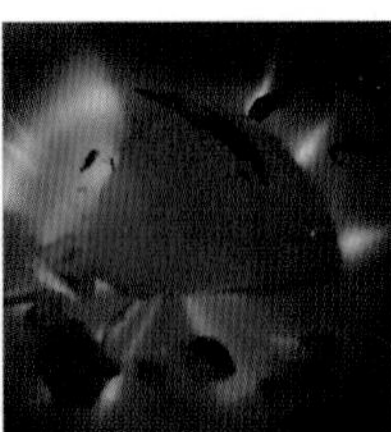
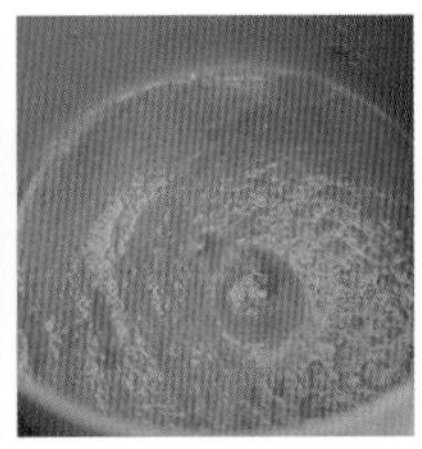
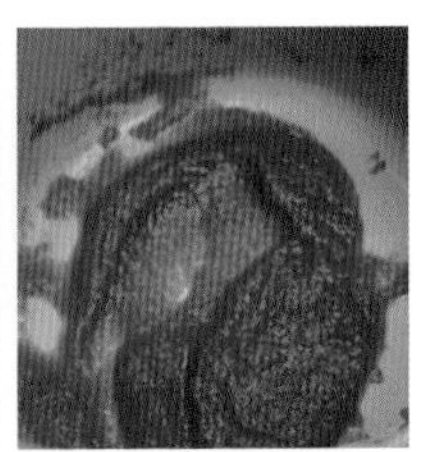

❶ 파프리카 물기를 제거하고 에어프라이어 200도에 15분 굽는다(오븐 220도 15분). 표면이 탈 정도로 굽는다.

❷ 찬물에 담가 탄 껍질을 벗겨낸다.

❸ 파프리카와 과일즙을 믹서기에 곱게 간다.

❹ 팬으로 옮겨 저으면서 약한 불로 잼 농도를 만들어준다.

❺ 식혀서 냉장 보관하고 일주일 내로 소진한다. 이후 사용할 분량은 아이스 큐브틀에 담거나 지퍼백에 얇게 펴서 냉동한다.

Tips!

· 토마토 소스나 라구 소스에 조금 섞어서 조리하면 맛이 풍부해져요.

· 빨간 음식은 무조건 맵다고 하는 아이의 선입견을 깨줄 수 있어요. 아기 김치, 떡볶이, 각종 볶음 요리, 비빔장 등에 아주 조금씩 사용해 보세요.

무염케첩

시판 케첩은 염도가 높고 첨가물도 많지요.
집에서 쉽게 만들어 먹어요!

재료 (여러 번 사용할 분량)		대체 가능한 재료
□ 토마토	2개(약400g)	홀토마토 300~400g
□ 배	120g	배즙(40~50ml) 또는 사과
□ 양파	60g	-

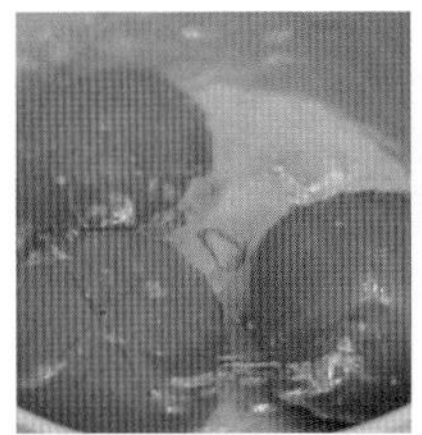

1. 토마토 아랫면에 십자 칼집을 내고 끓는 물에 30초간 데쳐 껍질을 벗긴다.
2. 토마토, 배, 양파 모두 큼직하게 썰고 물 80ml와 함께 밥솥에 넣어 만능찜 모드로 30분 취사한다.
3. 취사 완료되면 믹서에 갈아 팬 또는 냄비로 옮긴다. 눌어붙지 않게 저으면서 약한 불로 졸인다.

· 결과물은 일반적인 케첩보다 살짝 묽고 맑은 느낌이에요. 조금 끈적한 질감을 원한다면 마지막에 전분물 1티스푼을 물 3숟가락에 풀어 둘러주고 잘 섞어주세요.

· 배 대신 사과를 쓰면 새콤한 맛이 강화돼요. 신 맛을 좋아하지 않는 아이라면 배를 사용하는 게 좋습니다.

맛 더하기 소금 3~4꼬집, 올리고당 또는 설탕 1~2티스푼 더하기

토마토 두부 비빔장

장류를 쓰지 않는 무염식에서는
비벼 먹는 요리에 어떤 양념을 곁들여야 할지 망설여지죠.
이 비빔장을 한 번 써보세요.

재료 (2~3회 분량)		대체 가능한 재료
□ 토마토	1개(약 200g)	-
□ 두부	60g	-
□ 양파잼	2숟가락	다져서 볶은 양파
□ 배즙	2숟가락	생략 가능
□ 파프리카잼	1숟가락	생략 가능

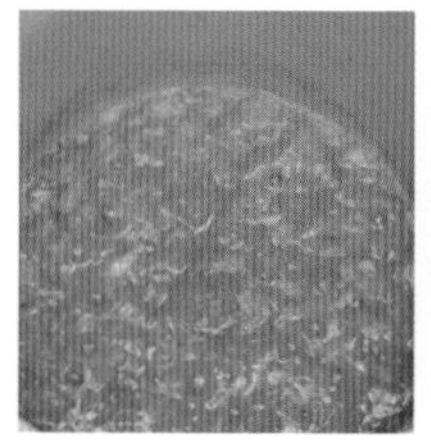
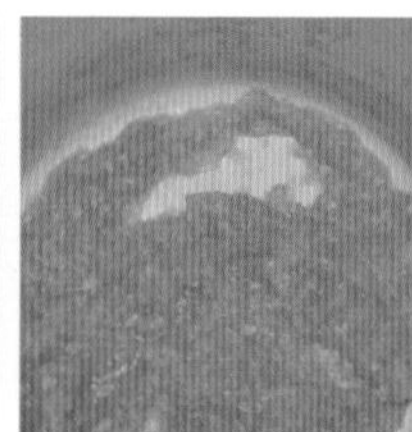

1. 토마토에 십자 칼집을 내고 데쳐서 껍질을 벗기고 잘게 다지거나 간다. 배즙, 양파잼, 파프리카잼과 함께 약한 불에 저어가며 끓인다.
2. 국물이 끈적하게 졸아들면 물기를 짠 두부를 손으로 최대한 잘게 으깨며 넣는다.
3. 약한 불로 1분 정도 섞으면서 볶는다.

파프리카잼이 없으면 파프리카 1/3개를 다져서 볶은 것을 사용해도 돼요.

맛 더하기 소금 3꼬집 또는 간장 반 티스푼 더하기

과카몰리

아보카도를 으깨 소스처럼 먹는 과카몰리는
그냥 떠먹어도 좋고, 빵이나 핑거푸드 등
여러 가지 음식에 발라 먹기 좋아요.

재료 (1~2회 분량)		**대체 가능한 재료**
□ 아보카도	반 개	-
□ 토마토	30g	생략 가능
□ 레몬즙	10~20ml	라임즙, 사과즙+식초

1. 아보카도 반 개의 껍질을 벗기고 포크로 으깬다.
2. 레몬즙과 잘게 다진 토마토를 섞는다.

Tips!

아보카도와 토마토를 좋아하지 않는 아이는 다진 사과를 넣어보세요. 바나나를 함께 으깨 섞어주는 것도 좋아요.

맛 더하기 소금 3꼬집 더하기

두부들깨소스

고소한 두부들깨소스는 채소 스틱을 찍어 먹거나
샐러드 드레싱으로 활용하기 좋아요.

재료 (2~3회 분량)		대체 가능한 재료
□ 두부	80g	-
□ 들깨가루	1티스푼	참깨, 검은깨
□ 육수(채수)	2숟가락	물
□ 배즙	2숟가락	조청 1숟가락

1. 두부를 끓는 물에 1분간 데친다.
2. 모든 재료를 믹서에 넣고 곱게 간다.

채소 스틱을 찍어 먹거나 샐러드에 드레싱으로 곁들여 주세요. 파스타, 비빔국수 소스로도 좋아요.

맛더하기 소금 3꼬집 더하기, 마요네즈 1~2숟가락 섞기

콩가루소스

땅콩 버터와도 비슷한 느낌이 나는 콩가루소스는
채소, 고기 가리지 않고 잘 어울려요.

재료 (2~3회 분량)		대체 가능한 재료
ㅁ 콩가루	15g	-
ㅁ 채수(육수)	50ml	물
ㅁ 배즙	30ml	-

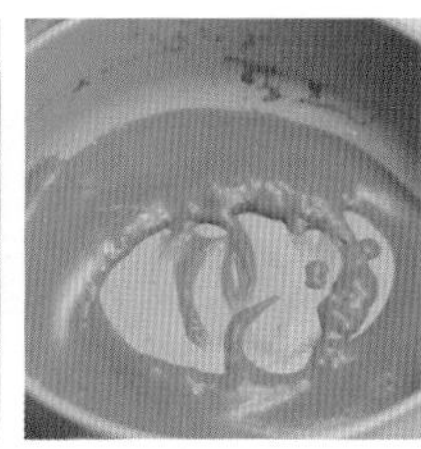

1. 냄비나 팬에 채수와 배즙을 붓고 약한 불로 끓인다.
2. 끓어오를 때 콩가루를 넣고 뭉치지 않게 잘 섞는다. 저어가며 가열하다가 끈적이는 농도가 되면 불을 끈다.

· 무침 요리에 고소함을 더해주는 양념으로 활용해 보세요. 채소 스틱에 찍어주어도 좋아요. 특히 155쪽의 월남쌈 소스로 아주 훌륭해요.

맛더하기 배즙 양 늘리기, 소금 2꼬집 더하기

오렌지 발사믹소스

상큼하면서도 짭짤한 오렌지 발사믹 소스.
샐러드 드레싱으로 최고예요.

재료 (2~3회 분량)		대체 가능한 재료
ㅁ 오렌지	반 개(약 80g)	-
ㅁ 발사믹 식초	1티스푼	-
ㅁ 양파잼	20g	-
ㅁ 채수	5숟가락	물
ㅁ 올리브오일	1티스푼	들기름, 참기름

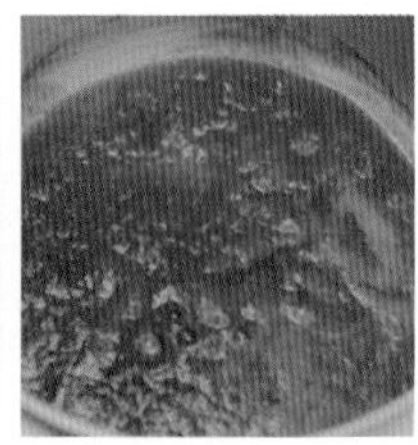

1. 오렌지 껍질을 까서 믹서에 곱게 간다.
2. 냄비에 모든 재료를 넣고 약간 끈적해질 때까지 저어가며 약한 불로 끓인다.

샐러드 드레싱이나 닭고기 요리의 양념으로 좋아요.

맛더하기 간장 1/2~1티스푼 더하기

비트사과소스

퓨레처럼 떠먹어도 좋고,
스프레드처럼 빵에 발라 먹어도 좋아요.

재료 (3~4회 분량)		대체 가능한 재료
ㅁ 사과	80g	사과즙 40ml + 물 40ml
ㅁ 당근	60g	-
ㅁ 비트	30g	-

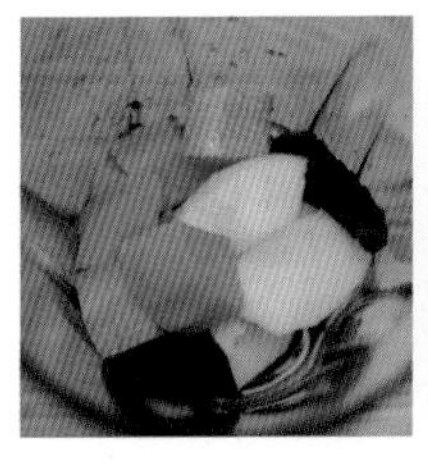
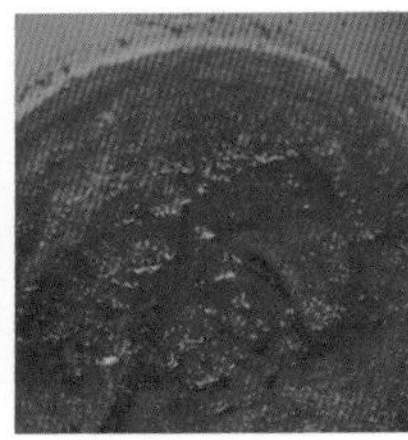
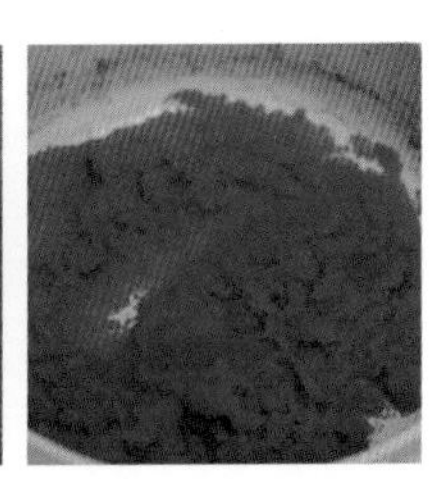

1. 세 가지 재료를 모두 함께 믹서에 곱게 간다.
2. 팬으로 옮겨 약한 불로 끓인다. 눌어붙지 않게 중간중간 저어준다. 채즙이 졸아들어 페이스트 질감이 되면 완성.

· 빵에 발라 먹어도 좋고, 콜드 파스타 소스로도 좋아요. 베이킹 할 때 넣으면 색도 예쁘고 맛과 영양가까지 더해주지요.

· 당근과 비트는 미리 익혀 쓰면 맛과 향이 더 조화로워집니다.

같이 먹자!

반찬 / 밥 / 국
메인 요리
한 그릇 요리

일찌감치 스스로 먹기 시작한 아이는 9~10개월 무렵에
이미 유아식 형태의 음식을 능숙하게 먹을 수 있어요.
아직 도구 사용은 서툴지만 씹는 법, 삼키는 법, 음미하는 법 등을
충분히 익혔기 때문에, 도구 쓰는 연습만 시작하면 된답니다!
드디어 어른과 아이가 같은 메뉴를 먹을 수 있게 돼요.
그동안의 고생이 빛을 보는 감격적 순간이 될 거라 확신합니다!

반찬과 결들임 요리

무침 부침 볶음 튀김 조림 구이 절임 샐러드

바로 뒤에 이어지는 <밥 / 국 / 일품요리> 챕터의 메뉴들과 함께 차리면 좋은 간단한 반찬 레시피를 모았어요. 꼭 밥과 함께 줘야 하는 것이 아니라 핑거푸드 시기부터 다양한 식감과 맛을 접하기 위한 메뉴로 시도해 보면 좋아요.

나물 무침 3종
시금치/숙주/콩나물

대표적인 이 세 가지 나물 외에도 다양한 나물 무침을
아래의 조리법 대로 조리할 수 있어요. 나물 무침과 친해지면
채소 요리에 대한 장벽을 쉽게 허물 수 있지요.

재료 (2~3회 분량)

- □ 나물채소 100g
- □ 양파잼 1티스푼
- □ 들기름(참기름) 1티스푼
- □ 깨 1티스푼

이 조리법을 적용할 수 있는 나물들

청경채, 참나물, 배추, 봄동, 취나물,
깻순, 비름나물, 세발나물, 오이 등

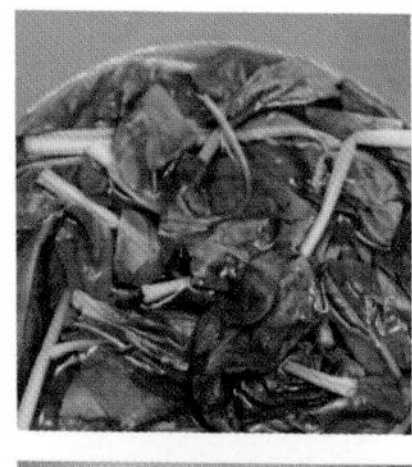

① **데치기** : 시금치 잎은 낱장으로 분리하고, 뿌리 부분은 흙을 긁어낸 뒤 끓는 물에 30초 데친다. 숙주나물은 1분, 콩나물은 뚜껑을 닫고 5분간 삶는다.

② **헹구고 자르기** : 데쳐서 건져낸 나물은 찬물에 헹궈 물기를 손으로 짜고 가위질을 몇 번 하여 먹기 좋은 길이로 잘라준다.

③ **버무리기** : 볼에 나물을 담고 빻은 깨, 양파잼을 넣고 버무린다. 들기름(참기름)을 뿌려 섞는다.

맛 더하기
- 1번에서 끓는 물에 소금 반티스푼 녹이고 데치기
- 소금 2~3꼬집 또는 간장 반티스푼으로 간하기, 새우가루나 밥새우 더하기

브로콜리무침 & 두부무침

브로콜리로 가장 간단하게 만들 수 있는
두 가지 반찬이에요.

재료 (2~3회 분량)		대체 가능한 재료
□ 브로콜리	80g	콜리플라워, 양배추
□ 들기름(참기름)	1티스푼	생략 가능
□ 양파잼	1티스푼	양파가루 3꼬집 또는 생략 가능
□ 깨	1티스푼	-
□ 두부(두부무침에만 사용)	60g	-

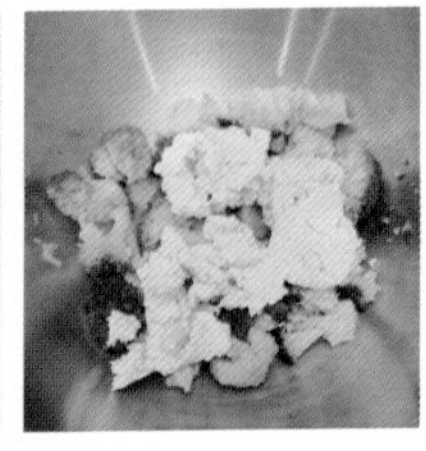

1. 브로콜리를 손질하고 찌거나 삶아서 익힌다.
2. 양파잼, 깨, 들기름을 넣고 버무린다.

[브로콜리 두부무침]

2. 물기를 짠 두부를 으깨 나머지 재료와 버무린다.

맛 더하기 소금 2꼬집 또는 간장 반티스푼으로 간하기

브로콜리볶음

브로콜리를 고소하게 먹을 수 있는 방법!
양파잼으로 감칠맛을 더했어요.

재료 (2~3회 분량)		대체 가능한 재료
□ 브로콜리	80g	콜리플라워, 양배추
□ 양파잼	1티스푼	양파가루 3꼬집 또는 생략 가능
□ 육수(채수)	2숟가락	물
□ 들기름(참기름)	1티스푼	생략 가능
□ 깨	1티스푼	-

  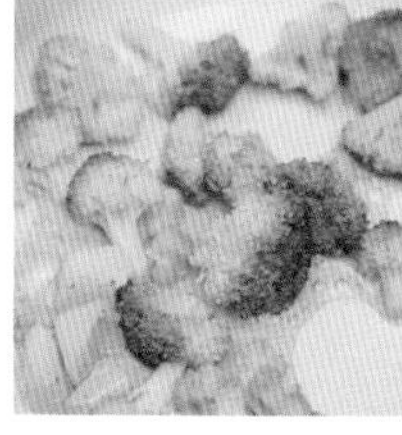 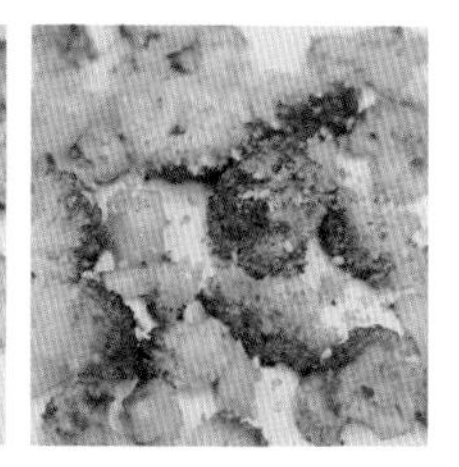

1. 브로콜리를 잘게 썬다.
2. 팬에 식용유를 약간 두르고 중간 불로 브로콜리를 볶는다.
3. 브로콜리 겉부분이 군데군데 노릇해지면 육수를 넣고 뚜껑을 닫아 1분 정도 둔다.
4. 브로콜리가 다 익으면 양파잼을 넣어 섞고 불을 끈다.
5. 들기름과 빻은 깨를 섞는다.

미리 익힌 브로콜리를 사용해도 돼요. 식감 유지를 위해 가열 시간은 짧게 해주세요.

맛더하기 소금 2꼬집이나 새우가루, 또는 굴소스 반티스푼으로 간하기

브로콜리튀김

바삭한 튀김옷 속에 촉촉한 브로콜리.
잘게 썰어 만들면 과자처럼 즐길 수도 있어요.

재료 (2~3회 분량)		대체 가능한 재료
□ 브로콜리	70g	콜리플라워, 기타 덩어리채소, 육류와 해산물도 가능
□ 찹쌀가루	30g	쌀가루, 통밀가루
□ 전분	10g	-
□ 육수(채수)	40g	물
□ 빵가루	반 컵	떡뻥가루, 오트밀가루, 코코넛가루

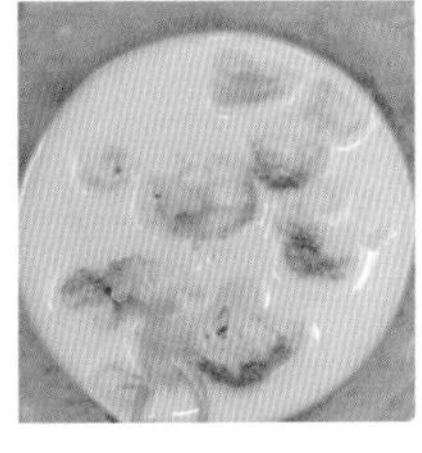
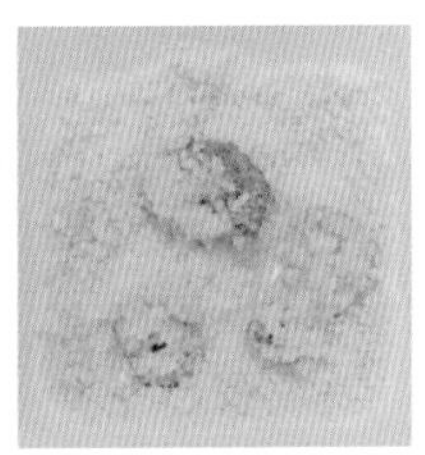

1. 브로콜리를 잘게 썬다.
2. 찹쌀가루, 전분, 육수를 잘 섞어 반죽을 만든다.
3. 브로콜리를 2에 넣고 반죽을 골고루 얇게 입힌다.
4. 브로콜리를 빵가루 담은 그릇에 굴려 골고루 묻힌다.
5. 에어프라이어 160도에 6~7분 굽는다(오븐 180도 15분).

Tips!

· 달걀을 쓰지 않는 튀김 반죽이에요. 어떤 재료든 같은 방법으로 활용할 수 있습니다. 표면이 미끄러운 채소, 해산물, 육류는 먼저 통밀가루나 쌀가루를 입힌 뒤 과정 2로 갑니다.

· 기름에 튀기면 더 맛있어요.

· 찹쌀가루 + 전분을 튀김가루나 부침가루로 대체하면 더 맛있어요.

맛더하기 반죽에 소금 3꼬집, 양파가루 3꼬집을 넣거나 찹쌀가루 + 전분 대신 튀김가루 사용하기

가지튀김

가지 싫어하는 아이도 이렇게 요리하면
가지 반 개 정도는 금방 먹는다지요.

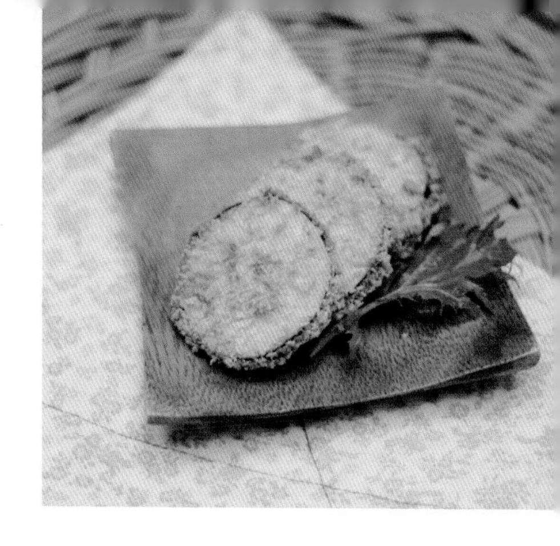

재료 (2~3회 분량)		대체 가능한 재료
ㅁ 가지	1개	-
ㅁ 달걀	1개	-
ㅁ 쌀가루	2숟가락	통밀가루, 찹쌀가루, 현미가루, 전분
ㅁ 빵가루	반 컵	떡뻥가루, 오트밀가루, 코코넛가루

1. 가지를 얇게 썬다. 반달 모양으로 썰어도 좋다.
2. 가지 표면에 쌀가루 → 달걀물 → 빵가루 순으로 묻힌다.
3. 에어프라이어 160도에 8분 돌린다. 팬에 식용유를 두르고 중간 불로 구워도 된다.

2번 과정에서 쌀가루가 잘 안 묻으면 가지를 물에 한 번 헹궜다가 털어서 쓰면 촉촉해져서 가루가 잘 묻어요.

맛 더하기 1번에서 썬 가지 표면에 소금을 뿌리고 20분 정도 둔 뒤 표면에 맺힌 물기를 닦아내고 튀김옷 입히기

가지 김무침

가지로 만드는 아주 쉽고 간단한 반찬이에요.
김을 좋아하지만 가지를 싫어한다면 한 번 도전해 보세요.

재료 (1~2회 분량)		대체 가능한 재료
□ 가지	80g	-
□ 김(가루)	1숟가락	-
□ 들기름(참기름)	1티스푼	-
□ 깨	1티스푼	-

1. 가지를 깍둑썰기한다.
2. 전자레인지 용기에 넣은 뒤 덮개를 덮고 2분간 돌려서 찐다.
3. 잘게 부순 김, 들기름, 빻은 깨를 넣고 골고루 버무린다.

맛더하기 조미김 사용 또는 간장 반티스푼으로 간하기

가지볶음

가지를 볶아 물컹하지 않고 쫀득해요.
밥새우로 맛을 더했어요.

재료 (2~3회 분량)		대체 가능한 재료
ㅁ 가지	80g	-
ㅁ 양파	40g	-
ㅁ 밥새우	2~3꼬집	새우가루 또는 생략 가능
ㅁ 들기름(참기름)	1티스푼	생략 가능
ㅁ 깨	1티스푼	-

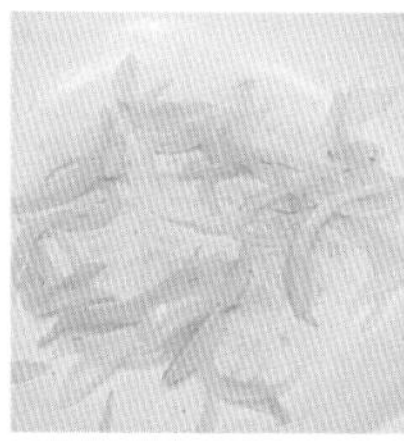
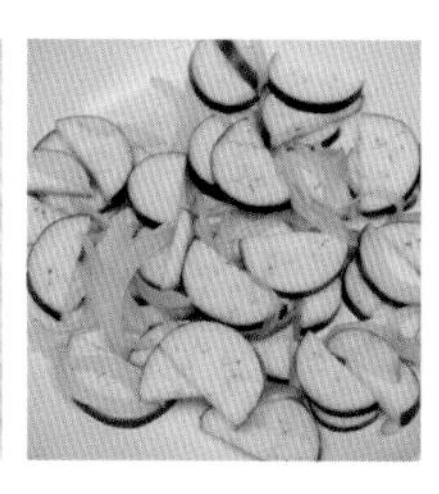
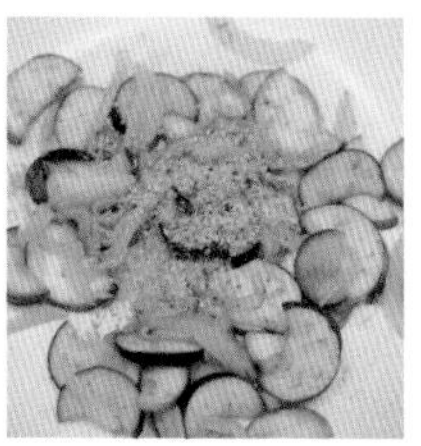

1. 가지를 반달 모양 썰기 또는 깍둑썰기한다. 양파는 얇게 채 썬다.
2. 팬에 식용유를 약간 두르고 양파를 중간불로 볶는다.
3. 양파가 노릇해지면 가지와 밥새우를 더해 색이 짙어질 때까지 볶는다.
4. 불을 끄고 빻은 깨와 들기름을 넣고 섞는다.

맛 더하기 굴소스 또는 간장 반티스푼으로 간하기

웨지감자

이 방법으로 감자를 요리하면
겉은 바삭하고 속은 촉촉해서 아주 맛있지요.
어린 아기의 핑거푸드로도 좋은 메뉴예요.

재료 (1~2회 분량)		대체 가능한 재료
□ 감자	1~2개	고구마
□ 올리브오일	1~2티스푼	식용유
□ 양파가루	반티스푼	생략 가능
□ 파슬리가루	반티스푼	생략 가능

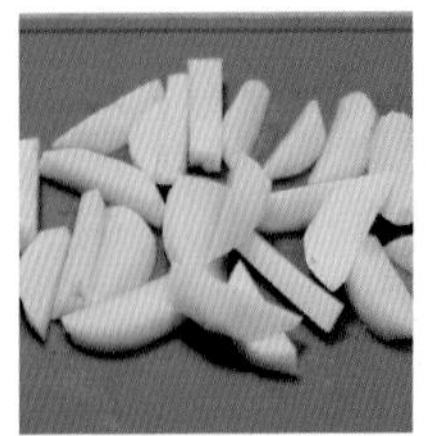

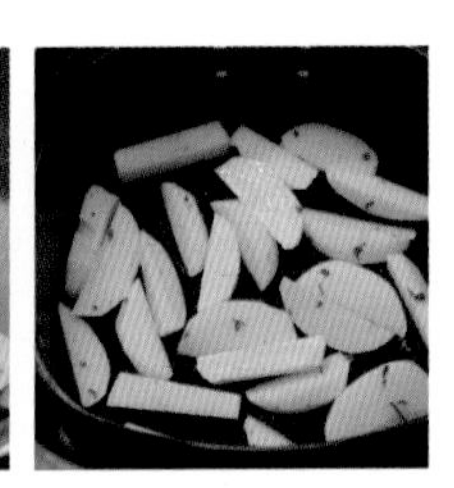

1. 껍질을 벗긴 감자를 스틱 형태로 길게 자른다.
2. 키친타월로 두드려 물기를 제거하고 볼에 담아 올리브오일과 양파가루를 뿌려 뒤적거리며 골고루 묻힌다.
3. 에어프라이어 160도에 10~15분 굽는다(오븐 180도 20~25분).
4. 파슬리가루를 뿌려준다.

· 2번 과정은 비닐봉지를 이용할 수도 있어요.

· 감자의 양과 두께에 따라 굽는 시간이 달라질 수 있으니 중간중간 열어서 타지 않게 지켜보면서 구워 주세요.

맛 더하기 소금 3꼬집으로 간하기, 케첩이나 마요네즈 찍어 먹기

감자볶음

유아식 대표 반찬 중 하나인 감자볶음.
육수를 사용하면 조리 시간도 줄어들고 맛도 좋아요.

재료 (2~3회 분량)		대체 가능한 재료
□ 감자	1개(150g)	-
□ 양파	50g	-
□ 육수(채수)	1/4컵	물

1. 감자와 양파를 채 썬다.
2. 감자를 찬물에 30분간 담가둔다.
3. 감자를 건져내고, 물기를 털어 식용유를 약간 두른 팬에 양파와 함께 중간 불로 볶는다.
4. 바닥이 탈 것 같을 때 육수나 물을 2숟가락씩 뿌려 저어준 뒤, 덮개를 덮는다. 중간중간 열어서 뒤섞어주며 감자가 익을 때까지 볶는다.
5. 깨를 뿌린다.

2번 과정은 감자 속 전분을 빼기 위해서예요. 감자의 전분을 빼줘야 볶을 때 끈적거리지 않아요.

맛 더하기 소금 3꼬집으로 간하기

감자샐러드

남녀노소 좋아하는 감자샐러드.
그대로 먹어도 좋고, 샌드위치로 만들어 먹어도 좋지요.

재료 (1~2회 분량)

재료	분량	대체 가능한 재료
□ 감자	1개(150g)	고구마, 단호박
□ 만능소볶(48쪽)	1~2숟가락	다진 고기, 다진 채소
□ 우유	20~30ml	두유, 아몬드밀크, 분유 탄 물, 물

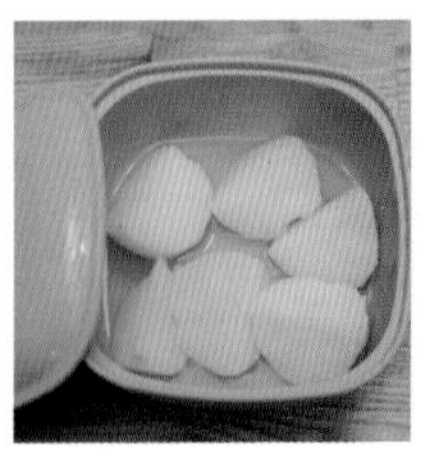

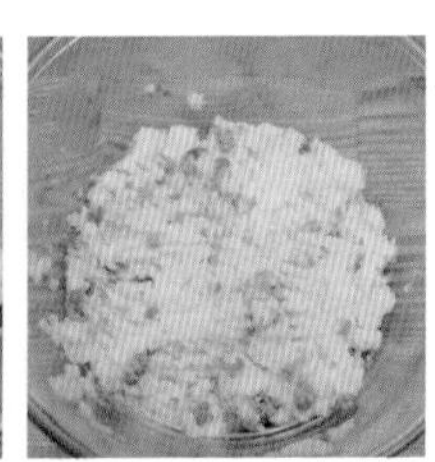

1. 감자를 삶거나 쪄서 익히고 따뜻할 때 곱게 으깬다.
2. 우유를 넣어 부드럽게 질감을 조절해주고, 만능소볶을 섞는다.

Tips!

만능소볶이 준비되지 않았다면, 팬에 식용유를 두르고 다진 채소와 고기를 볶아서 사용하면 돼요.

맛 더하기 구운 베이컨 다져서 섞기, 소금 + 후추 더하기, 우유 대신 마요네즈 사용

메뉴+1 샌드위치에 샌딩해서 먹어도 좋고 볼로 뭉쳐서 매시볼로 먹을 수 있어요.
뭉친 것을 구우면 핑거푸드로 먹기에 좋아요.

셀러리 감자무스

셀러리의 향과 섬유질이 더해져
고급스러운 맛이 나는 감자요리예요.
고기 요리와 잘 어울려요.

재료 (1~2회 분량)		대체 가능한 재료
ㅁ 감자	1개(150g)	-
ㅁ 셀러리	30g	-
ㅁ 우유	50g	두유, 아몬드밀크, 분유 탄 물
ㅁ 사과 퓨레	1~2숟가락	사과 1/3개를 갈거나 다지기

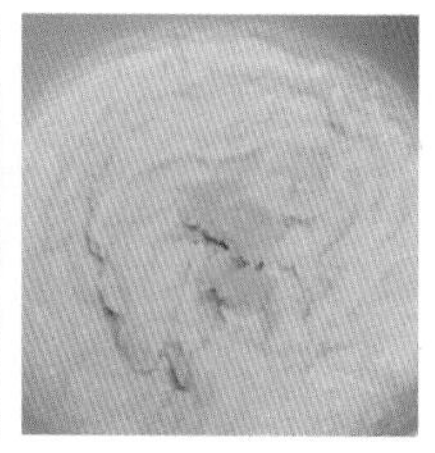

1. 감자를 삶거나 쪄서 익히고 따뜻할 때 곱게 으깬다.
2. 셀러리와 우유를 믹서에 간다.
3. 1, 2, 사과 퓨레를 팬에 약한 불로 가열하며 적당한 질감을 만들어준다.

Tips!

고기 요리에 곁들여 먹거나 조금 묽게 만들어서 스프처럼 떠먹어도 좋아요. 시원하게 먹어도 좋답니다.

맛 더하기 2에 소금 3꼬집 추가하기, 우유 대신 생크림 사용

감자채전 & 감자채 피자

감자를 채썰어 씹히는 맛이 좋은 감자채전을 만들어요.
소스와 토핑을 올려 데우면 근사한 피자도 만들 수 있지요.

재료 (1회 분량)		대체 가능한 재료
□ 감자	75g	고구마
□ 쌀가루	15g	밀가루
□ 전분	10g	-
□ 우유	30g	분유 탄 물, 두유, 아몬드밀크
□ 라구소스(181쪽)	3~4숟가락	토마토 소스, 케첩(189쪽), 기타 원하는 소스
□ 토핑 재료	적당량	-
□ 아기 치즈	1장	피자치즈

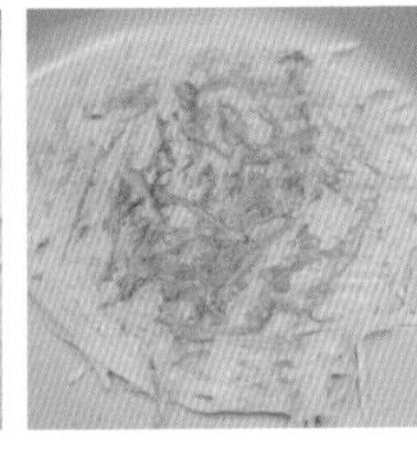

1. **[감자채전]** 감자의 껍질을 벗겨 가늘게 채 썰고, 우유, 쌀가루, 전분과 함께 섞는다.
2. 팬에 식용유를 약간 두르고 중간 불로 예열한 뒤 1을 얇게 펼쳐 올린다. 중간 불과 약한 불을 오가며 노릇하게 굽는다.
3. **[감자채 피자]** 감자채전 위에 라구 소스를 펴바르고 원하는 채소와 아기 치즈를 올려 뚜껑을 덮고 약한 불에 데우듯이 굽는다.

Tips!

토핑 재료로는 버섯, 올리브, 파프리카, 다진 고기 등 원하는 재료를 준비하고 미리 익혀서 준비해요. 만능소볶(48쪽)을 사용해도 좋아요. 위에서는 찐 브로콜리와 양송이 버섯을 사용했어요.

감자우유조림

감자를 푹 익혀 고소하고 부드럽게 먹을 수 있는 메뉴예요.
단맛과 짠맛을 은은하게 더했어요.

재료 (1~2회 분량)

재료	분량	대체 가능한 재료
□ 감자	1개(150g)	고구마
□ 우유	50ml	분유 탄 물, 두유, 아몬드밀크
□ 배즙	30ml	우유, 분유 탄 물, 두유, 아몬드밀크, 사과즙
□ 밥새우	2꼬집	생략 가능

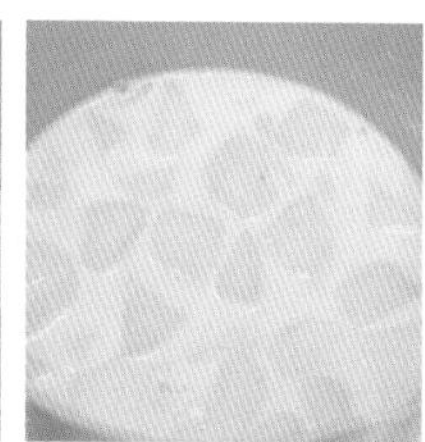

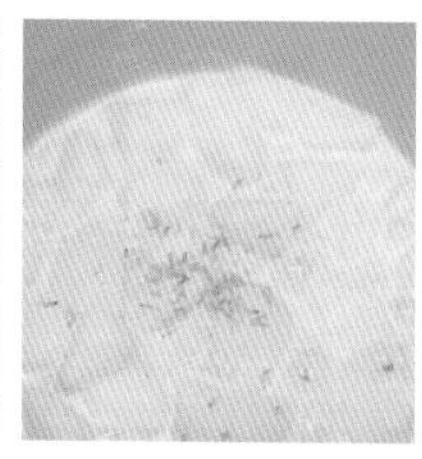

1. 감자 껍질을 벗기고 큼직하게 토막내어 냄비에 넣는다. 감자가 완전히 잠기도록 물을 붓고 중간 불로 끓인다.
2. 감자가 익으면 (물이 남아 있다면 따라 버리고), 우유, 배즙, 밥새우를 넣는다. 저으면서 약한 불로 끓인다.
3. 우유가 감자에 스며들어 부드러워지면 불을 끈다.

Tips!

배즙을 생략하고 고소한 맛만 살려도 충분히 맛있어요. 밥새우 역시 가염식을 시작하지 않은 아이라면 생략해 주세요.

당근볶음

당근은 기름에 볶으면 지용성 비타민의 흡수력이 높아지고 맛이 고소해져요. 당근과 친해지기 좋은 반찬이에요.

재료 (3~4회 분량)		대체 가능한 재료
□ 당근	1개	-
□ 양파	1/3개	생략 가능
□ 채수(육수)	100ml	물
□ 깨	1티스푼	-

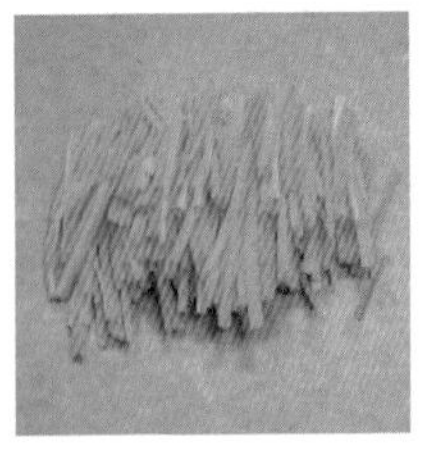

1. 당근과 양파를 가늘게 채 썬다.
2. 팬에 식용유를 약간 두르고 양파와 당근을 중간 불로 볶는다.
3. 양파가 반투명해지면 채수를 붓고 덮개를 덮어 당근을 익힌다. 바닥에 눌어붙지 않게 중간중간 뒤섞어준다.
4. 당근이 다 익으면 빻은 깨를 뿌려 섞는다.

맛 더하기 1에서 썬 당근을 볼에 담고 소금 3꼬집을 뿌려 20분간 절이기

당근라페

당근을 살짝 데치고 소스에 버무려서 샐러드처럼 먹는 메뉴예요.
달걀이나 아보카도 등을 곁들여 먹거나 샌드위치에 넣어 보세요!

재료 (2~3회 분량)		대체 가능한 재료
□ 당근	80g	양배추
□ 발사믹 식초	1티스푼	레몬즙
□ 배즙	1티스푼	사과즙
□ 양파잼	1티스푼	-
□ 들기름	1티스푼	참기름, 올리브오일
□ 깨	1티스푼	잣가루

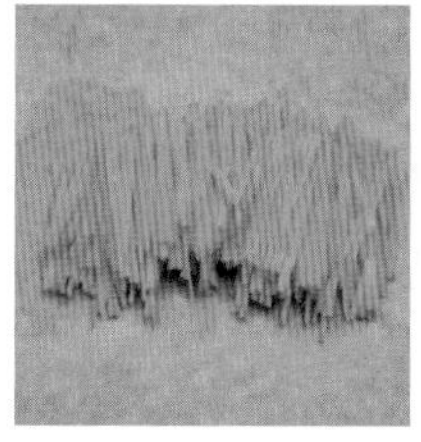
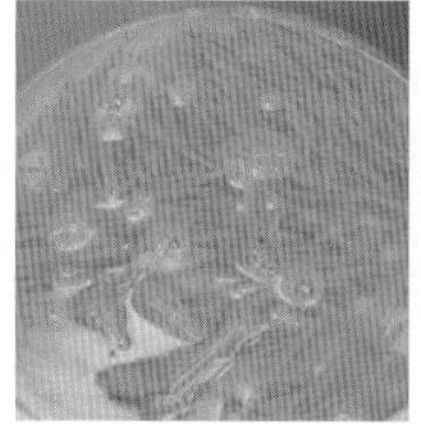
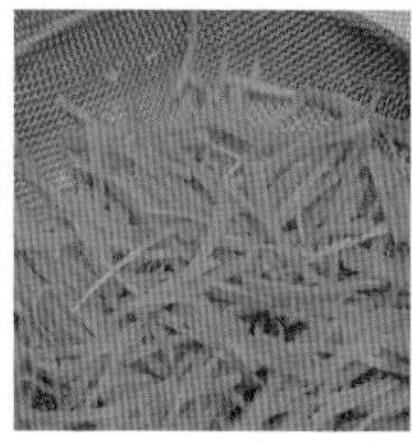
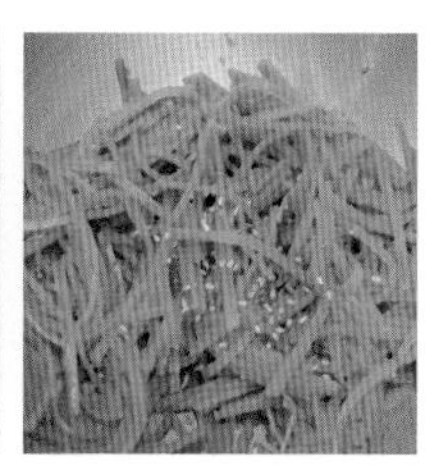

1. 당근을 채 썰어서 끓는 물에 1분간 데친다.
2. 데친 당근을 찬물에 담가 식힌 뒤, 체에 밭쳐 물기를 충분히 뺀다.
3. 모든 재료를 섞는다. 냉장고에서 1시간 이상 숙성하면 더 맛있게 먹을 수 있다.

단맛이 조금 더 필요하다면 배즙 대신 퓨레를 사용해 보세요.

맛더하기 - 1의 끓는 물에 소금 반티스푼 풀어 데치기
- 양념에 간장 반티스푼 섞기

가지전 & 애호박전

가지와 애호박을 더 맛있게 먹는 방법이죠.
약한 불에 천천히 부치면 기름사용을 최소화할 수 있어요.

재료 (2~3회 분량)		대체 가능한 재료
□ 가지 또는 애호박	1개	-
□ 쌀가루	2~3숟가락	통밀가루, 전분, 찹쌀가루
□ 달걀	1개	-

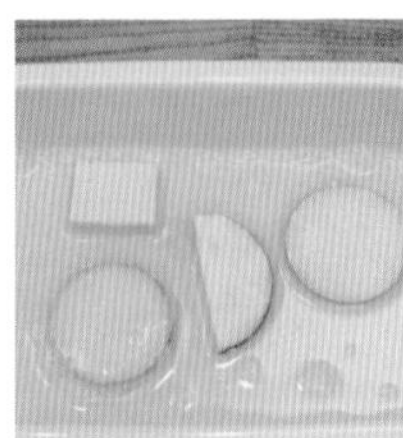
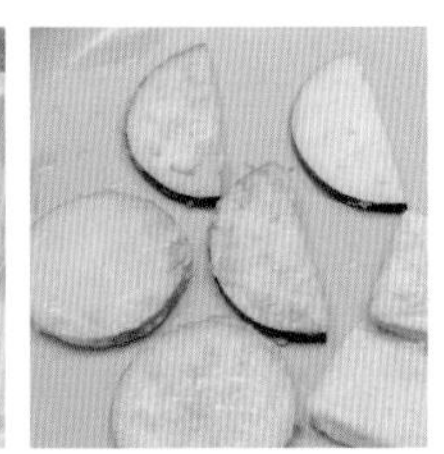

1. 가지 또는 애호박을 원형 또는 반달 모양으로 썬다. 달걀을 그릇에 풀어둔다.
2. 쌀가루를 얇게 묻히고 가루를 털어낸다.
3. 팬에 식용유를 약간 두르고 약한 불로 예열한다. 가지나 애호박을 달걀물에 담갔다가 팬에 올려 앞뒤로 노릇하게 부친다.

Tips!

· 2번 과정은 비닐봉지를 이용할 수도 있어요.

· 쌀가루가 잘 안 묻으면 가지를 물에 한 번 헹궜다가 털어서 쓰면 촉촉해져서 가루가 잘 묻어요.

맛 더하기 1번 다음에 가지(애호박)를 펼쳐 놓고 소금을 소량 뿌린 뒤 10~20분 후에 물기가 맺히면 키친타월로 닦아내고 2번으로 넘어가기

애호박볶음

애호박을 촉촉하게 볶아
어린 아기도 큰 어린이도 잘 먹는 반찬이에요.

재료 (2~3회 분량)

재료	분량	대체 가능한 재료
□ 애호박	100g	쥬키니호박
□ 육수	3숟가락	채수, 물
□ 깨	1티스푼	-

1. 애호박을 채 썰거나 깍둑썰기한다.
2. 팬에 식용유를 약간 두르고 중간 불로 애호박을 볶는다.
3. 표면이 노릇하게 익으면 육수를 뿌려 덮개를 덮고 3분 정도 두어 애호박을 익힌다. 타지 않게 중간에 한 번 뒤섞어준다.
4. 육수가 졸아들면 불을 끄고 깨를 뿌려 섞는다.

매번 다른 모양으로 썰어 만들어 보세요. 같은 반찬이라도 깍둑썰기, 채썰기, 반달썰기 등 다양한 형태로 접하게 해주면 도구 사용 연습에도 자극이 되고 시각적으로도 풍부한 경험이 돼요.

맛더하기 밥새우나 잔멸치 또는 새우젓 1/2~1티스푼 추가하기

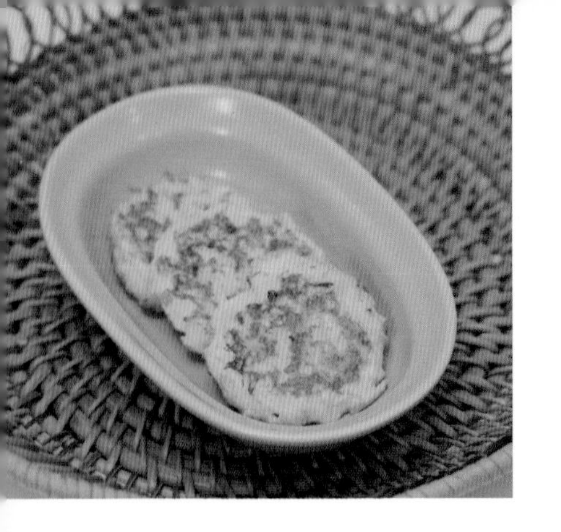

애호박팽이전

애호박과 팽이버섯의 식감이 즐거워요.
만들기도 정말 쉽고 맛있어요!

재료 (1~2회 분량)

재료	분량	대체 가능한 재료
□ 애호박	40g	쥬키니호박
□ 팽이버섯	20g	다른 버섯류
□ 달걀	1개	-

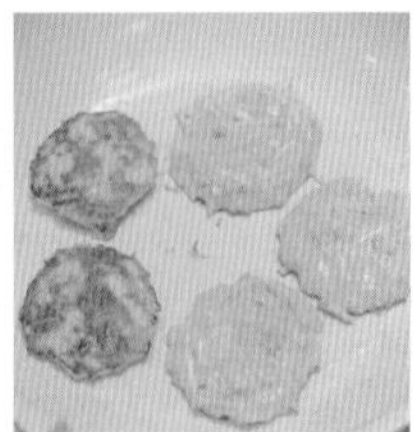

1. 애호박은 채 썰고 팽이버섯은 잘게 썬다.
2. 달걀을 풀고 1을 섞는다.
3. 팬에 식용유를 약간 두르고 약한 불에 예열한 뒤 2를 조금씩 떠넣는다. 중간 불과 약한 불을 오가며 앞뒤로 노릇하게 부친다.

Tips!

당근도 채 썰어 넣으면 더 예쁜 전이 돼요.

맛더하기 2에 소금 2꼬집 섞기

청포묵무침 & 도토리묵무침

탱탱한 식감이 젤리 같아 재미있는 묵 무침.
도구를 사용해서 먹으려면 집중력이 꽤 필요하지요.

재료 (1~2회 분량)		대체 가능한 재료
☐ 청포묵 또는 도토리묵	100g	-
☐ 김(가루)	1숟가락	-
☐ 들기름(참기름)	1티스푼	-
☐ 깨	1티스푼	-

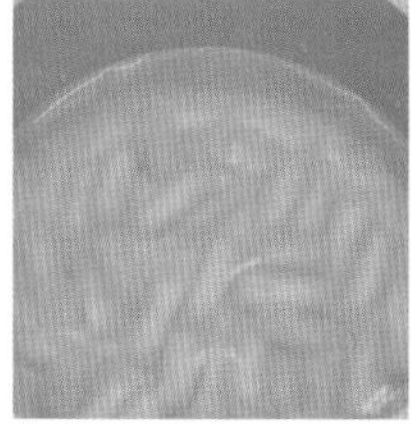

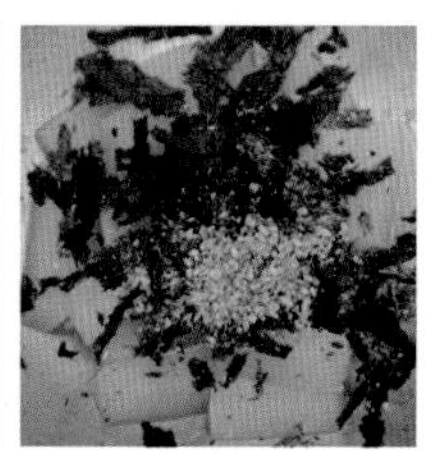

1. 묵을 깍둑썰기 하거나 채썰기 한다.
2. 끓는 물에 넣고 청포묵이 투명해질 때까지(도토리묵 색이 짙어질 때까지) 데친다.
3. 찬물에 헹구고 체에 밭쳐 물기를 뺀다.
4. 들기름을 넣고 버무린다. 마지막에 빻은 깨와 김가루를 뿌려 살살 섞는다.

Tips!

냉장 보관한지 오래 되지 않은 도토리묵은 데치지 않아도 탱탱해서 살짝 헹구기만 해서 써도 돼요.

맛 더하기 4에서 간장 반티스푼 섞기

무나물

무를 촉촉하게 볶은 무나물.
양파를 함께 볶아 단맛이 더해져요.

재료 (2~3회 분량)		대체 가능한 재료
□ 무	150g	콜라비
□ 양파	40g	-
□ 육수	1/2~1컵	채수, 물
□ 참기름(들기름)	1티스푼	-
□ 깨	1티스푼	들깨가루, 생략 가능

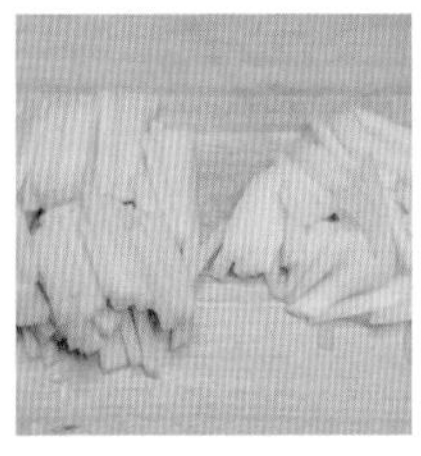
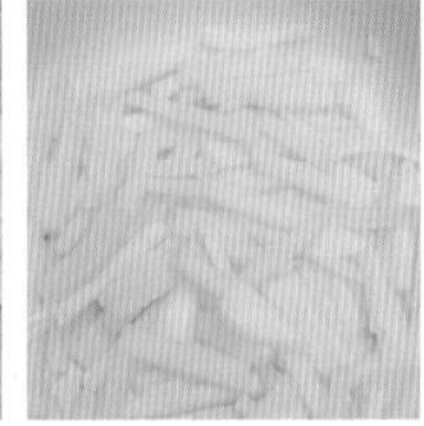

1. 무와 양파를 채 썬다.
2. 팬에 식용유를 약간 두르고 무와 양파를 중간 불로 볶는다.
3. 육수를 부어 덮개를 덮고 무가 부드러워질 때까지 익힌다. 중간중간 덮개를 열어 섞어주고, 육수가 너무 빨리 졸아들면 조금 더 붓는다.
4. 참기름과 깨를 뿌려 섞는다.

맛 더하기 소금 3꼬집 또는 국간장 반티스푼으로 간하기

무전

부침옷 안에 촉촉함으로 가득찬 무전. 고소하고 달달해요.
무가 맛있는 겨울철에 꼭 해드세요.

재료 (2~3회 분량)

재료	분량	대체 가능한 재료
□ 무	150g	콜라비
□ 쌀가루	1~2숟가락	통밀가루, 전분, 현미가루
□ 달걀	1개	-

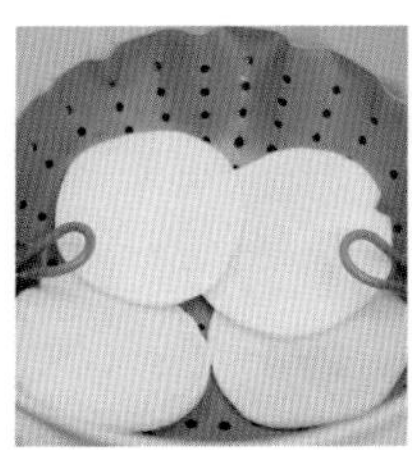

1. 무를 두께 5mm 미만으로 썬다.
2. 김이 오른 찜기에 무를 펼쳐 놓고 뚜껑을 닫고 5분간 찐다.
3. 찐 무를 한 김 식히고 표면에 쌀가루를 골고루 묻힌다.
4. 팬에 식용유를 약간 두르고 약한 불로 예열한다.
5. 달걀을 풀어 3을 살짝 담가 팬에 올려 부친다. 중간 불과 약한 불을 오가며 앞뒤로 노릇하게 부친다.

맛 더하기 1에서 무 표면에 소금을 아주 조금 뿌리고 10~20분간 둔 뒤 표면의 물기 닦아내기

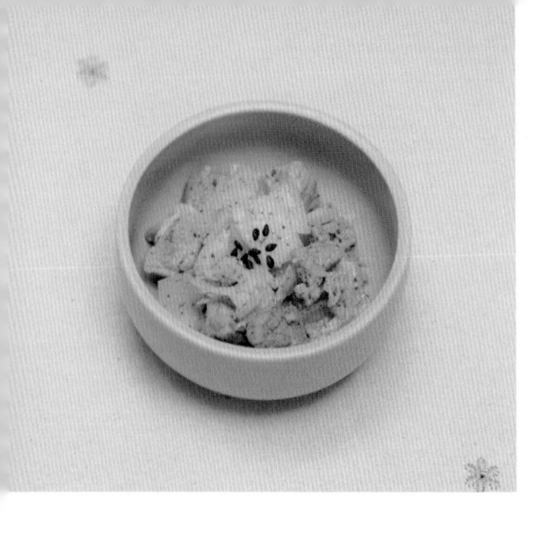

소고기 배추볶음

배추만 볶아도 맛있지만 소고기를 더해 육식파 아이도 생각한 반찬이에요.

재료 (2~3회 분량)		대체 가능한 재료
□ 소고기(다짐육 또는 구이용)	60g	돼지고기
□ 배추	잎 2~3장	양배추
□ 들깨가루	1티스푼	깨
□ 다진 마늘	1티스푼	생략 가능
□ 육수(채수)	4~5숟가락	물
□ 들기름(참기름)	1티스푼	생략 가능

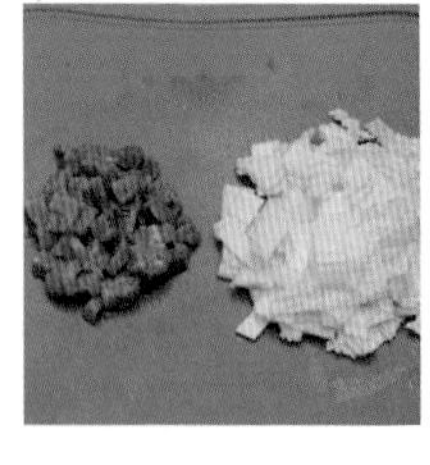

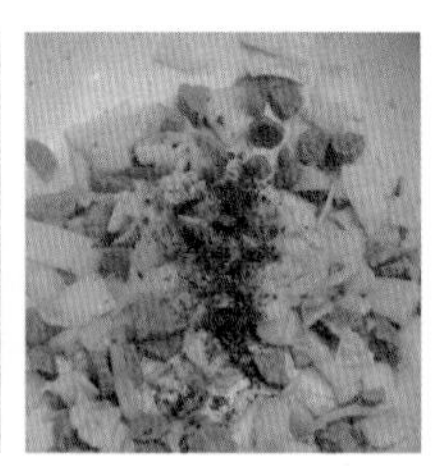

1. 배추를 먹기 좋은 크기로 썬다. 소고기는 다짐육이 아니면 잘게 썬다.
2. 팬에 식용유를 약간 두르고 다진 마늘을 중간 불로 볶다가 노릇해지면 배추와 소고기를 볶는다.
3. 육수를 넣고 들깨가루를 뿌린다. 육수가 날아가고 배추가 다 익을 때까지 저으면서 볶는다.
4. 불을 끄고 들기름을 둘러 섞어준다.

맛 더하기 소금 2~3꼬집 또는 간장 반티스푼으로 간하기

버섯양파볶음

모든 종류의 버섯을 활용할 수 있는
간단한 버섯 반찬 레시피예요.

재료 (1~2회 분량)		**대체 가능한 재료**
□ 새송이버섯	1개	느타리, 표고, 팽이, 양송이 등 다른 버섯류
□ 양파	40g	-
□ 육수(채수)	3숟가락	물
□ 참기름(들기름)	1티스푼	-
□ 깨	1티스푼	들깨가루

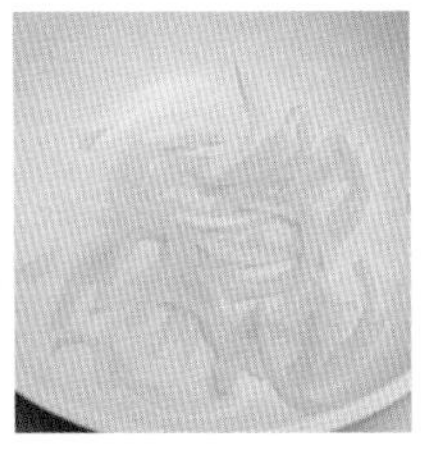
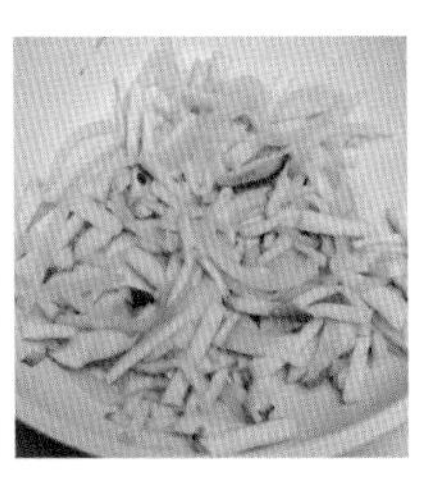

1. 버섯과 양파를 채 썬다.
2. 팬에 식용유를 약간 두르고 양파를 중간 불에 볶는다.
3. 양파가 노릇해지면 버섯을 넣고 육수를 부어 육수가 날아갈 때까지 볶는다.
4. 불을 끄고 참기름과 깨를 뿌린다.

여러 종류의 버섯을 함께 사용해도 좋아요. 버섯마다 식감이나 향이 달라 재미있어요.

맛더하기 소금 2~3꼬집 또는 간장 반티스푼으로 간하기

당면달걀부침

당면을 넣어 씹는 맛에 재미를 준 부침 반찬이에요.
아래 적힌 재료 외에도 다양한 채소를 넣어 보세요.

재료 (1~2회 분량)		대체 가능한 재료
□ 당면(건조 상태 중량)	20g	-
□ 당근	15g	냉털 채소
□ 버섯	10g	냉털 채소
□ 달걀	1개	-
□ 쪽파	2g	부추 또는 생략 가능

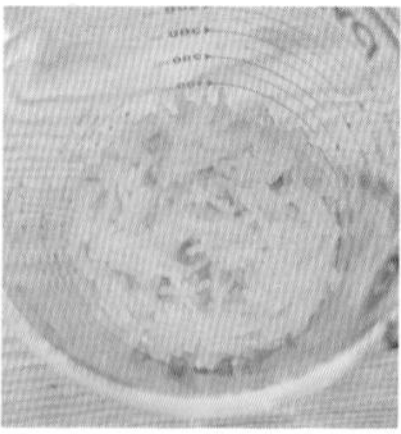

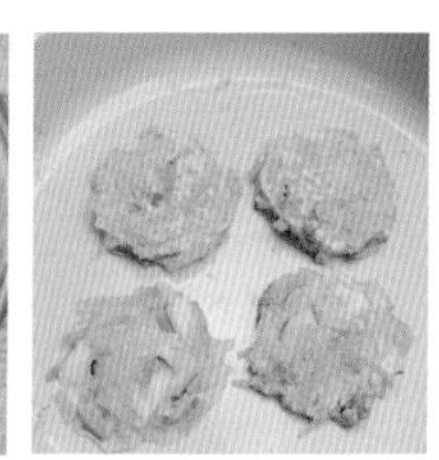

1. 재료들을 다지거나 가늘게 채 썬다.
2. 당면을 끓는 물에 10분간 삶아 찬물에 헹구고 잘게 썬다.
3. 달걀을 풀어 모든 재료를 섞는다.
4. 팬에 식용유를 약간 두르고 약한 불로 예열한 뒤, 3을 조금씩 떠넣는다. 중간 불과 약한 불을 오가며 앞뒤로 노릇하게 부친다.

Tips!

· 냉장고에 있는 자투리 채소를 유연하게 활용해 주세요.

· 당면을 자를 땐 그릇에 담고 가위질을 하면 수월해요.

· 다진 고기를 섞으면 더 맛있고 영양가도 up 되어요.

맛 더하기 3에 소금 2꼬집 추가하기

오코노미야키

일본의 대중 음식 오코노미야키를
아기를 위한 레시피로 만들어 봤어요.

재료 (1~2회 분량)		대체 가능한 재료
ㅁ 다진 돼지고기	50g	소고기
ㅁ 새우	50g	오징어, 조개 등 기타 해산물
ㅁ 양배추 + 숙주나물 + 쪽파	50g	쪽파 → 대파
ㅁ 달걀	1개	-
ㅁ 쌀가루	10g	전분, 통밀가루

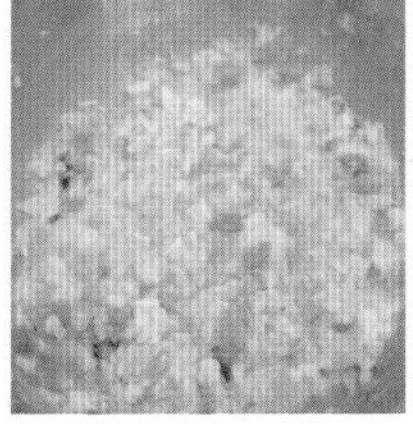
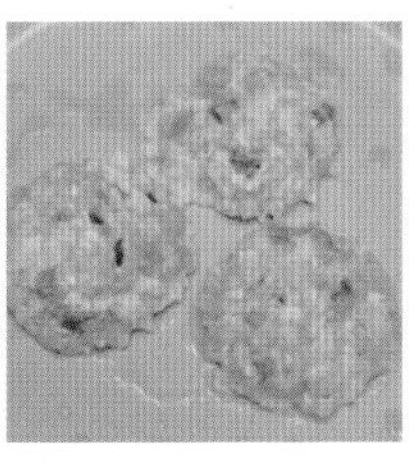
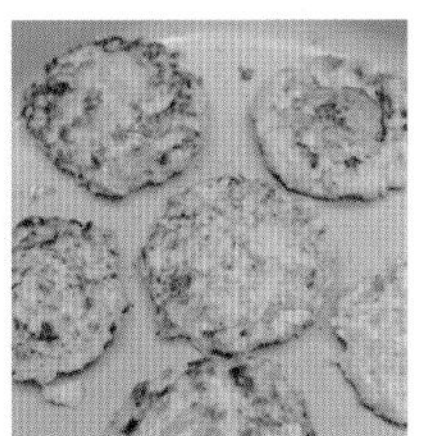

1. 손질한 새우와 돼지고기를 다지거나 잘게 썬다. 채소는 모두 다진다.
2. 볼에 달걀을 풀고 1과 쌀가루를 섞는다.
3. 팬에 식용유를 약간 두르고 약한 불로 예열한 뒤 2를 조금씩 떠넣는다. 중간 불과 약한 불을 오가며 앞뒤로 노릇하게 부친다.

Tips!

해동한 재료, 특히 해동한 해산물은 물기가 많이 나와요. 이 경우 부치다가 갈라질 수 있어요. 재료를 완전히 해동한 뒤 물기를 손으로 최대한 짜거나, 키친타월로 물기를 제거한 뒤 사용하면 좋아요.

맛 더하기
- 반죽에 밥새우나 새우가루 반티스푼 추가하기
- 완성 후에 가츠오부시, 돈까스소스, 마요네즈 뿌리기

감자당근전

감자와 당근을 갈아 넣어
색도 곱고 부드러워 먹기 좋아요.

재료 (1~2회 분량)		대체 가능한 재료
ㅁ 감자	120g	-
ㅁ 당근	40g	-
ㅁ 쌀가루	30g	통밀가루, 현미가루, 찹쌀가루
ㅁ 전분	20g	-

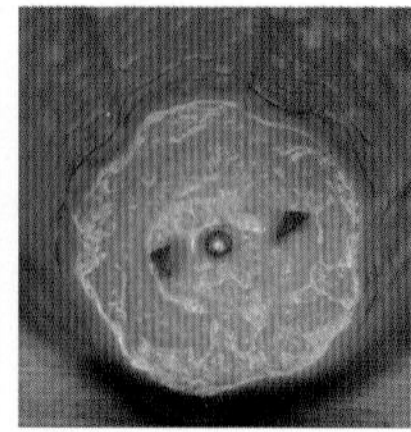

1. 감자를 강판에 간다.
2. 토막낸 당근과 1을 믹서에 넣고 간다.
3. 2를 볼에 옮기고 쌀가루와 전분을 섞는다.
4. 팬에 식용유를 약간 두르고 약한 불로 예열한 뒤 3을 조금씩 떠넣는다. 중간 불과 약한 불을 오가며 앞뒤로 노릇하게 부친다.

· 감자를 강판에 갈 때 나오는 수분으로 당근을 믹서에 갈 수 있어요. 강판이 없으면 감자와 당근을 믹서에 넣고 물을 약간 더해 갈아주세요. 이때는 간 뒤에 쌀가루와 전분을 조금씩 더 넣어야 합니다.

· 반죽에 달걀 노른자를 추가하면 더 맛있어요.

맛 더하기 3에 소금 2꼬집 추가하기, 작게 자른 치즈 올려주기

감자당근조림

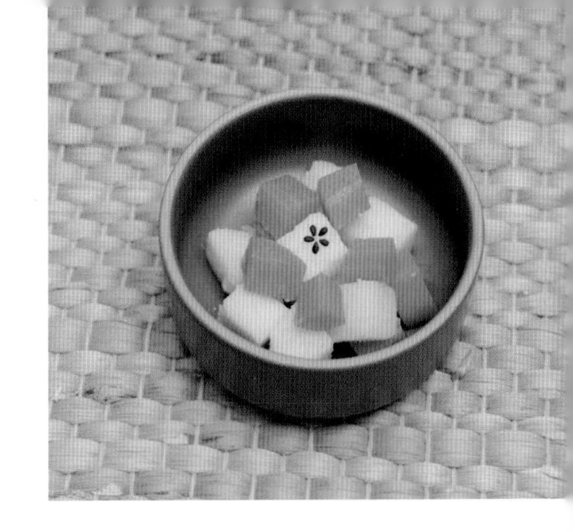

감자와 당근을 푹 익혀서
입 안에서 사르르 녹는 조림 반찬이에요.

재료 (2~3회 분량)		대체 가능한 재료
ㅁ 감자	1개(150g 내외)	고구마
ㅁ 당근	80g	-
ㅁ 육수	200~300ml	-

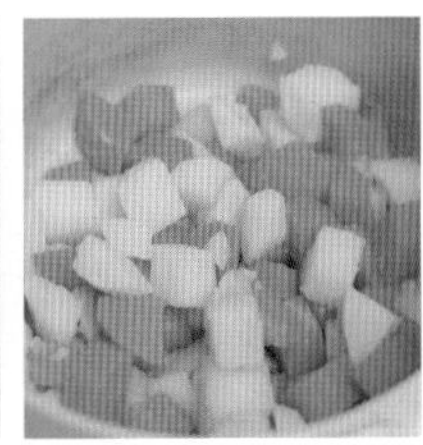

① 감자와 당근을 깍둑썰기한다.

② 냄비에 육수를 끓이고 감자와 당근을 넣고 중간 불로 끓이다가, 끓어오르면 약한 불로 줄여 중간중간 저어가며 조린다.

③ 육수가 거의 남지 않고 감자가 익으면 불을 끈다. 재료가 다 익기 전에 육수가 다 졸아들면 물이나 육수를 조금씩 추가하며 조린다.

맛더하기 2에 간장 반티스푼 + 올리고당이나 조청 1티스푼 더하기

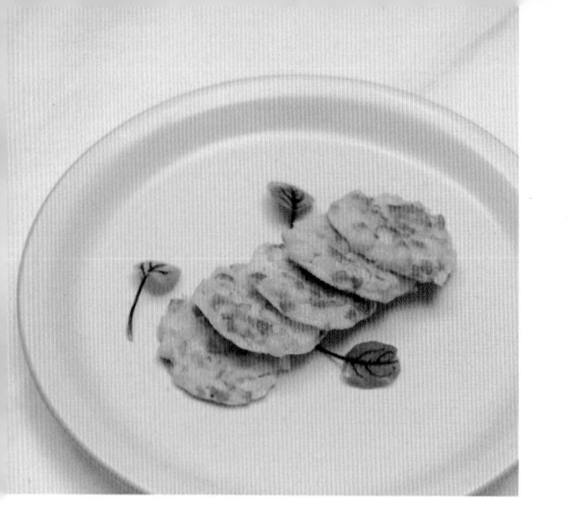

옥수수채소전

톡톡 터지는 옥수수 식감이 재미있는 부침요리.
다양한 채소와 함께 섞어 만들어 보세요.

재료 (1~2회 분량)		대체 가능한 재료
□ 옥수수알	50g	-
□ 기타 채소(당근, 양파, 파프리카 등)	50g	-
□ 달걀	1개	-
□ 쌀가루	15g	통밀가루, 현미가루, 찹쌀가루

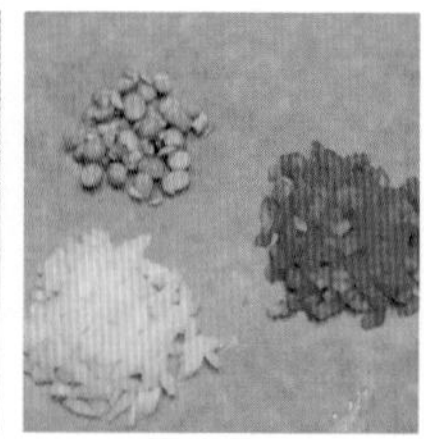

1. 캔옥수수나 병조림 옥수수는 끓는 물에 2분 정도 데치고 건진다. 생옥수수는 쪄서 익히고 알만 썰어내 준비한다.
2. 모든 채소 재료를 다진다.
3. 모든 재료를 섞는다.
4. 팬에 식용유를 약간 두르고 약한 불로 예열한 뒤 3을 조금씩 떠넣는다. 중간 불과 약한 불을 오가며 앞뒤로 노릇하게 부친다.

Tips!

· 옥수수알을 잘 씹지 못해 먹기 어려워하면, 옥수수도 2에서 함께 다져 주세요.

· 옥수수와 함께 제철 재료인 완두콩을 넣어 보세요! 색깔도 예쁘답니다.

옥수수 치즈범벅

아기 버전 콘샐러드예요. 아기치즈가 꾸덕하게 뭉쳐주는 역할을 해서 어린 아기도 잘 퍼먹을 수 있답니다.

재료 (1~2회 분량)		**대체 가능한 재료**
□ 옥수수알	80g	-
□ 각종 채소(당근, 양파, 파프리카 등)	40g	-
□ 아기치즈	1장	요거트

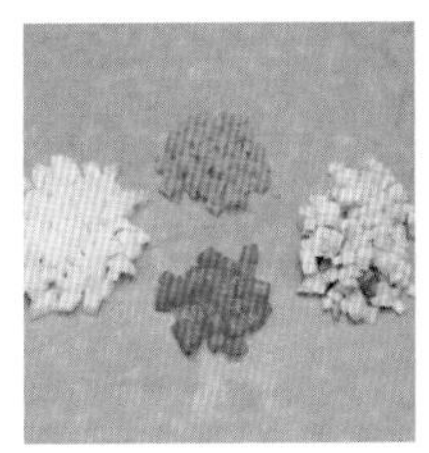

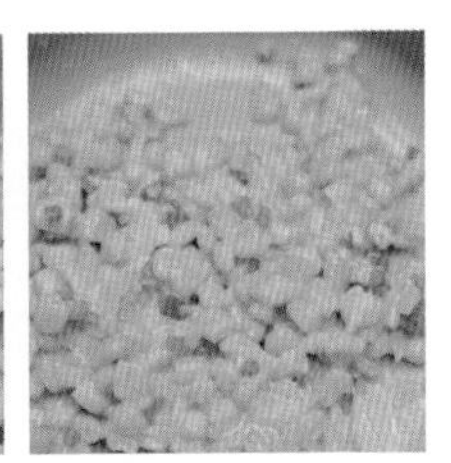

1. 캔이나 병조림 옥수수는 끓는 물에 2분 정도 데치고 건진다. 생옥수수는 쪄서 익히고 알만 썰어내 준비한다.
2. 모든 채소 재료를 다진다.
3. 팬에 식용유를 약간 두르고 양파를 볶다가 투명해지면 다른 재료도 넣고 볶는다.
4. 모든 채소가 다 익으면 옥수수알을 넣고 데우는 정도로만 가열하고 불을 끈다.
5. 팬의 잔열로 치즈를 녹이며 버무려준다.

· 옥수수알을 잘 씹지 못해 먹기 어려워하면, 옥수수도 2에서 함께 다져 주세요.

· 아기치즈 대체용으로 요거트를 쓸 때는 모두 식은 뒤 섞는 게 더 좋아요.

· 생으로 먹어도 되는 채소는 익히지 않고 마지막에 섞어줘도 돼요.

메뉴+1 밥과 섞어 주먹밥으로 만들어 보세요! 톡톡 터지는 옥수수 식감이 재미있는 한 끼 식사가 됩니다.

달걀말이

한국인 모두가 사랑하는 달걀말이.
채소 대신 다진 고기나 매생이, 김, 치즈 등을 넣어
다양하게 변주할 수 있어요.

재료 (1~2회 분량)		대체 가능한 재료
ㅁ 달걀	1개	-
ㅁ 다진 냉털채소	3~4숟가락	만능소볶(48쪽)

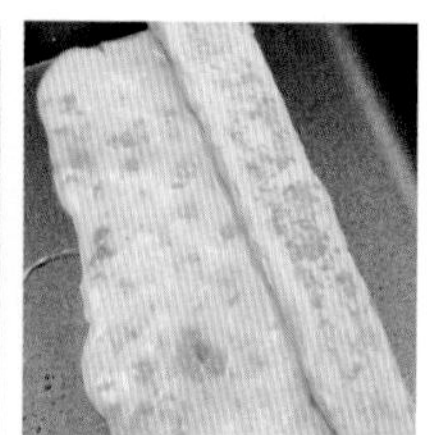

1. 달걀을 풀고 채소들을 잘게 다져 섞는다.
2. 식용유를 두르고 키친타월로 살짝 닦아낸 팬을 약한 불로 예열하고 1을 조금 부어 얇게 퍼지게 한다. 가장자리가 익기 시작하면 천천히 말아서 한편으로 밀어 놓고, 빈 공간에 1을 더 부어 말아주기를 반복한다.
3. 한 김 식혀 썬다.

· 온도가 너무 높으면 달걀이 바로 익어 잘 말리지 않으니 약한 불을 유지해 주세요.

· 원하는 채소 뭐든지 활용할 수 있어요. 육류나 새우, 미역, 김, 매생이 등도 좋아요. 다양한 달걀말이에 도전해 보세요.

맛더하기 1번에 소금 2꼬집 더하기

달걀찜

자투리 채소를 다져 넣어 맛과 영양을 모두 생각한
보들보들한 국민 반찬 달걀찜 만들어 보세요!

재료 (1~2회 분량)		대체 가능한 재료
☐ 달걀	1개	-
☐ 냉털 채소	30g	-
☐ 육수(채수)	30ml	물 또는 생략 가능

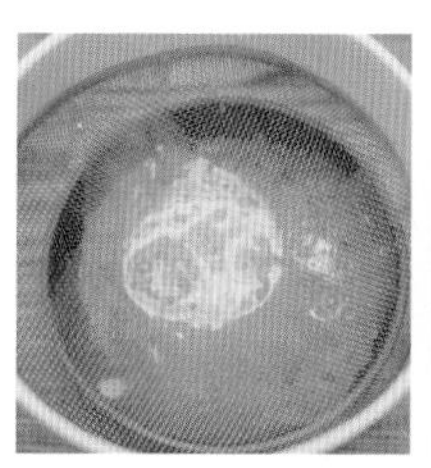

1. 달걀을 풀어 체에 한 번 거른다.
2. 1에 잘게 다진 채소와 육수를 넣고 잘 섞는다.
3. 김이 오른 찜기에서 10분간 찐다.

Tips!

체에 달걀물을 거르면 고운 질감의 달걀찜을 만들 수 있어요. 아주 매끈한 달걀찜을 하려면 여러 번 체에 내려주세요.

맛 더하기 2에 맛술 1티스푼, 소금 2꼬집 추가하기

채소달걀볶음

달걀말이, 달걀찜 모두 귀찮다면? 그냥 볶아요!
쉽고 간단한 달걀 반찬이에요.

재료 (2~3회 분량)		대체 가능한 재료
□ 채소(잎채소, 덩어리채소 모두 가능)	30g	-
□ 달걀	1개	-
□ 육수(채수)	20ml	물, 우유, 분유 탄 물, 두유, 아몬드밀크
□ 양파잼	1티스푼	생략 가능

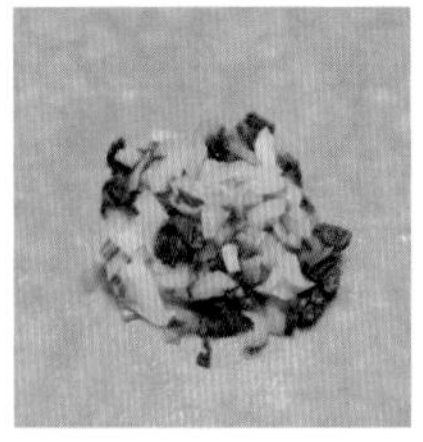

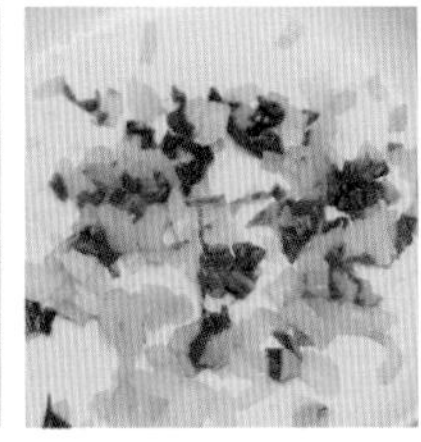

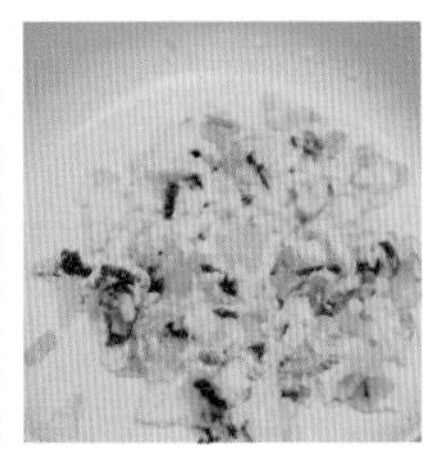

1. 채소를 잘게 다진다(잎채소는 끓는 물에 20초간 데쳐 식히고 물기를 꼭 짜서 다진다).
2. 달걀을 풀어 육수를 섞는다.
3. 팬에 식용유를 약간 두르고 채소를 볶다가 채소가 익으면 양파잼을 넣고 섞는다.
4. 2를 부은 뒤 5초 정도 기다렸다가 살살 섞는다.
5. 달걀이 원하는 만큼 익으면 불을 끈다.

Tips!

사진은 청경채를 사용한 달걀볶음이에요. 여러 가지 채소를 섞어서도 만들어 보세요.

맛 더하기 2에 소금 2꼬집 추가하기

프리타타

시금치와 토마토를 넣은 이탈리아식 달걀찜이에요.
토마토가 맛의 포인트가 되어주죠.
익힌 감자를 넣어도 맛있어요.

재료 (2~3회 분량)		대체 가능한 재료
ㅁ 달걀	2개	-
ㅁ 시금치	80g	-
ㅁ (방울)토마토	50g	-
ㅁ 아기치즈	1장	생략 가능

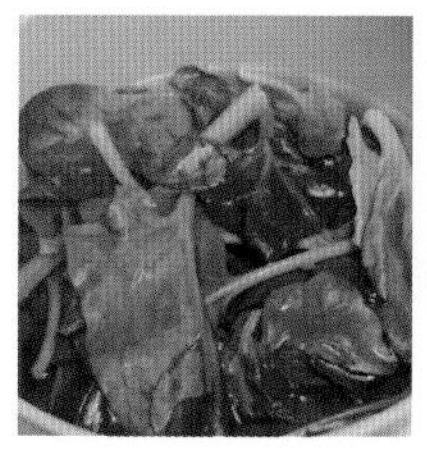  

1. 끓는 물에 시금치를 20초 데쳐 찬물에 헹구고 물기를 짠 뒤, 잘게 썬다.
2. 달걀을 풀고 시금치, 작게 찢은 아기치즈를 섞는다.

[오븐 조리]

3. 오븐 용기에 붓고, 토마토를 잘라 얹어준다.
4. 170도로 예열한 오븐에 15~20분 굽는다(에어프라이어 160도 10~15분)

[팬 조리]

3. 식용유를 고루 바른 팬에 2를 붓고 토마토를 잘라 얹어준다.
4. 뚜껑을 닫고 달걀이 다 익을 때까지 약한 불에 굽는다.

작은 머핀틀을 써도 되고, 넓적한 찜기를 써도 좋아요.

맛 더하기 아기치즈 대신 가염 치즈 사용, 2번에서 소금 + 후추로 간하기

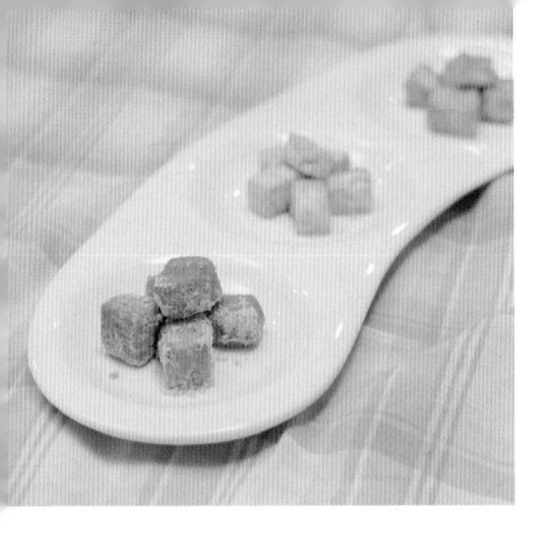

두부인절미

1분 만에 완성하는, 부드럽고 고소한 두부 반찬.
핑거푸드 메뉴로도 좋아요.

재료 (1~2회 분량)		대체 가능한 재료
ㅁ 두부	80g	-
ㅁ 콩가루	1~2숟가락	-

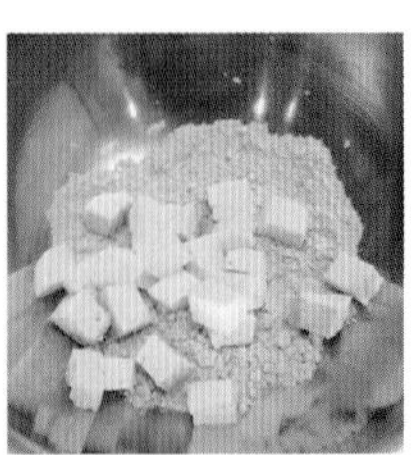

1. 두부를 깍둑 썰기 한다. 끓는 물에 1분간 데쳐서 찬물에 헹구고 체에 받쳐 물기를 충분히 뺀다(데치기는 생략 가능).
2. 콩가루가 담긴 그릇에 두부를 넣고, 그릇을 흔들어 콩가루를 골고루 묻혀준다.

팬에 굽거나 에어프라이어에 한 번 돌려서(160도 7분) 표면을 약간 단단하게 만들어서 콩가루를 묻히면 먹을 때 덜 부서져요.

맛 더하기 1번 다음에 두부 표면에 튀김가루를 입혀 식용유에 튀겨내기

토마토 두부샐러드

이 샐러드 하나만으로도 한 끼에 필요한 영양소가 골고루 채워져요!

재료 (1~2회 분량)		대체 가능한 재료
☐ 방울토마토	한 줌	토마토
☐ 두부	60g	-
☐ 어린잎채소, 아보카도, 찐 채소 등	반 줌	생략 가능
☐ 오렌지발사믹소스(194쪽)	1숟가락	발사믹식초 + 조청

1. 방울토마토는 반 또는 1/4로 썬다. 두부는 깍둑썰기한다.
2. 두부를 에어프라이어 160도에 5분 정도 굽고(오븐 180도 8분, 식용유를 약간 두르고 팬에 구워도 좋다) 그릇에 담는다.
3. 소스에 버무린다.

· 두부 가열 방법은 원하는 대로 해주세요. 살짝 데쳐도 되고 노릇하게 구워도 좋답니다.

· 토마토의 지용성 비타민 흡수를 도와주는 올리브오일도 뿌려 먹으면 더 좋아요.

두부부침

노릇하게 부친 두부 부침,
아기부터 어린이까지 두루 잘 먹어요.

재료 (2~3회 분량)		대체 가능한 재료
ㅁ 두부	100g	-
ㅁ 쌀가루	1~2숟가락	통밀가루, 전분, 현미가루, 찹쌀가루
ㅁ 달걀	1개	-

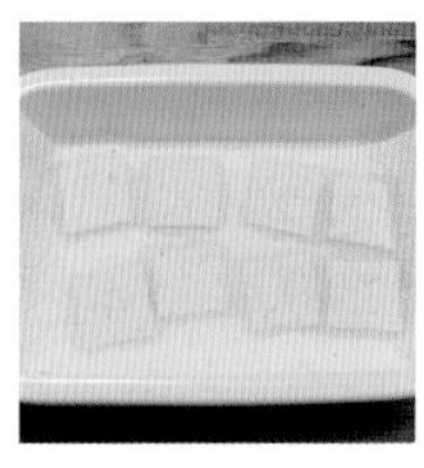
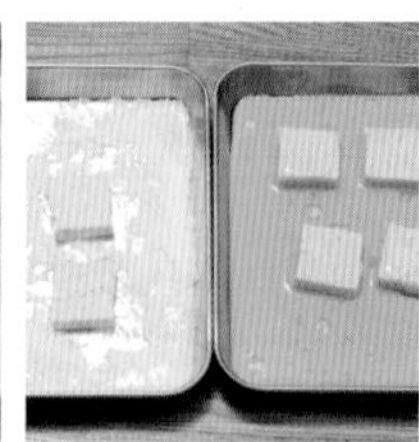
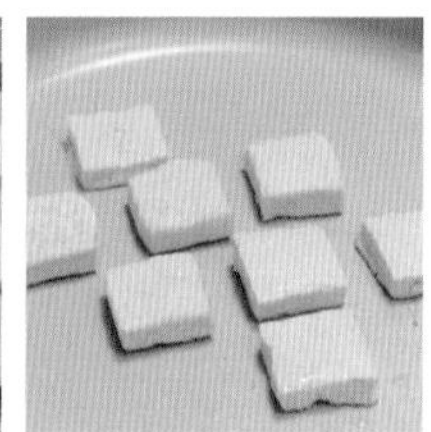

1. 두부를 납작하게 썬다.
2. 표면에 물기를 키친타월로 톡톡 두드려 닦아준다.
3. 쌀가루를 묻히고 쌀가루가 뭉치지 않게 살짝 털어준다.
4. 팬에 식용유를 약간 두르고 약한 불로 예열한 뒤, 쌀가루 묻힌 두부를 달걀물에 담갔다가 팬에 올려 앞뒤로 노릇하게 부친다.

두부조림

육수와 배즙을 사용하여 순하게 조린 두부조림!
간장을 쓰기 전 유아식 반찬으로 추천합니다.

재료 (2~3회 분량)		대체 가능한 재료
□ 두부	100g	-
□ 육수	150ml	채수
□ 배즙	2숟가락	-
□ 전분	1티스푼	-

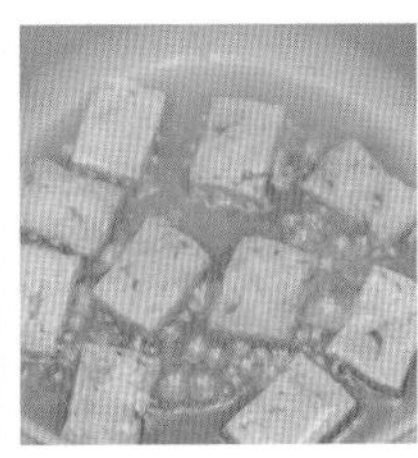

1. 두부를 얇게 썰고 키친타월로 톡톡 두드려 물기를 제거한다.
2. 팬에 식용유를 약간 두르고 두부를 앞뒤로 노릇하게 부친다.
3. 육수와 배즙을 부어 끓이다가 국물의 양이 절반 이상 줄어들면 전분을 물 2~3숟가락에 잘 풀어 붓고 팬을 빠르게 흔들며 살짝 저어준다.
4. 끈적한 점도가 되면 불을 끈다.

맛 더하기 3에 간장 또는 국간장 1티스푼 추가하기

무염불고기

간장을 쓰지 않고도 맛있는 불고기를 만들 수 있어요.
불고기는 반찬으로도 좋지만 김밥, 볶음밥, 덮밥 재료로도 변신할 수 있는 효자 메뉴죠.

재료 (2~4회 분량)		대체 가능한 재료
□ 소고기(불고기용)	200g	돼지고기(불고기용), 오리고기
□ 배	반 개	사과 반 개 또는 파인애플 120g
□ 양파(양념용 50 + 채썰기용 30)	80g	-
□ 당근, 버섯, 애호박	각 30g	양배추, 파프리카 등 냉털 채소
□ 다진 마늘 또는 통마늘	1티스푼	생략 가능
□ 대파	5g	쪽파

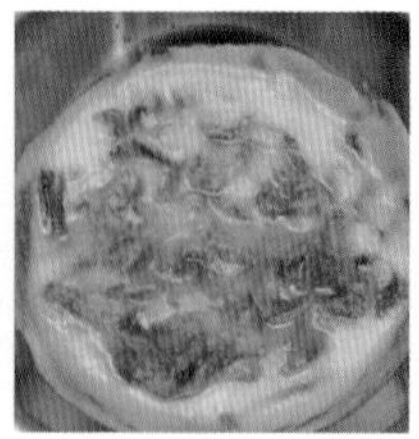

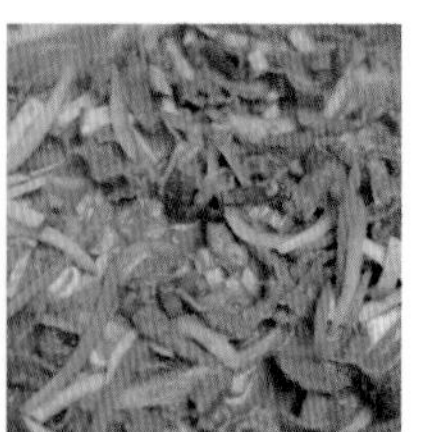

1. 당근, 버섯, 애호박, 양파(30g)를 채 썬다. 대파는 잘게 썬다.
2. 양파(50g), 배, 마늘, 물 50ml를 믹서에 넣고 곱게 갈아 고기에 버무린다.
3. 2에 채 썬 채소도 함께 섞어 30분 정도 냉장고에 둔다.
4. 팬에 3을 넣고 저으면서 중간 불로 볶는다. 모두 익으면 대파를 넣고 숨이 죽으면 불을 끈다.

맛 더하기 1에 간장 1~2티스푼, 맛술 1숟가락 더하기

육전 & 소고기까스

고기를 촘촘히 두드리는 작업이 조금 번거롭지만
그만큼 맛있는 반찬이지요!

재료 (2~3회 분량)		대체 가능한 재료
□ 소고기(육전 또는 샤브샤브용)	200g	-
□ 쌀가루	2~3숟가락	통밀가루, 전분, 현미가루, 찹쌀가루
□ 달걀	1개	-
□ 빵가루(소고기까스에만 사용)	1컵	떡뻥가루, 오트밀가루, 코코넛가루

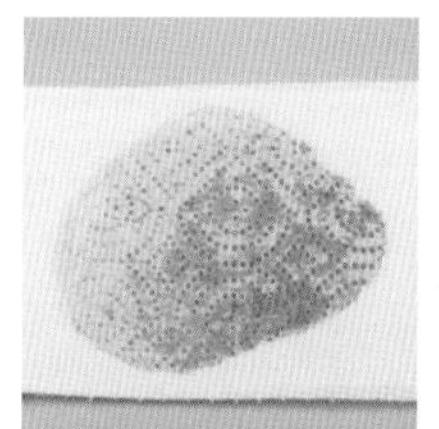
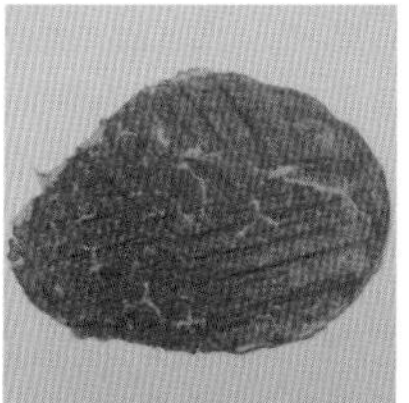
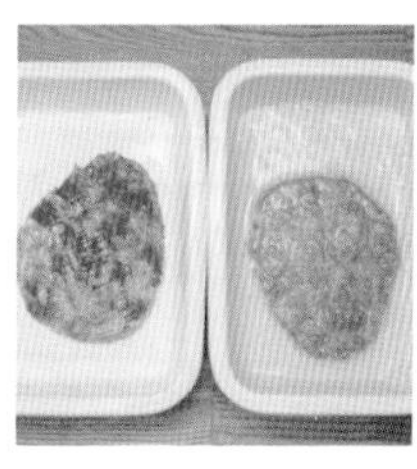

1. 육전용 소고기 앞뒷면을 키친타월로 눌러 핏기를 닦아낸다.
2. 고기 표면을 칼로 잘잘하게 두드려 격자무늬를 만들어준다.
3. 한 번 더 핏기를 닦아내고 앞뒷면에 쌀가루를 묻힌다.
4. 팬에 식용유를 약간 두르고 약한 불로 예열한다. 3을 달걀물에 담갔다가 팬에 올려 앞뒤로 노릇하게 부친다.

[소고기까스]

4. 3을 달걀물에 담갔다가 빵가루를 묻힌다.
5. 팬에 식용유를 충분히 두르고 중간 불로 노릇하게 부치거나 에어프라이어 180도에 7분(오븐 190도 13분) 굽는다.

Tips!

· 2번 과정에서 너무 세게 두드리면 고기가 찢어져요. 칼등으로 해도 좋아요.

· 팬에 부칠 때 소고기가 말려 올라올 수 있어요. 뒤집개로 살짝 눌러가면서 부쳐 주세요.

맛 더하기 소고기에 소금 + 후추로 밑간하기

양배추소고기 치즈롤

쏙쏙 집어 먹기 좋은 이색 반찬이에요.
양배추인지도 모르고 맛있게 먹어줄 거예요.

재료 (1~2회 분량)

재료	분량	대체 가능한 재료
□ 소고기(육전용 또는 샤브샤브용)	3장	돼지고기(대패목심 등)
□ 양배추	30g	배추, 적채
□ 아기치즈	1장	-

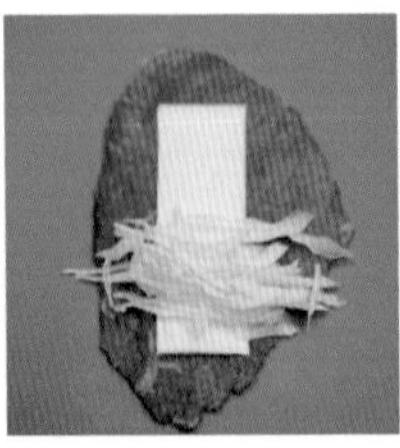

1. 소고기를 펼치고 앞뒷면을 키친타월로 눌러 핏기를 닦아낸다.
2. 양배추를 가늘게 채 썬다.
3. 소고기에 아기치즈 1/3개를 올리고 양배추를 올려 만다.
4. 에어프라이어 180도에 6분 굽거나 팬에 물을 약간 붓고 덮개를 덮어 익힌다.
5. 한 김 식혀 먹기 좋은 크기로 썬다.

Tips!

· 육전 레시피(237쪽)에서처럼 소고기 표면에 얕은 칼집을 내주면 더 부드럽게 먹을 수 있어요.

· 소고기를 말 때 끝나는 부분을 바닥에 밀착해서 구워야 롤이 벌어지지 않아요.

맛 더하기 소고기에 소금 + 후추로 밑간하기

양배추 밥새우볶음

양배추를 볶으면 풀내음이 줄어들고 고소한 맛이 생겨나요.
밥새우로 감칠맛을 더했어요.

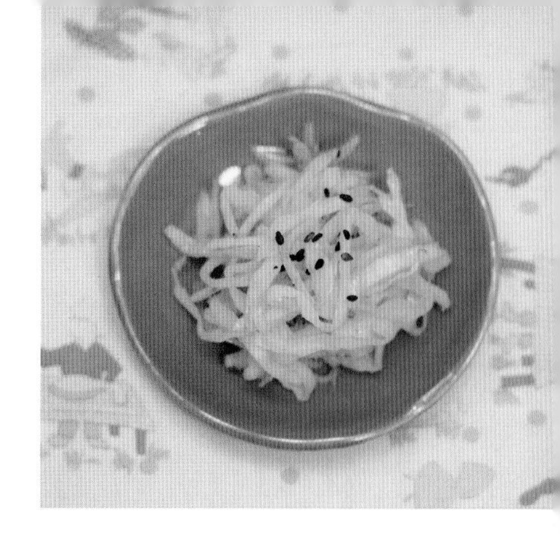

재료 (2~3회 분량)		대체 가능한 재료
ㅁ 양배추	80g	배추
ㅁ 밥새우	1/2~1티스푼	새우가루, 으깬 건새우
ㅁ 육수(채수)	3숟가락	물
ㅁ 깨	1티스푼	-

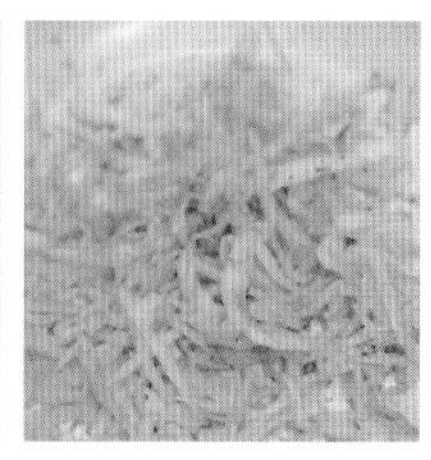

1. 양배추를 채 썬다.
2. 팬에 식용유를 약간 두르고 양배추를 볶는다. 밥새우를 넣고 육수를 더해 저어가며 양배추를 익힌다.
3. 깨를 뿌려 섞는다.

- 돌 전 아이에게는 밥새우를 조금 넣어도 짭짤할 수 있으니 두세 꼬집만 넣어줘도 돼요.
- 양파도 채 썰어서 같이 볶으면 달큰한 맛이 더해져요.
- 다지거나 채 썬 소고기를 같이 볶으면 영양가가 up됩니다.

맛 더하기 소금 2꼬집으로 간 추가하기

아스파라거스 소고기롤

아스파라거스를 소고기 반죽에 넣고 구워
채소와 고기를 골고루 섭취할 수 있는 메뉴예요.

재료 (1~2회 분량)		대체 가능한 재료
☐ 아스파라거스	4대	그린빈, 마늘종
☐ 다진 소고기	90g	육전용/샤브샤브용 소고기, 닭고기나 돼지고기 다짐육
☐ 전분	1티스푼	-
☐ 마늘가루	반티스푼	생략 가능

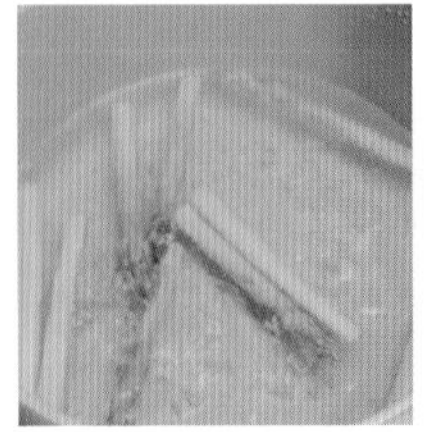

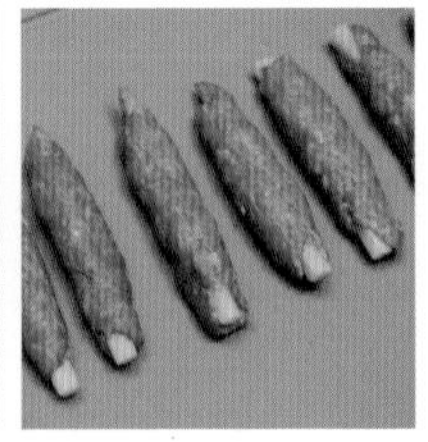

1. 아스파라거스를 손질하고(176쪽 참고) 끓는 물에 1분간 데친다.
2. 볼에 다진 소고기, 전분, 마늘가루를 넣고 치댄다.
3. 아스파라거스 겉표면에 소고기 반죽을 붙인다.
4. 김이 오른 찜기에 7분 찌거나 에어프라이어 170도에 5분 굽는다(오븐 180도 10분). 식용유를 약간 두른 팬에 굴려가며 구워도 좋다.

팬에 구울 때 물을 약간 뿌리고 덮개를 닫아 구우면 조리 시간도 단축되고 촉촉하게 구워져요.

맛더하기 1에 소금 반티스푼 추가, 2에 소금 2꼬집 추가하기

아스파라거스 소고기볶음

소고기의 육즙이 아스파라거스에 코팅되어 고소하고
아삭아삭 씹히는 아스파라거스의 식감이 좋아요.

재료 (1~2회 분량)		**대체 가능한 재료**
☐ 아스파라거스	70g	그린빈, 마늘종
☐ 소고기(구이용)	60g	돼지고기, 닭고기
☐ 다진 마늘	반티스푼	마늘가루
☐ (기)버터	반티스푼	올리브오일

1. 아스파라거스를 손질한다(176쪽 참고).
2. 아스파라거스와 소고기를 먹기 좋은 크기로 썬다.
3. 팬에 버터를 약간 두르고 중간 불로 다진 마늘을 볶다가 노릇해지면 아스파라거스를 넣고 1~2분 볶는다.
4. 소고기를 더해 모든 재료가 다 익을 때까지 볶는다.

아스파라거스를 아삭하게 먹고 싶으면 생으로 볶고, 부드럽게 먹고 싶으면 미리 데쳐서 사용하세요.

맛더하기 소금 2~3꼬집 또는 굴소스 반티스푼으로 간하기

생선전 & 생선까스

촉촉한 것을 좋아하는 아이는 전으로,
바삭한 것을 좋아하는 아이는 튀김으로 해주세요.

재료 (2~3회 분량)		대체 가능한 재료
ㅁ 대구살	200g	명태(동태), 광어, 가자미 등
ㅁ 쌀가루	2~3숟가락	통밀가루, 전분, 찹쌀가루
ㅁ 달걀	1개	-
ㅁ 빵가루(생선까스에만 사용)	반 컵	떡뻥가루, 오트밀가루

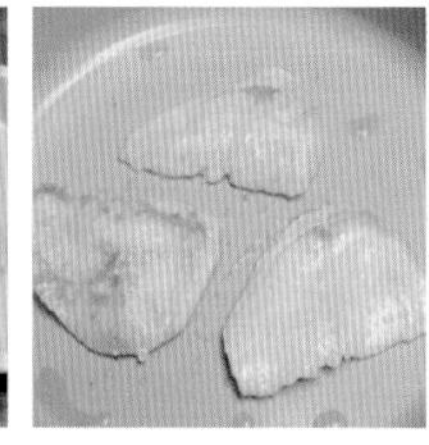
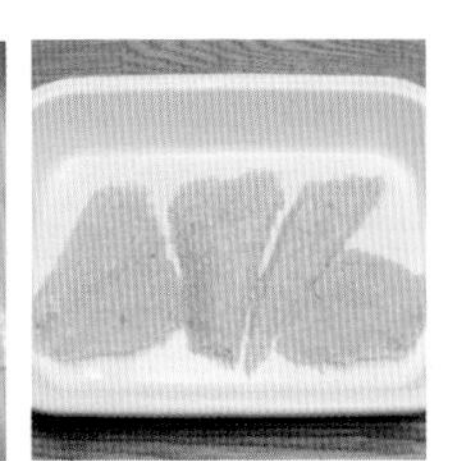

1. 생선은 깨끗이 씻고 키친타월로 눌러 물기를 제거한다.
2. 쌀가루, 달걀물, 빵가루(생선까스만)가 각각 담긴 그릇을 준비한다.

[생선전]

3. 생선 표면에 쌀가루, 달걀을 차례로 묻혀 식용유를 두른 팬에 앞뒤로 노릇하게 부친다.

[생선까스]

3. 생선 표면에 쌀가루, 달걀, 빵가루를 차례로 묻혀 에어프라이어 160도에 12분 굽는다(오븐 180도 20분). 팬에 식용유를 넉넉히 두르고 부치듯이 구워도 된다.

Tips!

전 용으로 얇게 포를 뜬 생선을 구하면 편리해요. 두툼한 생선이라면 직접 포를 뜨거나 큐브 형태로 썰어 쓰면 돼요.

맛 더하기 생선에 소금 + 후추로 밑간하기, 튀김에는 타르타르소스 곁들이기

생선파피요트

채소에서 우러나온 맛과 향이
생선에 스며들어 풍미가 끝내줘요.
쉽지만 정말 맛있고 고급스럽기까지 하죠!

재료 (2~3회 분량)		대체 가능한 재료
ㅁ 가자미	1마리	대구, 갈치 등 다른 흰살생선
ㅁ 각종 채소(브로콜리, 방울토마토, 양파, 당근, 아스파라거스 등)	적당량	-
ㅁ 올리브오일	2숟가락	-
ㅁ 레몬즙	1~2숟가락	식초 1숟가락

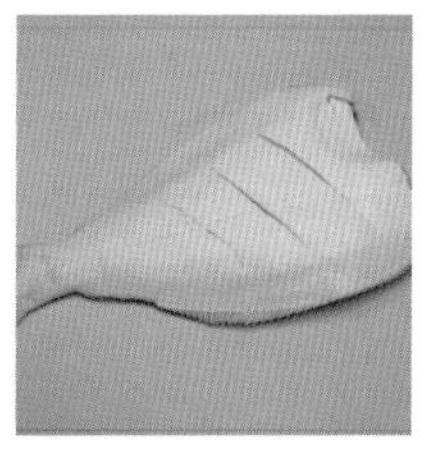

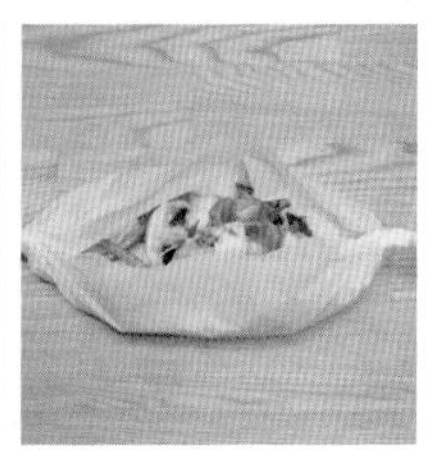

1. 생선을 깨끗이 씻고 두꺼운 부분에는 칼집을 넣는다.
2. 손질한 채소는 큼직하게 썬다.
3. 종이 호일을 펼쳐 생선과 채소들을 올리고 양쪽을 오므려 보트 모양으로 만든다.
4. 올리브오일과 레몬즙을 골고루 뿌린다.
5. 200도로 예열한 오븐에 25분 굽는다.

Tips!

단단한 채소(당근, 단호박, 감자류 등)는 전자레인지나 찜기에서 살짝 익힌 뒤 조리하면 더 잘 익어서 맛있어요.

맛 더하기 4번에서 레몬 제스트(레몬 껍질을 긁어낸 것), 허브, 소금 더하기

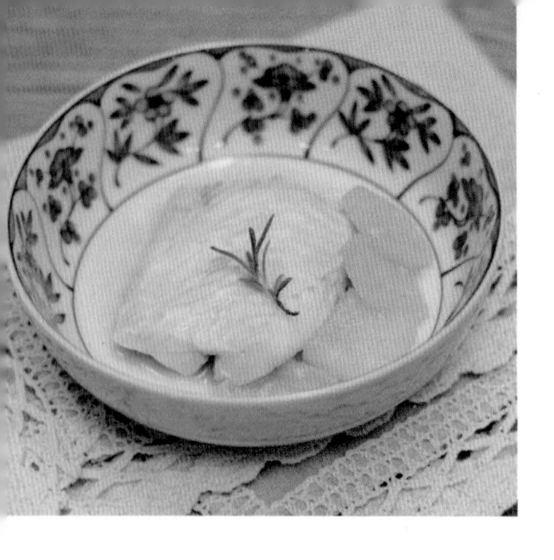

생선조림

생선, 양파, 무를 골고루 부드럽게 먹을 수 있는
아기용 생선 조림 레시피입니다.

재료 (2~3회 분량)		대체 가능한 재료
ㅁ 생선(종류 무관)	100g	-
ㅁ 양파	40g	-
ㅁ 무	60g	
ㅁ 채수(육수)	200ml	-
ㅁ 배즙	30ml	과일 퓨레 1티스푼
ㅁ 다진 마늘	반티스푼	마늘가루 2꼬집

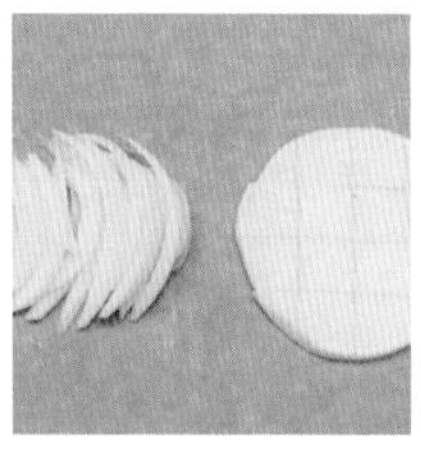
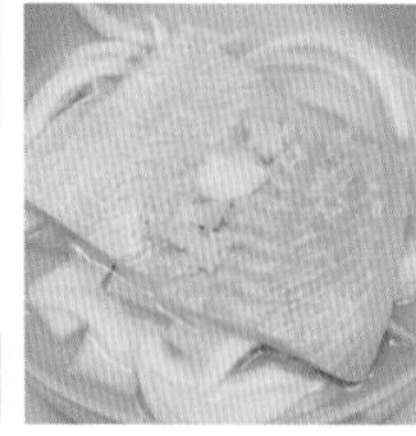

1. 양파는 채 썰고 무는 얇고 넓게 썬다.
2. 냄비에 양파와 무, 생선을 넣고 채수, 배즙, 다진 마늘을 섞어 부어준다.
3. 중간 불로 끓이다가 끓어오르면 약한 불로 줄이고 뚜껑을 닫고 조린다. 중간중간 뚜껑을 열고 뒤섞어주며 국물을 생선에 끼얹어준다.
4. 무가 폭신하게 익고 국물이 거의 다 졸아들면 불을 끈다.

Tips!

· 생선의 종류는 크게 상관 없어요. 대구, 가자미, 갈치, 고등어, 연어 등 쉽게 구할 수 있는 생선을 사용하면 돼요. 순살 생선으로 구하면 편리하지요.

· 처음에는 무와 양파를 바닥에 깔아뒀다가 중간부터 조금씩 뒤적거리며 조려주세요.

· 다진 생강 반 티스푼이나 편으로 썬 생강 한조각을 올려 조리면 향긋해요.

맛더하기 2에 간장 1티스푼 + 맛술 1숟가락 더하기

콩가루
생선구이

굽기만 해도 맛있는 생선이지만,
콩가루를 묻혀 색다르게 한 번 만들어 보세요.

재료 (1~2회 분량)		대체 가능한 재료
□ 생선(종류 무관)	1조각(100 g)	-
□ 콩가루	1티스푼	-
□ 전분	1티스푼	-

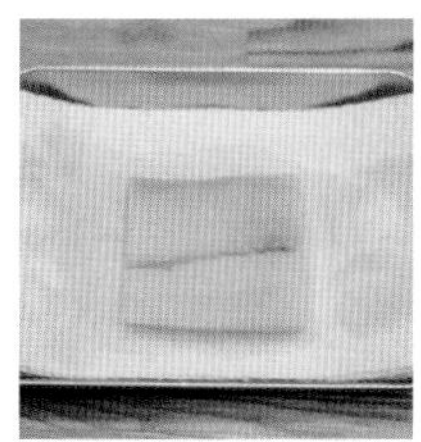

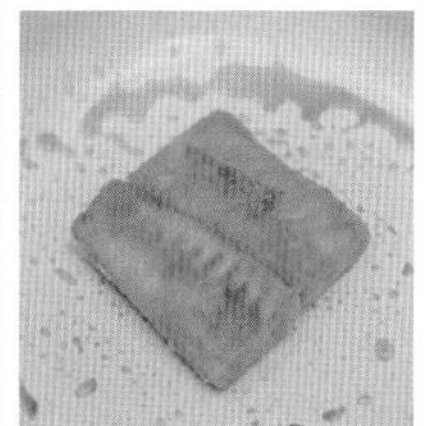

1. 손질한 생선을 잘 씻고 표면의 물기를 키친타월로 닦는다.
2. 콩가루와 전분을 섞어 생선 표면에 고루 묻힌다.
3. 팬에 식용유를 약간 두르고 중간 불로 한쪽 면을 구운 뒤 뒤집어서 생선이 다 익을 때까지 굽는다. 뚜껑을 닫으면 더 빨리 익힐 수 있다. 에어프라이어 160도에 10분간 돌려 구워도 좋다(오븐 180도 15분).

장조림

한국인 밥상의 대표 반찬이죠.
간장을 쓰지 않고 슴슴하게 만드는 소고기 장조림이에요.

재료 (여러 번 먹을 분량)		**대체 가능한 재료**
□ 소고기(우둔살/홍두깨살/양지)	150g	돼지고기, 삶은 메추리알
□ 양파	80g	-
□ 대파	1/3대	-
□ 육수	500ml	-
□ 배즙	50ml	과일퓨레 1숟가락
□ 마늘	3~4톨	생략 가능

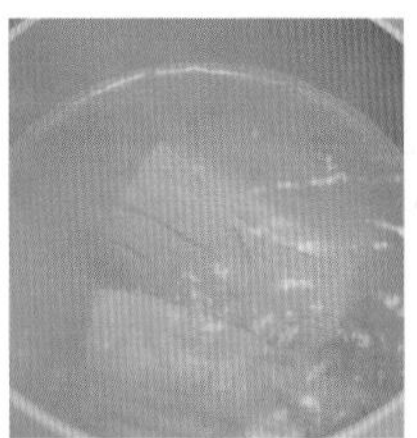

1. 끓는 물에 고기를 1분간 데친다. 양파와 대파는 큼직하게 썬다.
2. 육수에 배즙과 고기, 양파, 대파를 넣고 중간 불로 끓이다가 끓어오르면 약한 불로 줄여 1시간 이상 조린다. 중간중간 저어준다.
3. 불을 끄고 고기를 건져 결대로 찢거나, 결의 수직 방향으로 썰어 국물과 함께 냉장 보관한다.

소고기를 결대로 찢으면 질기지만 씹으면서 고기 맛이 풍부하게 느껴지고, 결의 수직 방향으로 썰면 잘 부스러져요. 아이에게 맞는 형태로 손질해 주세요.

맛더하기 2에 간장 1~2티스푼, 맛술 1숟가락 더하기

연근조림

간장 색이 짙은 연근 조림이 어른에겐 익숙하지만
간장을 쓰지 않고도 맛있게 만들 수 있어요.

재료 (2~3회 분량)		대체 가능한 재료
ㅁ 연근	150g	-
ㅁ 양파	70g	-
ㅁ 육수	300ml	채수
ㅁ 식초	2숟가락	-
ㅁ 들기름(참기름)	1티스푼	생략 가능
ㅁ 깨	1티스푼	들깨가루

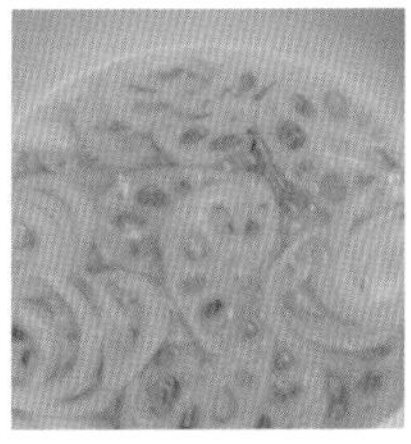
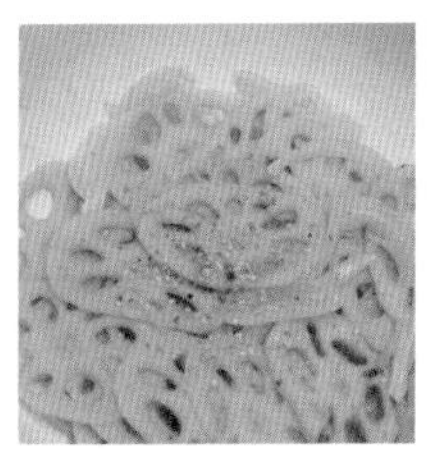

1. 연근이 잠기게 물을 붓고 식초를 2숟가락 넣어 5분간 삶는다.
2. 연근은 3~4mm정도의 두께로 썰고, 양파는 채 썬다.
3. 빈 냄비에 육수, 양파, 연근을 넣고 끓인다. 중간 불로 끓이다가 끓어오르면 약한 불로 줄여 뚜껑을 닫고 1시간 가량 조린다. 중간중간 저어준다.
4. 양파가 완전히 투명해지고 연근이 익으면 불을 끄고 들기름과 깨를 뿌린다.

· 국물이 너무 빨리 졸아들면 육수나 물을 조금 더해서 충분히 조려주세요.

· 연근의 익힘 정도는 기호에 맞게 조절하면 돼요. 레시피 시간대로 조리면 살짝 아삭함이 남는 식감입니다.

맛 더하기 3에 간장 1~2티스푼, 맛술 1숟가락, 마지막에 올리고당 또는 조청 1티스푼 더하기

잔멸치조림

촉촉하게 조려 까끌거리는 불편함 없이
어린 아이도 먹을 수 있는 멸치조림이에요.
큰 어린이는 간을 더해주세요.

재료 (2~3회 분량)		대체 가능한 재료
ㅁ 잔멸치	3숟가락	-
ㅁ 배즙	2숟가락	조청 1숟가락 + 물
ㅁ 들기름(참기름)	1티스푼	-
ㅁ 깨	1티스푼	-

1. 잔멸치를 끓는 물에 3분간 삶고 불을 끈 뒤 10분 정도 두었다가 건진다.
2. 빈 냄비에 배즙과 잔멸치, 물 2숟가락을 넣고 약한 불로 저어가며 조린다.
3. 즙이 모두 졸아들면 불을 끄고 들기름과 깨를 뿌린다.

다진 땅콩이나 호두, 크랜베리 등 견과류를 더해주면 맛도 영양가도 up되어요!

맛더하기 2에 간장 반티스푼 + 올리고당이나 조청 더하기

메뉴+1 같은 조리법으로 메추리알 조림도 만들어 보세요. 메추리알을 삶아 껍질을 벗기고 2번 과정부터 똑같이 하면 돼요. 소고기를 추가해도 좋아요.

순한 닭조림

육수와 배즙을 사용하여 자극적이지 않은 맛을 냈어요.
닭고기를 푹 익히면 부드러워서 먹기 좋아요.

재료 (3~4회 분량)		대체 가능한 재료
□ 닭고기(닭날개/닭봉/닭다리)	300g	닭고기 기타 부위
□ 양파잼	1숟가락	-
□ 육수	150ml	채수
□ 배즙	50ml	사과즙
□ 양파가루	반티스푼	생략 가능
□ 월계수 잎	1장	생략 가능
□ 우유	100ml	분유 탄 물 또는 생략 가능

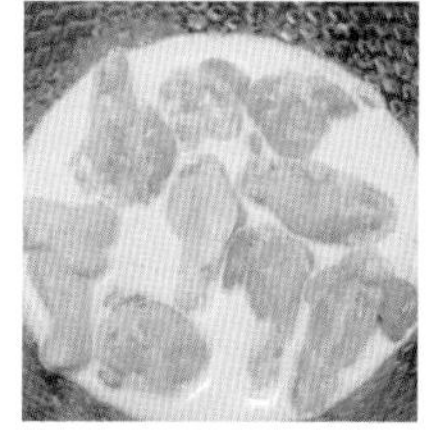
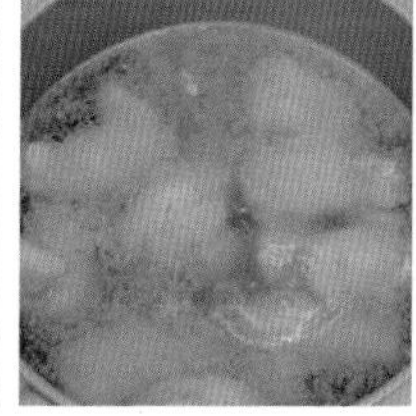
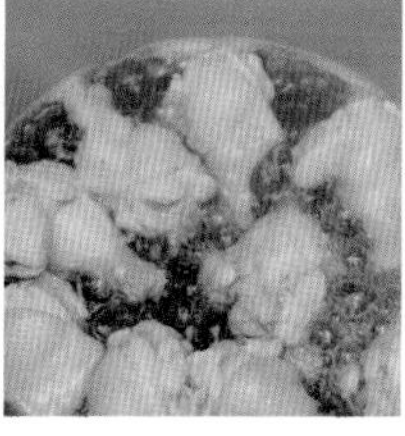

1. 닭고기를 깨끗이 씻어 30분 정도 우유에 재운다.
2. 닭고기를 헹궈 끓는 물에 넣고 3분간 데친다.
3. 빈 냄비에 육수, 배즙, 양파잼, 양파가루, 월계수 잎을 넣고 중간 불로 끓이다가 끓어오르면 약한 불로 줄여 중간중간 저어가며 조린다. 월계수 잎은 5분 후에 뺀다.
4. 국물이 졸아들고 닭고기가 다 익으면 불을 끈다. 기호에 따라 깨나 견과류 가루를 뿌려준다.

완성된 닭조림 표면에 아몬드 가루나 오트밀 가루를 묻혀 줘 보세요. 미끄럽지 않아 잘 쥐고 먹을 수 있고, 고소함과 영양가도 더해져요.

맛 더하기 3에 간장 1티스푼, 올리고당이나 조청 1티스푼 더하기

발사믹윙조림

발사믹 식초를 써서 새콤짭짤한 맛을 더했어요.
날개 부위 뿐 아니라 다른 부위로도 얼마든지 활용할 수 있어요.

재료 (2~3회 분량)		대체 가능한 재료
☐ 닭날개	6개	닭 봉, 닭다리, 기타 부위
☐ 양파	1/4개	양파잼 1숟가락
☐ 발사믹식초	50ml	-
☐ 배즙	50ml	-
☐ 다진 마늘	1티스푼	생략 가능

1. 닭날개를 에어프라이어 160도에 15~20분 굽거나 끓는 물에 삶아서 익힌다.
2. 팬에 식용유를 약간 두르고 다진 마늘과 다진 양파를 중간 불로 볶는다.
3. 양파가 노릇해지면 배즙과 발사믹 식초를 더해 약한 불로 줄여 끓인다.
4. 닭날개를 넣고 소스가 잘 배도록 저어가며 조린다.
5. 기호에 따라 깨나 견과류 가루를 뿌려준다.

맛 더하기 3에 간장 1티스푼 + 올리고당 1티스푼 더하기

치킨텐더

닭안심을 맛있게 먹는 방법!
빵가루를 코코넛가루로 대체하면 향과 맛이 더 좋아요.

재료 (2~3회 분량)		대체 가능한 재료
☐ 닭고기(안심)	150g	닭다리살
☐ 쌀가루	2~3숟가락	통밀가루, 현미가루, 전분
☐ 달걀	1개	Tips란 참고
☐ 빵가루	1컵	떡뻥가루, 오트밀가루, 코코넛가루
☐ 우유	1컵	분유 탄 물 또는 생략 가능

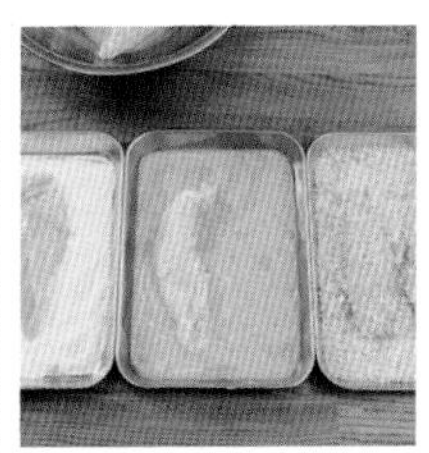

1. 닭 안심은 깨끗이 씻어 힘줄을 제거하고 30분 정도 우유에 재운다.
2. 닭고기를 헹구고 물기를 제거한 뒤 쌀가루, 달걀물, 빵가루 순으로 묻힌다.
3. 에어프라이어 170도에 15~20분(오븐 190도 25분) 굽는다.

Tips!

쌀가루 : 전분 : 물의 비율을 1 : 1 : 2로 섞으면 달걀을 대신할 수 있어요.

맛더하기
- 쌀가루에 양파가루 1티스푼 섞기, 빵가루에 파슬리가루 1티스푼 섞기
- 토마토소스나 케첩 곁들이기

메뉴+1
치킨텐더를 작게 썰고 각종 채소와 함께 오렌지발사믹소스(194쪽)에 버무려 치킨텐더샐러드를 만들어 보세요.

돼지숙주 빈대떡

비오는 날 먹고 싶은 고소한 빈대떡.
노릇하게 구워 어른은 간장에 찍어 드세요.

재료 (2~3회 분량)		대체 가능한 재료
□ 다진 돼지고기	150g	닭고기
□ 숙주나물	80g	-
□ 전분	30g	-
□ 다진 마늘	반티스푼	마늘가루 2꼬집

1. 숙주나물은 물기를 털고 잘게 썬다.
2. 모든 재료를 섞어 반죽한다.
3. 식용유를 약간 두른 팬에 반죽을 납작하게 펼쳐서 중간 불과 약한 불을 오가며 앞뒤로 노릇하게 부친다.

Tips!

프라이팬 덮개를 활용하면 더 빨리, 촉촉하게 익힐 수 있어요.

맛 더하기 반죽에 소금 2꼬집, 후추 2꼬집 섞기

고구마(큐브) 돈까스

고구마를 넣어 더 맛있는 돈까스예요.
손으로 고기 반죽을 만지는 것이 번거로워서
생각해낸 방법이랍니다.

재료 (2~3회 분량)		대체 가능한 재료
□ 다진 돼지고기	150g	닭고기
□ 고구마	100g	-
□ 양파잼	1숟가락	-
□ 마늘가루	반티스푼	생략 가능
□ 빵가루	반 컵	생략 가능

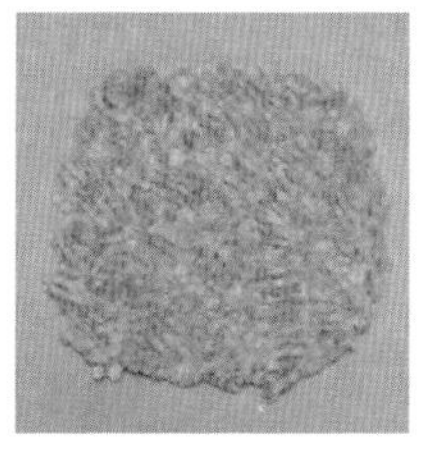
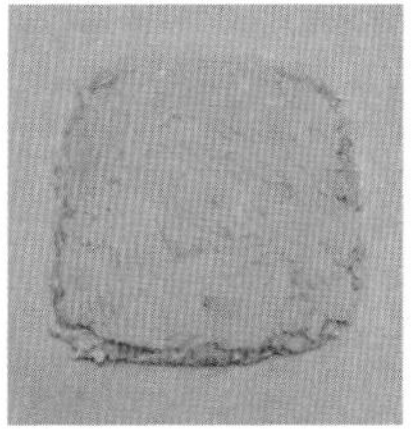

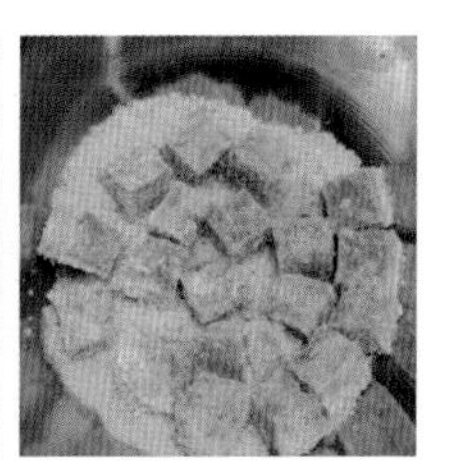

1. 고구마를 찌거나 구워서 익히고 따뜻할 때 으깬다.
2. 돼지고기, 양파잼, 마늘가루를 섞어 치댄다. 종이 호일에 돼지고기 반죽의 절반 정도를 평평하게 펼치고 그 위에 고구마를 덮는다.
3. 나머지 돼지고기 반죽으로 표면을 모두 덮고 종이 호일을 씌워 평평하게 눌러준다. 냉동실에 2시간 보관한다.
4. 냉동실에서 꺼내어 격자모양으로 칼질을 해서 큐브 모양으로 썰어준다.
5. 오목한 그릇에 빵가루를 넣고 4를 굴려 빵가루를 묻힌다.
6. 에어프라이어 170도에 12~15분간 굽거나(오븐 190도 15~20분) 기름을 넉넉히 부은 팬에 튀긴다.

Tips!

· 빵가루 묻히는 과정을 생략하고 그대로 구워도 맛있어요.

· 돼지고기 반죽 안에 고구마를 넣고 둥글게 뭉치는 방식으로 만들 수도 있어요. 두 방법 중 편하다 생각하는 방법으로 만들어 주세요.

맛 더하기 돼지고기 반죽에 소금 3꼬집 더하기

양배추새우찜

독자들에게 꾸준히 사랑받는 메뉴예요.
조리하기 정말 쉽고 맛도 좋지요.

재료 (2~3회 분량)		대체 가능한 재료
□ 양배추	100g	-
□ 새우살	80g	-
□ 양파	40g	생략 가능
□ 마늘	2~3톨	다진 마늘
□ 레몬즙	1티스푼	생략 가능
□ (기)버터	반티스푼	올리브오일 또는 생략 가능

1. 새우살을 먹기 좋은 크기로 썰고 찬물에 10분 이상 담가둔다.
2. 양배추와 양파를 먹기 좋은 크기로 썰고 그릇에 담는다.
3. 2에 새우, 편으로 썬 마늘, 버터를 올리고 레몬즙을 뿌린다.
4. 김이 오른 찜기에 10분간 찐다.

Tips!

새송이버섯이나 표고버섯을 추가하면 더 맛있어요.

맛 더하기 가염버터 사용하기, 소금 2꼬집, 후추 2꼬집 더하기

시금치새우전

달걀을 사용하지 않는 부침 레시피예요.
다른 재료로도 응용해 보세요.

재료 (1~2회 분량)		대체 가능한 재료
☐ 새우살	50g	-
☐ 시금치	50g	근대, 청경채, 부추, 깻잎 등 잎채소
☐ 쌀가루	15g	통밀가루, 현미가루, 찹쌀가루
☐ 전분	15g	부침가루
☐ 다진 마늘	반티스푼	마늘가루 2꼬집

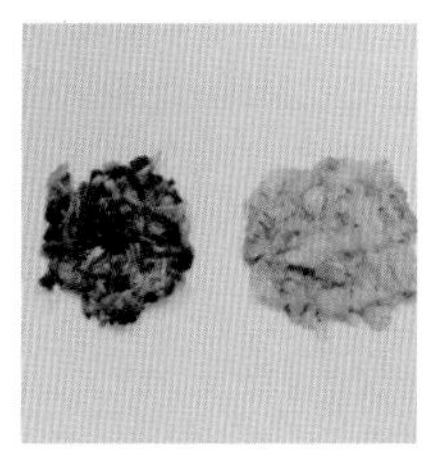
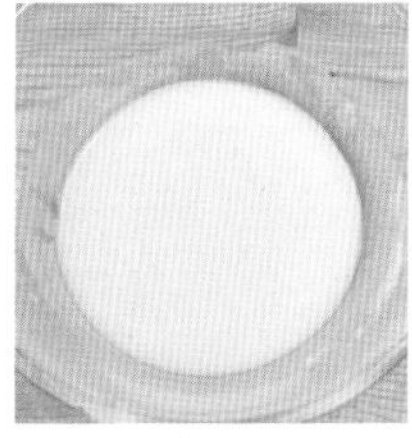

1. 시금치는 끓는 물에 20초간 데쳐 물기를 짜고 잘게 썰거나 다진다. 손질한 새우도 잘게 썰거나 다진다.
2. 쌀가루와 전분을 물 30ml에 섞으며 반죽한다.
3. 2에 1을 섞고 다진 마늘도 넣어 반죽한다.
4. 팬에 식용유를 약간 두르고 중간 불과 약한 불을 오가며 앞뒤로 노릇하게 부친다.

달걀 알레르기가 없는 아이는 1번 과정에서 노른자 한 개를 섞으면 더 맛있어요.

맛더하기 쌀가루와 전분가루 대신 부침가루 사용하기, 반죽에 소금 2꼬집 더하기

찹스테이크

여러 가지 재료를 깍둑썰기해서
아이가 포크로 콕콕 찍어먹기 좋아요.
젓가락질 연습하기에도 좋고요.

재료 (2~3회 분량)		대체 가능한 재료
ㅁ 소고기(구이용)	120g	돼지고기, 닭고기
ㅁ 각종 채소(브로콜리, 감자, 당근, 양파, 파프리카, 애호박 등)	200~250g	-
ㅁ 배즙	2숟가락	과일퓨레 1숟가락
ㅁ 올리브오일	1숟가락	식용유
ㅁ (기)버터	1티스푼	생략 가능
ㅁ 양파가루	반티스푼	생략 가능

1. 모든 재료를 깍둑썰기한다.
2. 당근과 감자는 전자레인지 용기에 물을 3숟가락 넣고 3분간 돌려 살짝 익히거나 끓는 물에 3분간 삶아 건진다.
3. 팬에 올리브오일과 버터를 두르고 채소를 모두 넣고 중간 불로 볶는다.
4. 채소가 다 익으면 고기를 넣고 저어가며 볶는다.
5. 고기의 핏기가 가시면 배즙과 양파가루를 뿌리고 잘 섞어준다. 배즙이 졸아들면 불을 끈다.

맛 더하기 고기를 소금과 후추로 밑간하기, 로즈마리나 오레가노 등 허브 사용

무염피클

재료의 맛이 그대로 살아있는 피클이에요.
아삭한 반찬이 필요할 때 곁들여주기 좋죠.

재료 (3~4회 분량)

재료	분량	대체 가능한 재료
ㅁ 오이	1개	양배추, 적채, 무, 비트
ㅁ 사과즙	100ml	배즙
ㅁ 식초	1숟가락	레몬즙

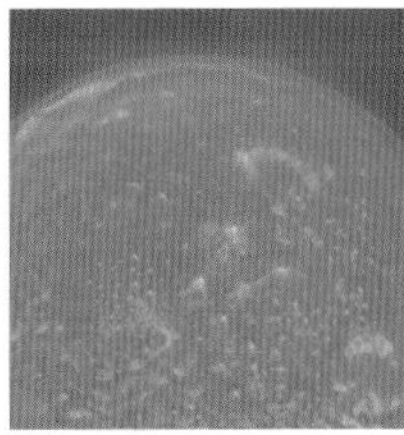

1. 오이를 작게 썰어 유리 용기에 담는다.
2. 냄비에 물 50ml와 사과즙, 식초를 넣고 끓인다.
3. 한 번 끓어오르면 용기에 붓고 뚜껑을 닫는다. 상온에 하루 두었다가 냉장 보관한다. 열흘 안에 소진한다.

· 피클에 쓰는 병은 열탕 소독하고 사용하면 안심돼요.

· 대체 재료에 적은 채소도 같이 피클을 담그면 더 맛있어요.

맛더하기 2에 통후추나 피클링스파이스 1티스푼을 같이 끓이기
소금, 설탕, 간장 등으로 간하기(반티스푼~1티스푼 정도)

방울토마토 절임

방울토마토를 절이면 새콤달콤한 맛이 더해지고
입에서 톡 터지는 재미를 느낄 수 있어요.

재료 (여러 번 먹을 분량)		**대체 가능한 재료**
□ 방울토마토	150g	-
□ 배즙	100g	사과즙
□ 채수(육수)	100g	물
□ 식초	1숟가락	레몬즙

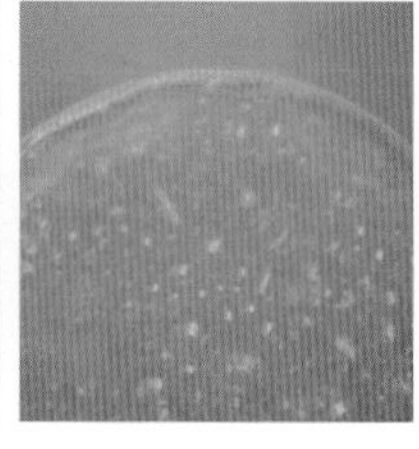

1. 방울토마토는 아랫부분에 십자 칼집을 내어 끓는 물에 30초 데친다. 찬물에 식히면서 껍질을 벗기고 유리 용기에 담는다.
2. 냄비에 배즙, 채수, 식초를 붓고 끓인다.
3. 한 번 끓어오르면 용기에 붓고 뚜껑을 닫는다. 상온에 하루 두었다가 냉장 보관한다. 일주일 안에 소진한다.

올리브오일을 섞으면 맛도 영양가도 더해져요. 허브가루를 뿌리면 향이 풍부해져요.

맛 더하기 2에 소금 3꼬집, 설탕 1티스푼 더하기

첫 김치

김치를 일찍부터 먹을 필요는 없지만
한국인의 밥상에 빠지지 않는 반찬이니
유아식 하는 아이들은 조금씩 친해져 봐도 좋겠지요?

재료 (여러 번 먹을 분량)		**대체 가능한 재료**
ㅁ 배추	250g	-
ㅁ 무	100g	생략 가능. 생략 시 소금 양 줄이기.
ㅁ 쪽파	15g	부추
ㅁ 소금	4g	-
ㅁ 배	120g	-
ㅁ 양파	40g	-
ㅁ 마늘	1티스푼	생략 가능
ㅁ 찹쌀가루	1티스푼	쌀가루
ㅁ 액젓	1~2티스푼	생략 가능

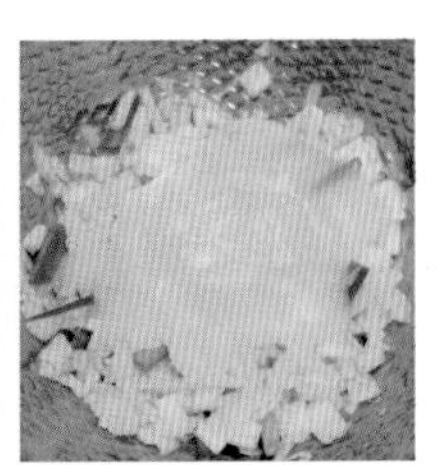

1. 배추는 잘게 썰고 무는 채 썬다. 쪽파는 적당히 토막낸다.
2. 배추와 무를 볼에 담고 소금을 섞어 상온에서 최소 1시간 이상 절인 뒤, 고인 물을 버린다.
3. 물 50ml에 찹쌀가루를 풀고 약한 불에 저어가며 끈적이는 풀 질감이 되면 불을 끈다.
4. 3과 배, 양파, 마늘을 믹서에 곱게 간다.
5. 2에 쪽파와 4를 붓고 액젓을 1~2티스푼 넣고 섞는다.
6. 상온에 반나절(여름) ~ 하루(겨울) 정도 두었다가 냉장 보관한다.

Tips!

김치는 너무 낮은 염도로 담그면 발효가 제대로 되지 않고 쉬어버려요. 레시피는 최소한의 염도 기준입니다. 완성된 김치가 아기가 먹기 짜다고 느껴지면 다른 요리 재료(부침개, 볶음밥, 국 등)로 활용하거나 먹기 전에 물에 헹궈서 주세요. 또 저염 김치는 오래 보관할 수 없어 최대한 빨리 소비하는 것이 좋습니다.

맛 더하기 소금, 액젓을 분량의 2배로 늘리기

밥 & 국
메인요리
한 그릇 요리

<반찬과 곁들임 요리> 메뉴들과 함께 차리면 좋을 밥,
국물 좋아하는 아이들을 위한 국과 탕,
푸짐한 한 끼를 위한 근사한 메인 요리.
그리고 간단하게 한 끼 뚝딱 할 수 있는
아이도 부모도 편한 한그릇 메뉴들을 모았어요.

무표고밥

무가 밥을 촉촉하고 부드럽게 해주고,
버섯이 향과 영양가를 더해줍니다.

재료 (가족 식사 분량)		대체 가능한 재료
□ 무	180g	콜라비
□ 표고버섯	40g	다른 버섯류
□ 쌀	2컵	-
□ 물	2컵	-
□ 자른 다시마	2조각	생략 가능

1. 무와 표고버섯을 깍둑썰기 또는 채썰기 한다.
2. 쌀을 씻어 동량의 물을 넣고 무, 표고버섯, 자른 다시마를 넣고 백미 모드로 취사한다.
3. 취사 완료된 밥을 가볍게 섞어준다.

Tips!

· 밥을 섞을 때 너무 많이 섞으면 무가 으스러져 축축해지니 살살 섞어주세요.

· 들기름이나 참기름을 조금 섞어 먹으면 더 맛있어요.

맛 더하기 어른은 간장 + 고춧가루 + 깨 + 식초 + 쪽파를 섞은 양념을 만들어 비벼 드세요.

비트연근밥

면역력 증강에 좋은 뿌리 채소로 밥을 해보아요.
아이의 씹기 능력에 맞춰 재료 크기를 조절해 주세요.

재료 (3~4회 분량)		대체 가능한 재료
☐ 비트	70g	-
☐ 연근	70g	-
☐ 버섯	60g	생략 가능
☐ 쌀	1.5컵	-
☐ 물	1.5컵	-

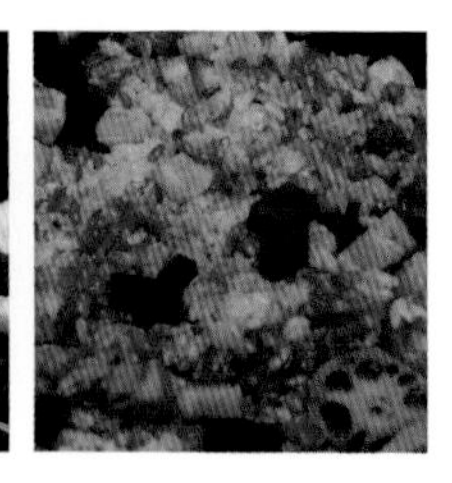

① 연근을 식초 2숟가락을 푼 물에 30분간 담갔다가 잘게 썰거나 다진다. 비트와 버섯도 먹기 좋은 크기로 썰거나 다진다.

② 쌀을 씻어 동량의 물과 비트, 연근, 버섯을 넣고 백미 모드로 취사한다.

③ 취사 완료된 밥을 가볍게 섞어준다.

덩어리를 잘 씹지 못하는 아이는 재료들을 잘게 다져 넣어주세요.

가지밥

채즙과 육즙의 완벽한 콜라보!
반찬 없이도 맛있게 먹을 수 있는 밥이에요.

재료 (3~4회 분량)		대체 가능한 재료
☐ 가지	1개	-
☐ 다진 돼지고기	150g	다진 소고기, 닭고기
☐ 양파	80g	-
☐ 다진 마늘	1티스푼	마늘가루 반티스푼
☐ 쌀	1.5컵	-
☐ 물	1.4컵	-

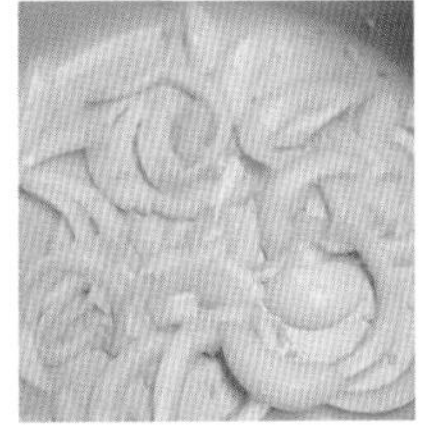

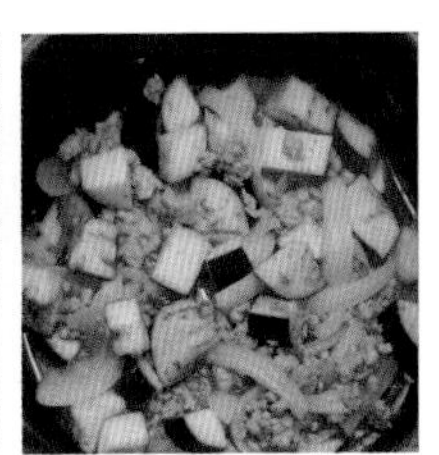

1. 양파는 채썰거나 잘게 썰고, 가지는 좀 더 크게 토막내어 썬다.
2. 팬에 식용유를 약간 두르고 다진 마늘과 양파를 볶다가 양파가 반투명해질 때까지 볶는다.
3. 돼지고기를 넣고 핏기가 가실 때까지 볶는다.
4. 밥솥에 3과 가지, 씻은 쌀, 물을 모두 넣고 백미 모드로 취사한다.
5. 취사 완료된 밥을 가볍게 섞어준다.

감자밥

감자가 맛있는 초여름에 꼭 해보세요.
부드럽고 촉촉하고 고소해요.

재료 (3~4회 분량)

재료	분량	대체 가능한 재료
ㅁ 감자	1개(약 150g)	고구마
ㅁ 쌀	1.5컵	-
ㅁ 물	1.5컵	-

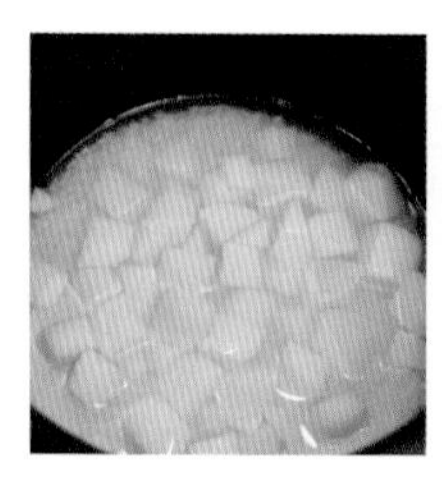

1. 감자 껍질을 벗기고 깍둑썰기한다.
2. 쌀을 씻어 물과 감자를 넣고 백미 모드로 취사한다.
3. 취사 완료된 밥을 가볍게 섞는다.

고구마 퀴노아밥

고단백 슈퍼곡물, 퀴노아를 넣고 잡곡밥을 해 보세요.
달콤하고 부드러운 고구마도 같이 넣어 보았어요.

재료 (2~3회 분량)		대체 가능한 재료
□ 고구마	150g	감자
□ 퀴노아	30g	-
□ 쌀	1.5컵	-
□ 물	1.5컵	-

1. 고구마 껍질을 벗겨 깍둑썰기한다.
2. 쌀과 퀴노아를 씻고, 고구마와 물을 넣어 백미 모드로 취사한다.
3. 취사 완료된 밥을 가볍게 섞는다.

콩나물밥

양념을 하지 않아도 고소하고 맛있어요.
콩나물과 소고기 양을 더 늘려도 좋아요.

재료 (3~4회 분량)

재료	분량	대체 가능한 재료
ㅁ 콩나물	120g	-
ㅁ 다진 소고기	80g	돼지고기, 닭고기
ㅁ 다진 마늘	1티스푼	양파가루 또는 마늘가루 반티스푼
ㅁ 쌀	1.5컵	-
ㅁ 물	1.5컵	-

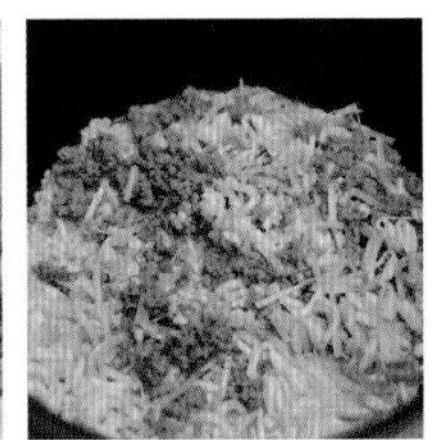

1. 씻은 콩나물을 잘게 썬다.
2. 팬에 식용유를 약간 두르고 다진 마늘과 소고기를 볶는다.
3. 핏기가 가시면 불을 끄고, 씻은 쌀, 물, 콩나물과 함께 밥솥에 넣고 백미 모드로 취사한다.
4. 취사 완료된 밥을 가볍게 섞어준다.

채소밥

밥솥에서 밥과 함께 푹 익은 채소는
씁쓸한 맛은 줄어들고 단맛이 더해져요.
자투리 채소 처리에 딱이에요.

재료 (3~4회 분량)		대체 가능한 재료
ㅁ 쌀	1.5컵	-
ㅁ 물	1.3~1.5컵	-
ㅁ 각종 채소	120g	-

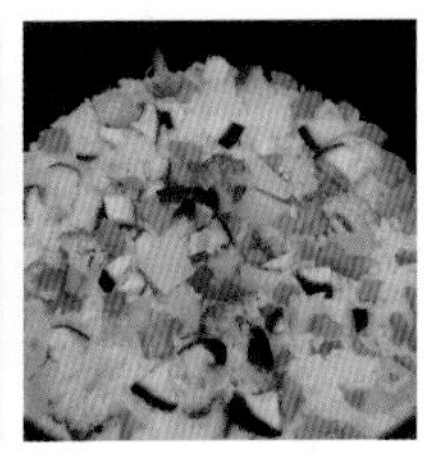

1. 채소를 깍둑썰기하거나 잘게 다진다.
2. 쌀, 물, 채소를 모두 밥솥에 넣고 백미 모드로 취사한다.
3. 취사 완료된 밥을 가볍게 섞어준다.

단단한 채소 위주로 사용할 경우 물은 정량대로, 수분이 많은 채소(가지, 파프리카, 토마토 등)를 많이 사용할 경우 물은 정량의 10% 정도 줄여주세요.

멸치미나리밥

칼슘이 풍부한 멸치를 밥에도 넣어 보세요.
미나리로 비린내를 잡고 향긋함을 살린 영양밥이에요.

재료 (3~4회 분량)		대체 가능한 재료
□ 잔멸치	반 컵(25g)	밥새우 1~2순가락
□ 미나리	50g	깻잎
□ 쌀	1.5컵	-
□ 물	1.5컵	-

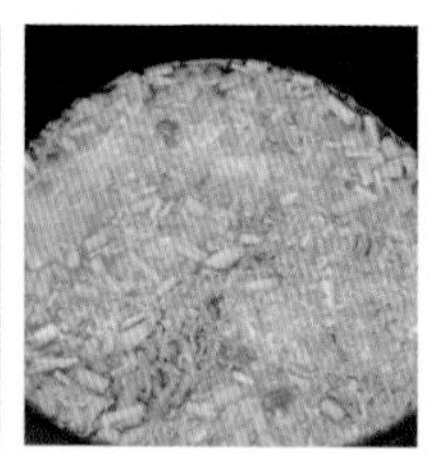

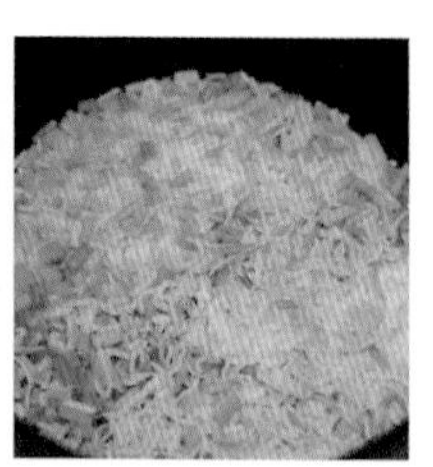

1. 미나리는 줄기 부분만 사용한다. 잎을 떼어내고 줄기 부분만 잘게 썬다.
2. 끓는 물에 잔멸치를 3분간 데쳐 건진다.
3. 쌀을 씻어 물, 미나리, 잔멸치를 모두 넣고 백미 모드로 취사한다.
4. 취사 완료된 밥을 가볍게 섞어준다.

Tips!

취사 완료 후 미나리 잎을 섞어 잠시 뜸을 들이면 더욱 향긋한 미나리밥을 즐길 수 있어요.

콩밥 & 팥밥

부드럽고 고소한 콩밥.
아이가 콩을 좋아하면 콩 양을 더 늘려도 좋아요.

재료 (3~4회 분량)		대체 가능한 재료
□ 삶은 콩 또는 삶은 팥	반 컵	-
□ 쌀	1.5컵	-
□ 물	1.5컵	-

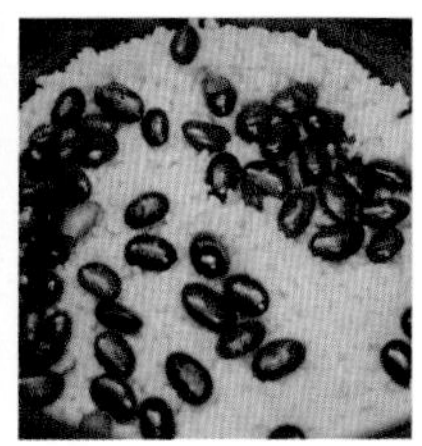

1. 쌀을 씻어 삶은 콩(또는 팥), 물과 함께 백미 모드로 취사한다.
2. 취사 완료된 밥을 가볍게 섞는다.

Tips!

· 대부분의 콩은 미리 익히지 않고 불리기만 해서 같이 취사해도 밥과 함께 잘 익지만, 좀 더 부드럽게 먹기 위해 먼저 익혀서 사용하면 좋아요.

· 콩은 하룻밤 정도 불려서 넉넉한 물에 30분 이상 삶아요. 팥 삶는 방법은 159쪽을 참고하세요.

옥수수 완두콩밥

재미있는 식감이 매력적인 옥수수 완두콩밥.
두 재료의 제철인 여름철에 꼭 해드세요.

재료 (2~3회 분량)		대체 가능한 재료
□ 옥수수알	50g	완두콩
□ 완두콩	50g	옥수수
□ 쌀	1.5컵	-
□ 물	1.5컵	-

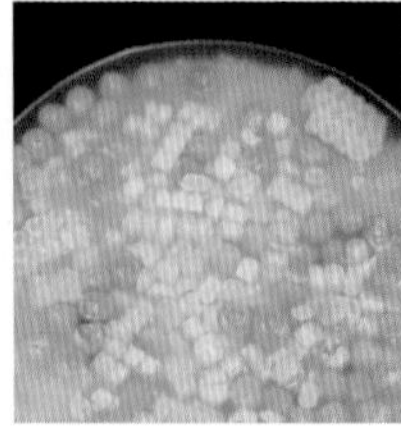

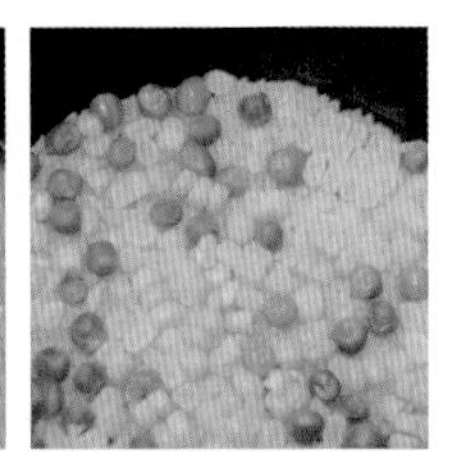

1. 병조림 옥수수나 캔 옥수수는 국물을 따라내고 끓는 물에 1분간 데쳐 건진다. 생옥수수는 칼로 썰어 옥수수알을 도려내어 익히지 않고 사용한다.
2. 쌀을 씻어 옥수수, 완두콩, 물과 함께 백미모드로 취사한다.
3. 취사 완료된 밥을 가볍게 섞어준다.

· 옥수수만으로 하거나 완두콩만으로 해도 돼요.

· 완두콩은 생콩 그대로 사용해요.

· 생옥수수를 사용할 경우, 옥수수 심도 함께 넣어 취사해 주세요. 구수한 맛이 더해져요.

아기약밥

재료 자체의 단맛으로만 맛을 낸
아기를 위한 약밥 레시피예요.
아이 연령에 따라 간을 조절해 주세요.

재료 (2~3회 분량)		대체 가능한 재료
ㅁ 익힌 밤	40g	-
ㅁ 건대추(씨 제거 후 중량)	10g	크랜베리
ㅁ 잣	15g	으깬 아몬드, 호두, 캐슈넛 등
ㅁ 쌀	1컵	찹쌀
ㅁ 물	1.2컵	-
ㅁ 참기름	1숟가락	들기름

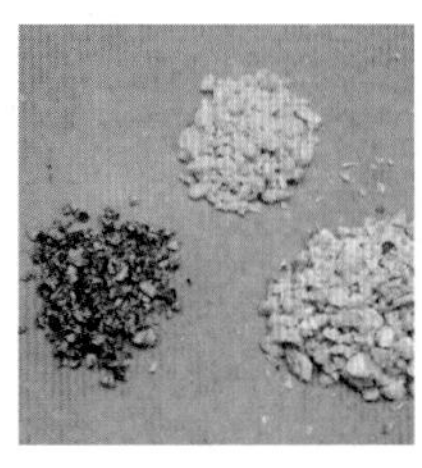

1. 밤은 미리 삶거나 쪄서 익히고 잘게 썬다. 건대추는 씨를 제거하여 다진다.
2. 쌀을 씻고 물, 밤, 대추, 잣과 함께 백미 모드로 취사한다.
3. 취사 완료된 밥에 참기름 1숟가락을 둘러 섞는다.

· 물은 평상시보다 조금 넉넉하게 넣는 것이 좋아요.

· 잣, 밤, 대추는 모두 아이가 먹기 좋게 다져 주세요. 큰 아이들은 다지지 않아도 돼요.

맛 더하기 취사 전에 조청 1~2숟가락, 간장 1~2티스푼 섞기

첫 된장국

콩가루를 활용하면 된장을 많이 쓰지 않고도
된장국다운 비주얼을 만들어낼 수 있어요.

재료 (2~3회 분량)		대체 가능한 재료
□ 감자, 애호박, 양파	각 40g	-
□ 버섯	20g	-
□ 두부	50g	-
□ 된장	1/2~1티스푼	-
□ 콩가루	1숟가락	생략 가능
□ 육수	350ml	채수, 물

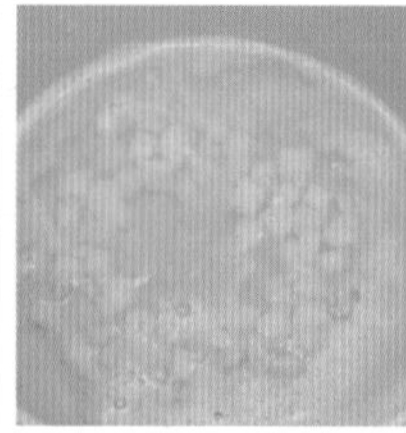
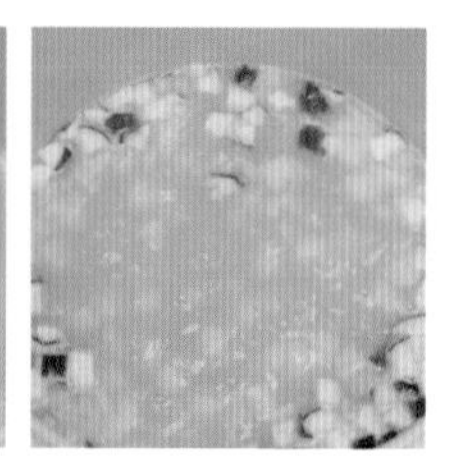

1. 모든 재료를 깍둑썰기한다.
2. 육수에 감자를 넣고 끓이다가 된장과 콩가루를 풀어준다.
3. 양파, 애호박, 버섯, 두부를 차례로 더해서 감자와 양파가 완전히 익을 때까지 중간 불에 끓인다.

· 된장은 국산 콩으로 만든 된장을 사세요. 저염 된장을 쓰면 더 좋아요. 아이가 커가면서 된장의 양을 조금씩 늘리면 됩니다.

· 가장 기본적인 재료로 끓이는 된장국이에요. 배추 된장국, 미역 된장국, 조개 된장국 등으로 다양하게 응용해 보세요!

맛더하기 된장의 양 늘리기

첫 미역국

미역국은 오래 끓일수록 맛이 깊어져요.
넉넉히 끓여 냉장해두면 며칠이 든든하죠.

재료 (2~3회 분량)		대체 가능한 재료
□ 소고기	60g	닭고기, 조개, 전복 등
□ 건미역	4g	-
□ 육수(채수)	300ml	물
□ 다진 마늘	반티스푼	생략 가능

1. 미역은 물에 불린 뒤 비벼서 씻고 잘게 썬다. 소고기는 먹기 좋은 크기로 잘게 썬다.
2. 냄비에 식용유를 아주 조금 두르고 다진 마늘을 중간 불로 볶다가 소고기와 미역을 넣고 소고기의 핏기가 가실 때까지 볶는다.
3. 육수를 부어 중간 불로 끓이다가 끓어오르면 약한 불로 줄여 뚜껑을 닫고 1시간 가량 푹 끓인다.

미역국은 오래 끓일수록 맛이 좋아져요. 끓이자마자 먹는 것보다 다음 끼니나 다음날 먹는 게 더 맛있어요.

맛 더하기 액젓이나 국간장 1티스푼으로 간하기

메뉴+1 소고기 대신 전복, 가자미, 조개, 닭고기 등 다양한 단백질 재료로 대체해 보세요.

소고기뭇국

푹 끓이면 간을 하지 않아도
고소하고 깊은 맛이 절로 우러나요.
넉넉히 끓여 소분 냉동해두기에도 좋은 메뉴죠.

재료 (2~3회 분량)		대체 가능한 재료
ㅁ 소고기(국거리)	70g	다진 소고기
ㅁ 무	100g	-
ㅁ 다진 마늘	반티스푼	생략 가능
ㅁ 육수(채수)	200~250ml	물
ㅁ 들깨가루	1티스푼	생략 가능

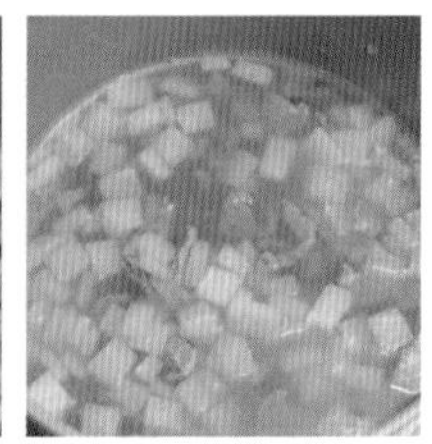

1. 소고기와 무를 잘게 썬다.
2. 냄비에 식용유를 약간 두르고 다진 마늘을 중간 불로 볶는다. 마늘 향이 올라오면 소고기와 무를 더해 볶는다.
3. 소고기 핏기가 가시면 육수를 붓고 중간 불로 끓이다가 끓어오르면 약한 불로 줄여 30분 이상 푹 끓인다.
4. 들깨가루를 뿌리고 잘 저어준 뒤 3분 후에 불을 끈다.

· 국거리용 소고기는 어중간하게 끓이면 질기지만 푹 끓이면 부드러워져요.

· 덩어리 고기를 잘 못 씹는 아이는 다진 소고기를 사용해도 좋아요.

맛더하기 국간장 1티스푼으로 간하기

새우애호박국

새우와 애호박의 만남은 늘 맛있죠.
생새우를 써도 좋고 건새우나 밥새우를 활용해도 돼요.

재료 (3~4회 분량)		대체 가능한 재료
□ 새우살	70g	건새우 2~3숟가락
□ 애호박	50g	쥬키니호박
□ 감자	50g	생략 가능
□ 육수(채수)	500ml	물
□ 대파	10g	생략 가능

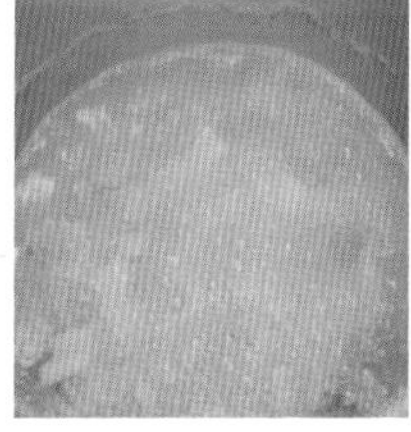

1. 손질한 새우, 애호박, 감자를 잘게 썬다.
2. 육수에 감자를 넣고 10분 정도 끓인다.
3. 감자가 익으면 애호박, 새우, 대파를 넣는다.
4. 애호박과 새우가 모두 익으면 불을 끈다.

· 양파, 당근을 더해도 좋아요.

· 마지막에 달걀물을 풀어 고소하고 부드러운 국으로도 만들어 보세요.

맛 더하기 2번 과정에서 국물에 된장 1티스푼 풀기

유부콩나물국

콩나물국에 유부를 더해
맛과 영양가를 모두 높였어요.
어린 아기에게 줄 때는 콩나물을 잘게 썰어 주세요.

재료 (2~3회 분량)		대체 가능한 재료
ㅁ 콩나물	90g	숙주나물
ㅁ 유부	40g	-
ㅁ 당근	20g	생략 가능
ㅁ 대파	10g	생략 가능
ㅁ 육수(채수)	400ml	물

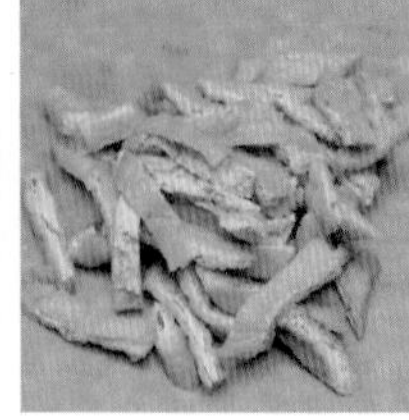
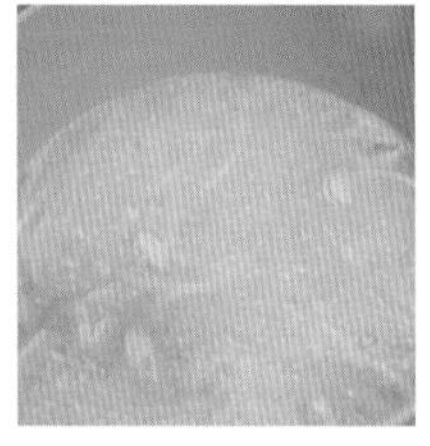
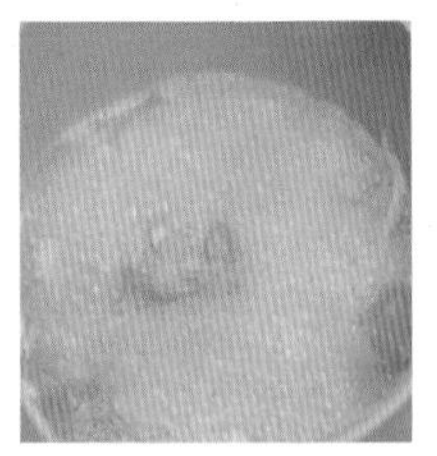

1. 유부를 꾹 짜서 끓는 물에 3분간 데친 뒤, 찬물에 헹구어 한 번 더 짠다.
2. 유부를 잘게 썬다. 당근과 대파도 잘게 썰어둔다.
3. 육수에 콩나물과 유부, 당근을 넣고 5분 이상 끓인다. 뚜껑은 처음부터 끝까지 열어두거나 5분 내내 닫은 상태를 유지해 콩나물 비린내를 방지한다.
4. 대파를 넣고 숨이 죽으면 불을 끈다.

조미 유부를 데쳐 쓰면 각종 첨가물과 함께 짠맛도 많이 줄어들어요.

맛 더하기 새우젓이나 국간장 1티스푼으로 간하기

해물맑은탕

해물과 채소만으로 맛을 낸 순한 해물탕입니다.
여러 가지 해물을 넣어 풍성하게 즐겨 보세요.

재료 (가족 한 끼 분량)		대체 가능한 재료
ㅁ 각종 해물	400~500g	-
ㅁ 채수(육수)	1L	물
ㅁ 무	100g	-
ㅁ 미나리, 버섯, 배추	각 30g	미나리는 쑥갓으로 대체, 없는 재료는 생략
ㅁ 콩나물	50g	숙주나물
ㅁ 대파	10g	쪽파
ㅁ 다진 마늘	1티스푼	-

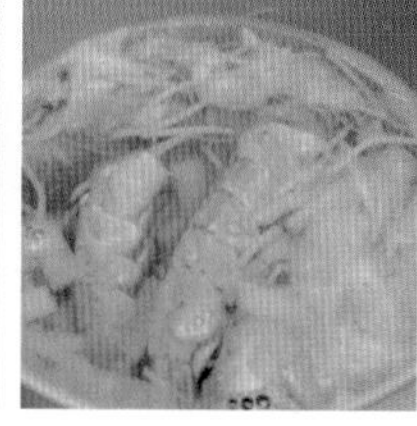
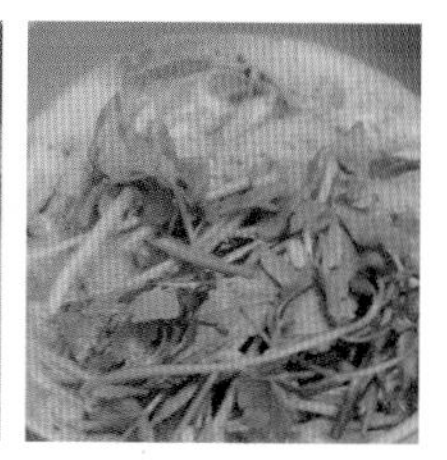

1. 해물을 깨끗이 손질한다.
2. 모든 채소를 먹기 좋은 크기로 썬다.
3. 육수에 무를 먼저 넣고 중간 불로 15분간 끓이다가 다진 마늘, 콩나물, 배추, 버섯을 넣고 끓인다.
4. 채소가 익으면 해물, 미나리, 대파를 더한다. 해물이 다 익을 때까지만 끓이고 불을 끈다.

Tips!

· 해산물, 특히 오징어나 낙지 등은 오래 끓이면 질겨지므로 익었을 때 바로 불을 꺼야 부드럽게 먹을 수 있어요.

· 생선, 조개, 알, 미더덕 등 가족이 좋아하는 해산물을 다양하게 넣어 응용해 보세요.

맛 더하기 3번 과정에서 맛술 1숟가락 더하기, 국간장으로 간 맞추기

김국

김을 넣어 바다의 풍미를 살린 국이에요.
약간의 간을 더하면 어른 입맛에도 맛있어요.

재료 (2~3회 분량)		대체 가능한 재료
☐ 김(김밥 김 기준)	1장	-
☐ 애호박	20g	쥬키니호박
☐ 당근	20g	-
☐ 팽이버섯	20g	다른 버섯류
☐ 육수(채수)	300ml	물
☐ 참기름(들기름)	1티스푼	생략 가능

1. 애호박, 당근, 팽이버섯을 잘게 썬다.
2. 육수에 채소를 모두 넣고 끓인다.
3. 당근이 익으면 김을 자르거나 부숴 넣고 섞는다.
4. 불을 끄고 참기름을 둘러준다.

마지막에 달걀을 풀어 주면 단백질까지 더한 맛있는 국이 돼요.

맛 더하기 액젓이나 국간장 1티스푼으로 간하기

달걀국

뭘 차려야 할지 모르겠다 싶으면
가장 만만하게 할 수 있는 국, 달걀국!
집에 있는 자투리 채소를 유연하게 활용해 주세요.

재료 (2~3회 분량)		**대체 가능한 재료**
□ 애호박, 당근, 양파, 버섯	각 20g	없는 재료는 생략 가능
□ 달걀	1개	-
□ 육수(채수)	300ml	물
□ 대파	1숟가락	쪽파, 부추, 생략 가능

1. 채소를 채 썰거나 작게 썬다.
2. 냄비에 식용유를 아주 조금 두르고 중간 불로에 양파를 볶는다.
3. 양파 겉면이 노릇해지면 육수를 붓고 당근과 애호박을 차례로 넣는다.
4. 애호박이 익으면 달걀을 풀어 냄비에 원을 그리며 둘러준다.
5. 곧바로 팽이버섯을 더하고 달걀이 다 익으면 불을 끈다.

Tips!

약간 덩어리진 달걀이 좋으면 달걀을 넣은 뒤 최소한으로만 저으세요. 부드럽게 먹으려면 달걀을 넣자마자 휘저어 풀어 주세요.

맛 더하기 액젓이나 국간장 1티스푼으로 간하기

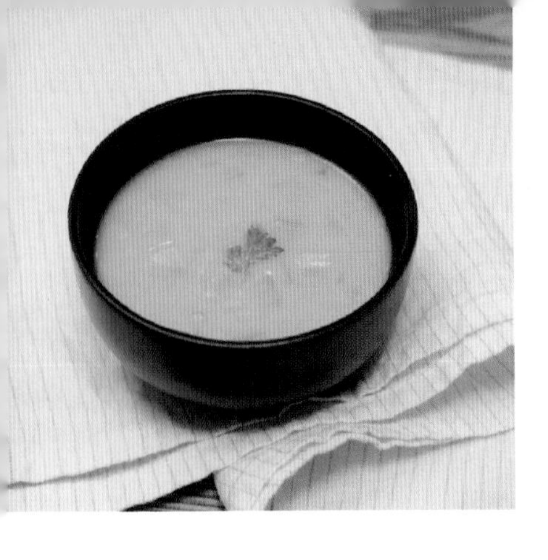

콩탕

슈퍼푸드의 하나인 병아리콩으로 탕도 끓일 수 있어요.
순하고 고소하고 영양까지 만점이랍니다.

재료 (3~4회 분량)		대체 가능한 재료
□ 삶은 병아리콩	100g	다른 콩류(서리태, 백태, 강낭콩 등)
□ 양파	30g	-
□ 애호박	20g	-
□ 무	30g	-
□ 다진 마늘	반티스푼	마늘가루 1/4티스푼
□ 육수(채수)	350ml	물

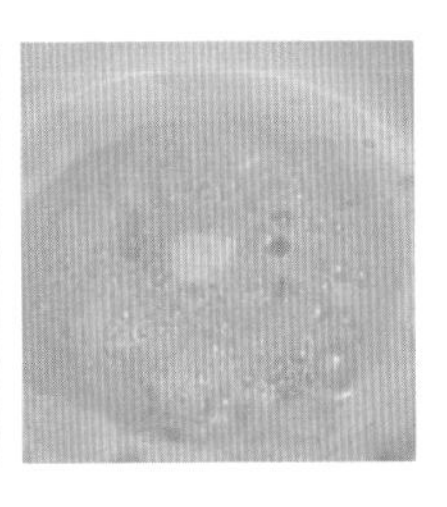

1. 양파, 애호박, 무를 잘게 썬다.
2. 냄비에 식용유를 약간 두르고 다진 마늘을 중간 불로 볶다가 양파를 더한다.
3. 양파가 반투명해지면 무를 넣고 조금 더 볶다가 애호박을 넣고 육수를 반 분량만 부어 끓인다.
4. 나머지 육수 반과 삶은 병아리콩을 믹서에 곱게 간다.
5. 무가 다 익으면 4를 붓고 저어가며 끓인다. 한 번 다시 끓어오르면 불을 끈다.

당근, 두부, 배추 등을 더해도 좋아요.

맛더하기
- 액젓이나 된장 또는 국간장으로 간하기, 2번 과정에서 김치를 같이 볶기
- 어른은 청양고추 더하기

묵사발

도토리묵을 잘 먹는 아이라면
묵사발도 아주 좋아할 거예요.
여름에 시원하게 먹으면 정말 맛있어요.

재료 (1~2회 분량)		대체 가능한 재료
□ 도토리묵	80g	청포묵
□ 애호박	20g	생략 가능
□ 육수	200ml	채수
□ 달걀	1개	생략 가능
□ 김가루	1숟가락	생략 가능
□ 깨	1티스푼	-

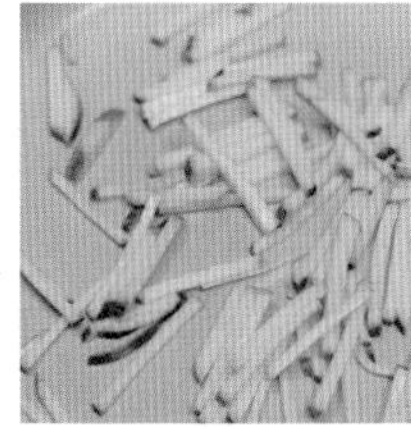

1. 도토리묵을 깍둑썰기하거나 길게 썬다. 애호박은 채 썬다.
2. 애호박은 식용유를 약간 두른 팬에 볶고, 달걀은 지단을 부쳐 채 썬다.
3. 끓는 물에 묵을 넣고 색이 짙어질 때까지 데쳐 건지고 그릇에 담는다.
4. 육수를 그릇에 부어주고, 애호박, 달걀, 김가루, 빻은 깨를 올려 섞어준다.

· 도구 사용을 하지 못하는 아이에겐 미끄러워서 먹기 어려울 수 있어요. 큼직하게 썰면 손으로 먹는 데 도움이 돼요. 도구를 막 쓰기 시작한 아기라면 도토리묵을 깍둑썰기해서 포크로 찍어먹거나 숟가락으로 떠먹을 수 있게 해주세요.

· 겨울철엔 끓인 육수를 부어 따뜻하게, 여름철엔 냉장해둔 육수를 부어 시원하게 먹어요.

· 밥을 말아주면 쉽게 한 그릇 뚝딱 할 수 있어요.

맛 더하기 육수에 국간장 1티스푼 더하기, 김치를 잘게 썰어 더하기

등갈비탕

가장 기본적인 갈비탕 레시피예요.
소고기나 닭고기로도 할 수 있죠.
뭐든 푹 끓이면 맛있어진다는 것은 진리!

재료 (가족 식사 분량)		**대체 가능한 재료**
□ 돼지 등갈비	400~500g	소갈비, 닭 한마리
□ 당근	1개	-
□ 양파	1개	-
□ 무	250g	-
□ 대파	1대	-
□ 마늘	6~7톨	다진 마늘
□ 육수	2L	물

1. 채소를 큼직하게 썬다.
2. 등갈비를 흐르는 물에 씻고 끓는 물에 3분간 데쳐 건진다.
3. 육수에 모든 재료를 넣고 30분 이상 중간 불에 끓인다.
4. 고기가 충분히 익으면 불을 끈다.

삶은 국수나 당면을 말아 먹으면 든든한 한 끼가 돼요. 국물에 밥이나 누룽지를 넣고 끓여도 좋지요.

맛더하기
- 국간장 1~2숟가락 또는 소금 1티스푼으로 간하기
- 간장 + 고춧가루 + 식초를 섞은 양념에 찍어 먹기

비트토마토 치킨스튜

닭볶음탕처럼 빨간 치킨 스튜.
비록 매콤한 맛은 없지만 온가족이 함께
건강한 닭고기 요리를 즐겨요!

재료(가족 식사 분량)		대체 가능한 재료
□ 닭고기(닭볶음탕용/날개/봉/다리)	500g	-
□ 마늘	5톨	다진 마늘
□ 고구마 + 당근 + 브로콜리 + 셀러리	총 200~300g	기타 냉털 채소
□ 비트토마토소스(182쪽)	전량	라구소스(181쪽)

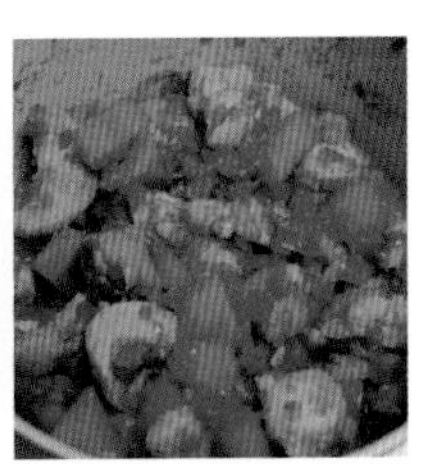

1. 마늘을 편으로 썰고 나머지 채소를 먹기 좋은 크기로 썬다.
2. 씻은 닭고기를 끓는 물에 3분간 데치고 건진다.
3. 냄비에 버터나 올리브오일을 약간 두르고 중간 불에 편 마늘을 노릇하게 볶다가 채소와 닭고기를 더해 볶는다.
4. 재료 표면이 노릇해지면 비트토마토소스를 넣고 30분 이상 약한 불로 뚜껑을 닫고 끓인다. 바닥이 눌지 않게 중간중간 저어준다. 재료가 모두 익으면 완성.

Tips!

· 181쪽의 라구소스가 넉넉히 있다면 비트토마토소스 대신 활용해도 돼요.

· 재료 수분이 적은 경우 6번 과정에서 눌어붙을 수 있어요. 물을 조금 더해 주세요.

· 아기치즈 한 장을 녹여 먹으면 맛있어요.

맛 더하기 소금 반티스푼으로 간하기, 후추 더하기

상냥한(단호박) 고기스튜

단호박의 단맛이 고기와 채소를 포근하게 감싸는 스튜.
맛은 상냥하지만 뒤처리는 상냥하지 않을 수도 있어요.

재료 (가족 식사 분량)		대체 가능한 재료
ㅁ 돼지 등갈비	600g	닭고기(볶음탕용, 날개, 봉, 다리 등)
ㅁ 양념채소 : 단호박 + 당근	총 300g	-
ㅁ 건더기채소 : 양파 + 당근 + 브로콜리	총 200g	각종 냉털 채소
ㅁ 다진 마늘	1숟가락	-
ㅁ 육수(채수)	250ml	물
ㅁ 우유	100~200ml	두유, 아몬드밀크, 분유 탄 물
ㅁ 월계수 잎	1장	생략 가능

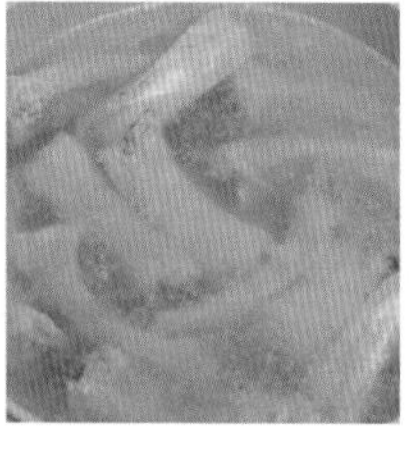
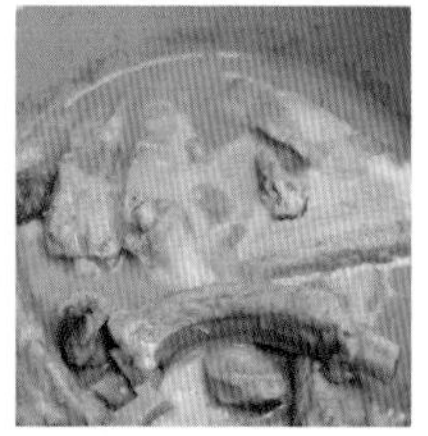

1. 단호박과 당근 일부는 손질하고 토막내어 전자레인지 용기에 넣고 물 3숟가락을 부어 4분간 돌려 찐다.
2. 양파, 당근 나머지, 브로콜리를 깍둑썰기한다.
3. 믹서에 1과 다진 마늘, 육수를 넣고 곱게 간다.
4. 끓는 물에 등갈비와 월계수 잎을 넣고 3분간 데친다.
5. 빈 냄비에 2, 3, 등갈비를 모두 넣고 중간 불로 끓이다가 끓어오르면 약한 불로 줄여 30분 이상 끓인다. 바닥에 눌어붙지 않게 중간중간 뒤섞어준다.
6. 모든 재료가 다 익으면 우유를 붓고 잘 섞어 한 번 더 끓어오르면 불을 끈다.

Tips!

단호박 껍질은 다 벗겨내지 않아도 돼요.

맛 더하기 소금 반티스푼 더하기

슈렉갈비찜

열심히 먹다 보면 슈렉이 되어있을지도 모르는
맛있는 갈비찜 레시피입니다.

재료 (가족 식사 분량)		**대체 가능한 재료**
ㅁ 돼지 등갈비	600g	닭고기(볶음탕용, 날개, 봉, 다리 등)
ㅁ 시금치	80g	근대
ㅁ 사과	1개	-
ㅁ 양파(양념용)	80g	-
ㅁ 양파(건더기용), 고구마, 당근	각 50g	다른 채소류 추가 가능
ㅁ 마늘	2~3톨	다진 마늘 1숟가락
ㅁ 육수(채수)	150ml	물

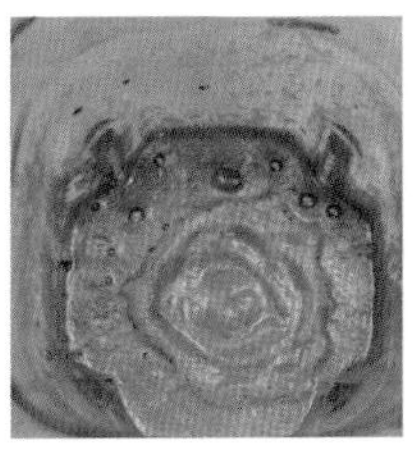

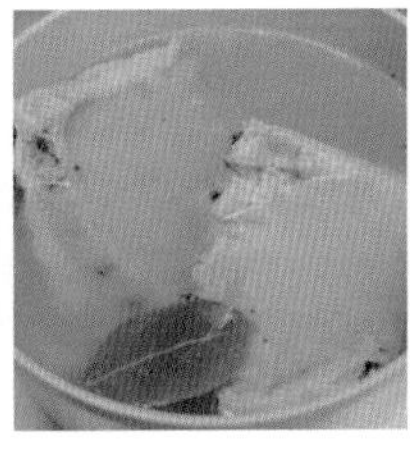
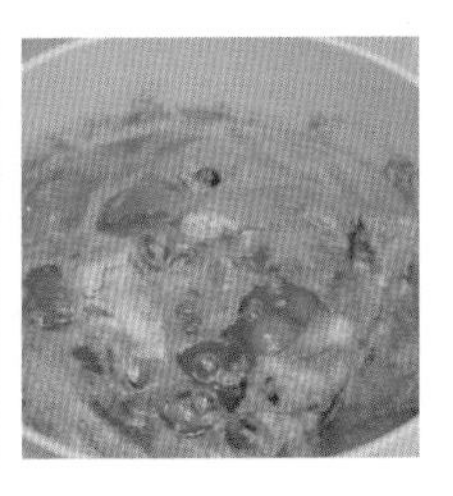

1. 끓는 물에 시금치를 20초 데치고 찬물에 헹궈 물기를 꼭 짠다.
2. 시금치, 사과, 양파 80g, 마늘, 육수를 믹서에 모두 넣고 곱게 간다.
3. 덩어리 채소들을 깍둑썰기한다.
4. 끓는 물에 등갈비를 넣고 3분간 데치고 건진다.
5. 빈 냄비에 2, 3, 등갈비를 모두 넣고 중간 불로 끓이다가 끓어오르면 약한 불로 줄여 30분 이상 끓인다. 바닥이 눌어붙지 않게 중간중간 뒤섞어준다.

등갈비를 데칠 때 월계수 잎이 있다면 넣어주세요.

맛더하기 소금 반티스푼 더하기

치킨커리스튜

카레를 약간 넣는 것만으로도 근사한 요리가 돼요.
밥과 먹어도, 빵과 먹어도 좋은 메뉴입니다.

재료(가족 식사 분량)		대체 가능한 재료
□ 닭고기(닭볶음탕용/날개/다리/봉)	800g	돼지고기
□ 새우살	100g	-
□ 양파	80g	-
□ 고구마	120g	-
□ 다진 마늘	4~5톨	편마늘
□ 각종 채소	총 80g	-
□ 육수(채수)	300ml	물
□ 우유	100ml	두유, 분유 탄 물, 아몬드밀크
□ 카레가루	1티스푼	-

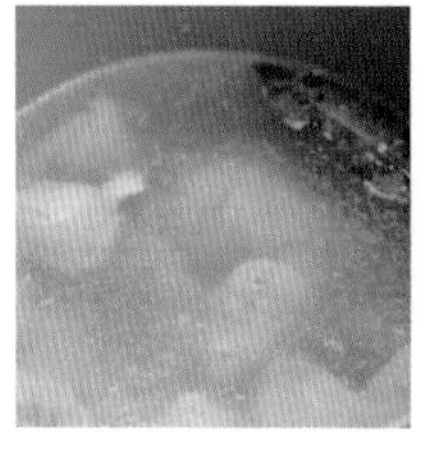

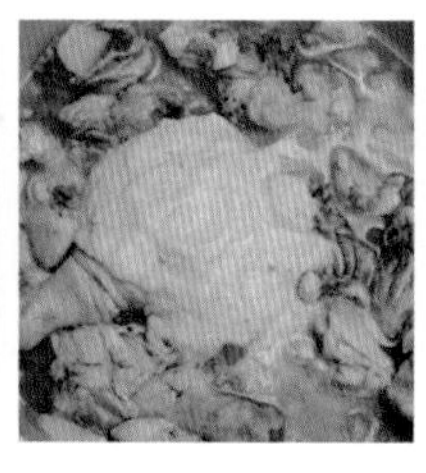

1. 채소는 먹기 좋은 크기로 썬다. 고구마는 삶거나 쪄서 익히고 으깬다.
2. 닭고기를 씻고 끓는 물에 3분 데친다.
3. 팬에 올리브오일 또는 식용유를 두르고 마늘과 양파를 볶다가 양파가 반투명해지면 새우살과 다른 채소들을 넣고 3분 이상 볶는다.
4. 육수를 넣고 뚜껑을 덮어 닭고기가 익을 때까지 중간 불로 푹 익힌다. 중간중간 저어준다.
5. 우유, 고구마, 카레가루를 섞어 붓고 잘 섞는다.
6. 한소끔 끓어오르면 불을 끈다.

Tips!

월계수 잎이 있다면 4번 과정에서 넣고 10분 뒤에 건져 주세요.

맛 더하기 카레가루 양 늘리기, 마지막에 후추 더하기

토마토 해물스튜

지중해식 해물스튜를 순한 맛으로 만들어 보았어요.
허브를 좋아하는 가정은 아낌없이 넣어 주세요.

재료 (가족 식사 분량)		대체 가능한 재료
□ 해물(새우, 오징어, 조개 등)	300g	-
□ 토마토	300g	홀토마토
□ 양파	80g	-
□ 셀러리	30g	생략 가능
□ 새송이버섯	40g	다른 버섯류
□ 마늘	5~6톨	다진 마늘
□ 채수(육수)	50~100ml	물

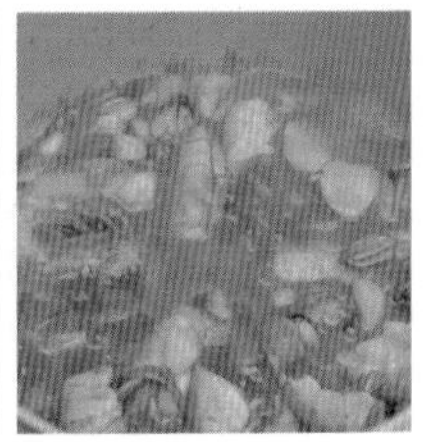

1. 양파, 셀러리, 버섯을 모두 작게 썬다. 마늘은 편으로 썬다. 토마토는 반은 믹서에 갈고, 반은 작게 썬다. 해물은 손질하여 잘 씻는다.
2. 냄비에 식용유 또는 올리브유를 약간 두르고 양파와 마늘을 중간 불로 볶는다.
3. 마늘과 양파가 노릇해지면 나머지 채소와 해물을 넣고 5분간 볶는다.
4. 1에서 갈았던 토마토와 채수를 부어 중간 불로 끓이다가 끓어오르면 뚜껑을 덮고 약한 불로 줄여 20분 이상 끓인다. 중간중간 뚜껑을 열어 저어준다.

허브나 후추를 더하면 풍미가 더 좋아요. 치즈를 뿌려 먹어도 맛있어요.

맛 더하기
- 시판 토마토 소스 2~3숟가락 추가
- 어른은 고추장 약간 또는 고춧가루 더하기

치킨누들스프

아픈 아이, 건강한 아이 모두 좋아하는 치킨 누들 스프!
닭고기와 채소에서 국물이 우러나와
건강하고 맛있는 한 끼 식사가 됩니다.

재료 (가족 식사 분량)		대체 가능한 재료
ㅁ 닭고기(볶음탕용)	800g	부위별 닭고기(날개, 다리, 봉, 살코기 등 모두 가능)
ㅁ 각종 채소(당근, 감자, 브로콜리,양파 등)	200g	-
ㅁ 다진 마늘	1티스푼	통마늘, 마늘가루 반티스푼
ㅁ 월계수 잎	1장	다른 허브류 또는 생략 가능
ㅁ 국수면(쌀국수, 소면 등)	100g	누룽지, 쌀밥 등

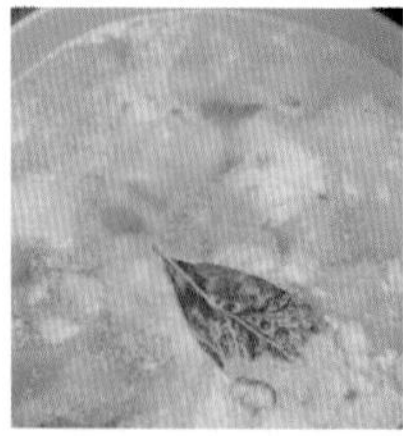

1. 닭고기는 살이 두꺼운 부분에 칼집을 내고, 깨끗이 씻어 우유에 30분 정도 담가둔다(생략 가능). 채소를 큼직하게 썬다.
2. 끓는 물에 닭고기와 월계수 잎을 넣고 5분간 삶고 건진다.
3. 깊이가 있는 팬에 버터나 올리브오일을 약간 두르고 다진 마늘과 채소를 모두 넣는다. 중간 불 또는 센 불에서 표면을 그을리듯 볶다가 닭고기도 넣고 함께 볶는다. 이때 채소를 완전히 익히지 않아도 된다.
4. 재료들이 잠길 만큼의 물을 붓는다. 뚜껑을 닫고 센 불로 끓이다가 끓어오르면 약한 불로 줄여 40분 이상 끓인다.
5. 4를 끓이는 동안 다른 냄비에 물을 끓여 국수를 삶는다. 익은 국수는 찬물에 헹궈 체에 밭쳐둔다.
6. 그릇에 국수와 고기, 채소, 국물을 담아 완성한다.

마지막에 국수를 스프에 넣고 한 번 끓여 뜨끈하게 먹으면 더 맛있어요. 국수 대신 누룽지나 쌀밥을 잠시 끓여도 좋아요.

맛 더하기
- 소금 반티스푼이나 국간장 1숟가락으로 간하기
- 어른은 고춧가루나 청양고추 더하기

가지 소고기 그라탕

이 메뉴의 꾸준한 인기 비결은 만들기 쉽다는 점도 있지만
가지 맛이 많이 안 난다는 것이 한몫하는 것 같아요.
달걀찜 같은 식감의 그라탕입니다.

재료 (2~3회 분량)		대체 가능한 재료
□ 가지	80g	-
□ 토마토	70g	-
□ 다진 소고기	50g	돼지고기, 닭고기
□ 양파	60g	양파잼 2숟가락
□ 달걀	1개	-
□ 아기치즈	1~2장	피자 치즈, 모짜렐라
□ 우유	20ml	두유, 분유 탄 물, 아몬드밀크

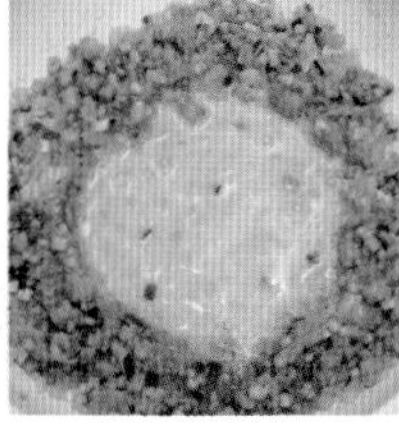

1. 모든 재료를 각각 다지고, 식용유를 두른 팬에 양파 → 토마토 → 고기+가지 순으로 더해가며 중간 불로 볶는다.
2. 불을 끄고 한 김 식혀서 달걀과 우유를 섞는다.
3. 내열 용기에 부으며 중간중간 자른 치즈를 넣는다.
4. 덮개를 살짝 덮어 전자레인지에 4~5분 돌린다.

Tips!

2번에서 한 김 식히는 이유는 너무 뜨거운 상태에서는 달걀이 굳기 때문이에요. 볼에 미리 달걀, 우유를 풀어놓고 거기에 볶은 재료를 넣으면 굳을 염려가 없어서 더 빨리 조리할 수 있어요.

맛더하기 1번 과정에서 소금 2꼬집 더하기, 아기치즈 대신 피자 치즈 사용

오트밀포리지& 오나오(오버나이트 오트밀)

많은 가정에서 아침 메뉴로 사랑받는 포리지와 오나오.
간편하면서도 영양가를 챙길 수 있는 아침 식사로는
이 둘을 이길 메뉴가 없는 것 같아요.

재료 (1~2회 분량)		대체 가능한 재료
ㅁ 우유 또는 요거트	80g	두유, 분유 탄 물, 아몬드밀크
ㅁ 오트밀	15g	-
ㅁ (다진) 견과류	1숟가락	생략 가능
ㅁ 과일	한 줌	-

❶ 우유에 오트밀을 섞는다.

[오버나이트 오트밀]

❷ 전날 밤에 냉장고에 넣어두고 아침에 과일이나 견과류 등을 곁들여준다.

[오트밀 포리지]

❷ 1을 냄비에 끓인다. 우유나 물을 추가해가며 원하는 질감이 되면 불을 끈다. 기호에 따라 과일 퓨레나 견과류, 으깬 고구마, 단호박 등을 섞어도 좋다.

Tips!

· 하룻밤 냉장고에 둔다는 의미로 '오버나이트'라는 수식어가 붙었어요. 오트밀이 충분히 불어나 부드럽게 먹을 수 있어요.

· 여름에는 차갑게, 겨울에는 포리지로 따뜻하게 드세요.

· 오트밀 포리지에는 어떤 재료를 넣어도 괜찮아요. 과일, 견과류 외에도 다져서 볶은 채소나 고기를 넣어 죽처럼 먹을 수도 있어요.

맛 더하기 꿀(12개월 이후)이나 메이플 시럽 더하기

새우오트밀죽

오트밀을 쌀 대신 죽 메뉴에 사용해 보세요.
식감도 재미있고, 고소하고, 건강해요.
다른 육류 재료로도 응용할 수 있지요.

재료 (2~3회 분량)		대체 가능한 재료
□ 새우살	70~80g	돼지고기, 닭고기, 소고기
□ 양파	50g	-
□ 당근	30g	-
□ 애호박	30g	-
□ 오트밀	20g	쌀밥 80g
□ 채수(육수)	100~200ml	물
□ 다진 마늘	1티스푼	생략 가능

1. 양파, 당근, 애호박, 손질한 새우를 모두 잘게 썬다.
2. 냄비에 식용유를 약간 두르고 다진 마늘을 중간 불로 볶는다.
3. 마늘 향이 올라오면 양파, 당근, 애호박, 새우를 넣고 볶다가 육수를 붓는다. 중간 불로 끓이다가 끓어오르면 약한 불로 줄인다.
4. 오트밀을 넣고 저어주며 오트밀 식감이 원하는 만큼 풀어질 때까지 약한 불로 끓인다.

기호에 따라 들기름, 참기름, 깨, 김가루 등을 더해서 먹으면 더 맛있어요.

맛 더하기 소금 2~3꼬집으로 간하기

단호박 누룽지죽

누룽지로 죽을 끓이면 훨씬 고소해요.
단호박으로 맛과 섬유질을 보강한 누룽지죽 레시피입니다.

재료 (1~2회 분량)		**대체 가능한 재료**
ㅁ 단호박	50g	고구마
ㅁ 누룽지(건조 상태의 중량)	30g	오트밀
ㅁ 육수(채수)	200ml	물
ㅁ 만능소복(48쪽)	1~2숟가락	생략 가능

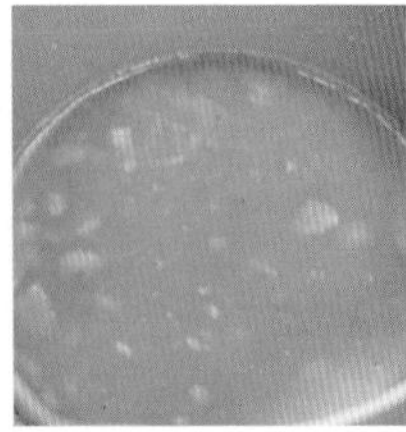
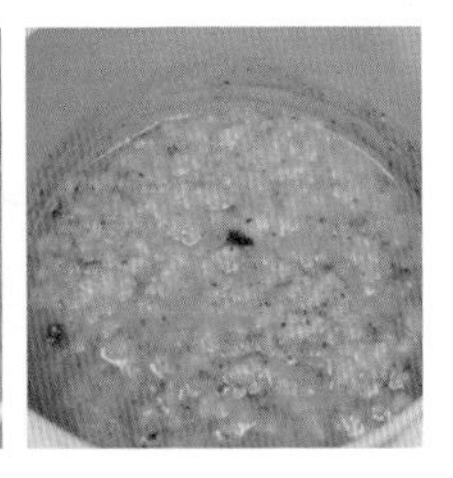

1. 단호박을 쪄서 익히고(28쪽 참고) 육수와 함께 믹서에 간다.
2. 냄비에 1과 누룽지를 넣고 섞은 뒤 20분 정도 상온에 두어 누룽지를 불린다.
3. 중간 불로 끓이다가 끓어오르면 약한 불로 줄여 저어가며 끓인다.
4. 누룽지가 원하는 만큼 부드러워지면 불을 끈다. 끓이다가 너무 뻑뻑하면 물을 더 넣어 농도를 조절해준다. 끓이는 중간에 만능소복을 더하거나 마지막에 고명처럼 올려준다.

· 단호박은 곱게 갈기 때문에 껍질을 다 제거하지 않아도 돼요.

· 아침 식사로 전날 밤에 미리 준비해도 돼요. 충분히 불어난 누룽지에 물을 조금 더 부어 끓여주세요.

맛 더하기 소금 2~3꼬집으로 간하기

소고기채소죽

가장 기본적인 죽 레시피예요.
아이의 기호에 맞춰 밥알의 식감을 조절해 주세요.

재료 (2~3회 분량)		대체 가능한 재료
□ 쌀밥	150g	-
□ 만능소볶(48쪽)	70g	다짐육 + 다진 채소
□ 채수(육수)	200ml	물

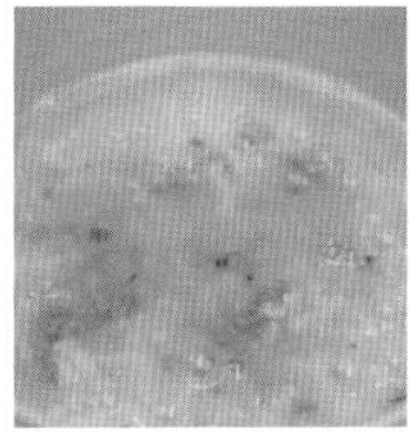
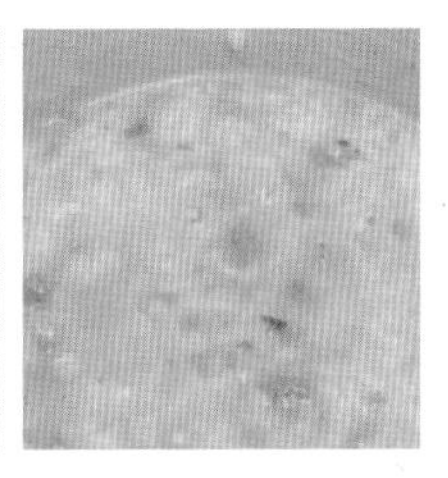

1. 채수를 끓여 밥을 풀어준다.
2. 한 번 끓어오르면 약한 불로 줄이고 만능소볶을 넣고 섞는다.
3. 바닥이 눌지 않게 저어가며 끓이고 원하는 점도가 되면 불을 끈다. 푹 끓이고 싶으면 물이나 채수(육수)를 더해 오래 끓인다.
4. 기호에 따라 깨나 김가루, 참기름 등을 뿌려 먹는다.

만능소볶이 준비돼 있지 않다면, 냄비에 식용유를 약간 둘러 다진 재료들을 센 불로 볶아 겉만 익혀주세요. 그리고 1번, 3번 과정 순서대로 따라가면 돼요.

맛더하기 소금 2~3꼬집, 또는 국간장 1티스푼으로 간하기

소고기 미역죽 & 리조또

우리 카페 인기 레시피, 소고기 미역 리조또!
두유나 유제품을 쓰지 않고 죽으로 만들어도 좋아요.

재료 (1~2회 분량)		대체 가능한 재료
□ 소고기(국거리 또는 다짐육)	50g	-
□ 건미역	2g	-
□ 쌀밥	100g	-
□ 다진 마늘	1티스푼	마늘가루 반티스푼
□ 육수(채수)(리조또는 반만)	150ml	물
□ 두유(리조또에만 사용)	80ml	우유, 아몬드밀크, 분유 탄 물
□ 들깨가루	1티스푼	생략 가능

1. 미역은 찬물에 충분히 불리고 비벼 씻어준 뒤 물기를 털어 다진다. 소고기는 다지거나 잘게 썬다.
2. 팬에 식용유를 약간 두르고 중간 불에 다진 마늘을 볶다가 소고기와 미역을 더해 볶는다.
3. 소고기의 핏기가 가시면 육수를 붓고 10분간 끓이다가 밥을 더해 잘 풀어준다.

[죽]

4. 들깨가루 1티스푼을 섞고 약한 불로 줄여 저어가며 끓이다가 밥이 원하는 정도로 부드러워지면 불을 끈다. 기호에 따라 참기름이나 들기름을 더한다.

[리조또]

4. 약한 불에 저어가며 끓이다가 국물이 다 졸아들면 들깨가루와 두유를 넣고 잘 젓는다. 한 번 더 끓어오르면 불을 끈다.

맛 더하기 2번 과정에서 국간장 1~2티스푼 사용하기

Tips!

- 리조또에는 우유를 쓰는 것이 일반적이지만, 이 레시피에서는 미역과 궁합이 좋은 두유를 사용했어요. 두유가 없으면 대체 재료를 사용하면 됩니다.
- 밥알이 다 퍼지기 전에 국물이 졸아들면 물이나 육수를 더해 원하는 만큼 부드럽게 만들어주세요.

버섯들깨죽 & 리조또

어떤 버섯을 쓰느냐에 따라 다른맛을 즐길 수 있어요.
들깨가루를 활용해 영양가를 높였습니다.

재료 (1~2회 분량)		대체 가능한 재료
□ 버섯(종류 무관)	30g	-
□ 양파	40g	양파잼 1숟가락
□ 쌀밥	100g	오트밀 30g
□ 육수(채수) (리조또는 반만 사용)	200ml	물
□ 우유(리조또에만 사용)	80ml	두유, 분유 탄 물, 아몬드밀크
□ 들깨가루	1티스푼	생략 가능

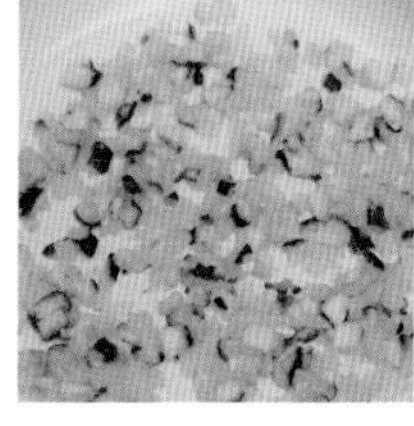
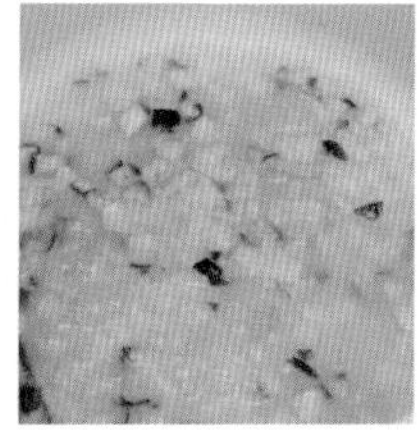
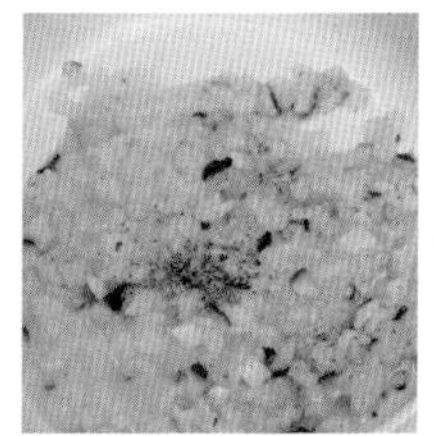

1. 버섯과 양파를 다진다.
2. 팬에 식용유를 약간 두르고 양파를 중간 불로 볶는다.
3. 양파가 노릇해지면 버섯도 함께 볶는다.
4. 버섯 숨이 죽으면 밥과 육수를 붓고 밥알을 잘 풀어 중간 불로 끓인다.

[죽]

5. 들깨가루를 섞고 밥알이 충분히 부드러워질 때까지 저어가며 약한 불로 끓인다.

[리조또]

5. 밥알이 조금 퍼지면 우유를 더해 저어가며 약한 불로 끓이고 들깨가루를 섞는다. 원하는 질감이 되면 불을 끈다.

맛 더하기 소금 2~3꼬집으로 간하기, 먹기 전에 후추와 파마산 치즈 뿌리기

토마토 두부 리조또(노밀크)

우유 대신 두부로 크림의 느낌을 냈습니다.
부드러운 식감과 토마토의 풍미가 잘 어우러져요.

재료 (1~2회 분량)		대체 가능한 재료
□ 토마토	80g	-
□ 두부	50g	-
□ 양파	40g	양파잼 1숟가락
□ 육수(채수)	100ml	물
□ 쌀밥	90g	-

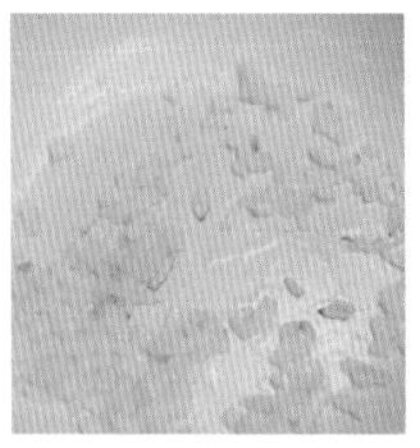
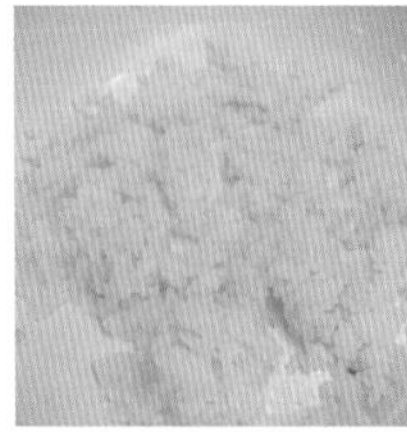
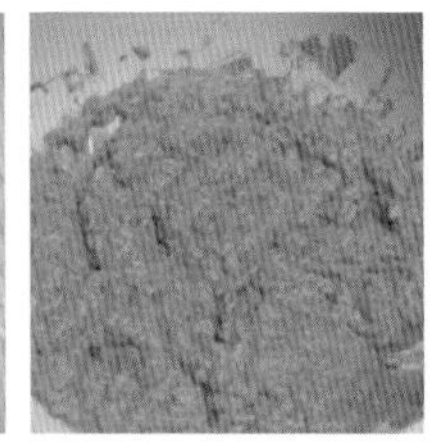

1. 토마토, 두부, 육수를 모두 믹서에 넣고 간다.
2. 팬에 식용유를 약간 두르고 다진 양파를 중간 불로 볶는다.
3. 양파가 노릇해지면 1을 붓고 끓어오르면 밥을 풀어 저어가며 볶는다.
4. 필요에 따라 물이나 육수를 추가해 볶는다. 약한 불로 줄이고 저으며 볶다가 원하는 리조또 질감이 되면 불을 끈다.

· 두부를 갈면 재료 특유의 텁텁한 질감이 생겨요. 아이들은 거의 느끼지 못하지만, 식감에 아주 예민한 아이라면 두부의 양을 줄이고 물 양을 조금 더하거나 토마토의 비율을 높여주세요.

· 다진 고기나 채소류를 더해주면 맛도 영양가도 up됩니다!

소고기 브로콜리 리조또

이유식하는 아기부터 유치원 어린이까지
누구에게나 좋은 식사 메뉴예요.

재료 (1~2회 분량)		**대체 가능한 재료**
ㅁ 브로콜리	50g	양배추, 콜리플라워
ㅁ 다진 소고기	60g	돼지고기, 닭고기
ㅁ 양파	30g	양파잼 1숟가락
ㅁ 쌀밥	90g	-
ㅁ 채수(육수)	100ml	물
ㅁ 우유	120ml	두유, 아몬드밀크, 분유 탄 물

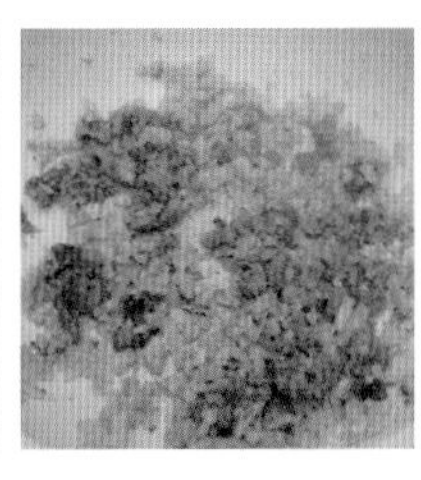
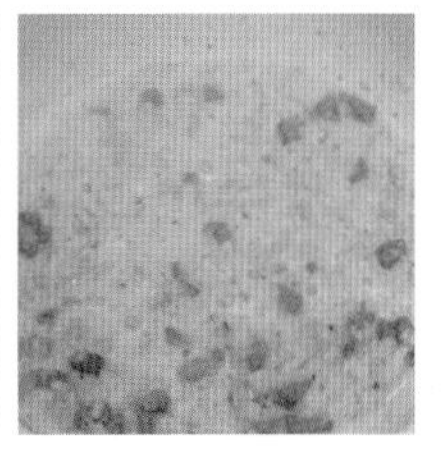

1. 브로콜리와 양파를 잘게 다진다.
2. 팬에 식용유를 두르고 브로콜리와 양파를 중간 불로 볶다가 양파가 반투명해지면 소고기를 더해 볶는다.
3. 채수를 붓고 밥을 풀어 저어가며 끓인다.
4. 채수가 졸아들면 우유를 더해 약한 불로 저어가며 볶는다. 밥알이 원하는 만큼 부드러워지면 불을 끈다.

기호에 따라 마지막에 아기치즈를 녹여 섞어 주세요.

맛 더하기 소금 2~3꼬집으로 간하기, 먹기 전에 파마산 치즈 뿌리기

두부카레

두부를 갈아 넣어 크리미하고 고소한 맛이 좋고
영양가도 우수한 카레 레시피예요.

재료 (3~4회 분량)		대체 가능한 재료
□ 두부	200g	-
□ 양파	100g	-
□ 감자	80g	고구마
□ 당근	40g	-
□ 육수(채수)	180ml	물
□ 카레가루	1~2티스푼	-

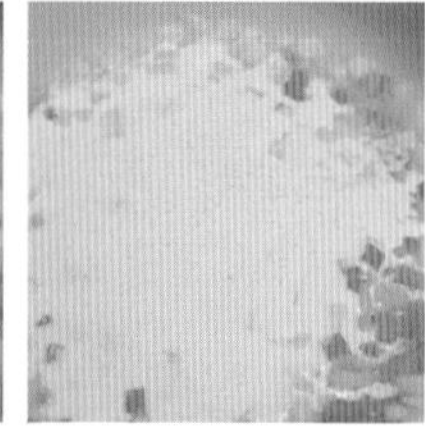

1. 모든 채소를 깍둑썰기하거나 잘게 다진다.
2. 팬에 올리브오일이나 식용유를 약간 두르고 중간 불로 양파를 볶는다.
3. 양파가 반투명해지면 감자와 당근을 볶는다.
4. 감자와 당근 겉이 익으면 육수 100ml를 넣고 모든 채소가 익을 때까지 약한 불에 끓인다.
5. 두부에 물 또는 육수 80ml를 더해 믹서에 곱게 간다.
6. 4에 5를 붓고 카레가루를 넣어 풀어준다. 약한 불로 저으면서 끓이고 살짝 되직해지면 불을 끄고 밥에 곁들여준다.

걸쭉한 카레를 원하면 물 2숟가락에 전분을 1티스푼 타서 마지막에 붓고 섞어주세요.

맛더하기 카레가루 양을 늘리기

요거트카레

요거트에 새콤한 맛이 더해져
이국적인 맛이 나는 카레예요.

재료 (2~3회 분량)		대체 가능한 재료
◻ 요거트	80g	-
◻ 돼지고기(다짐육 또는 카레용)	60g	소고기, 닭고기, 새우
◻ 감자, 당근, 양파	각 40~50g	-
◻ 피망(파프리카)	20g	생략 가능
◻ 육수(채수)	120ml	물
◻ 카레가루	1~2티스푼	-

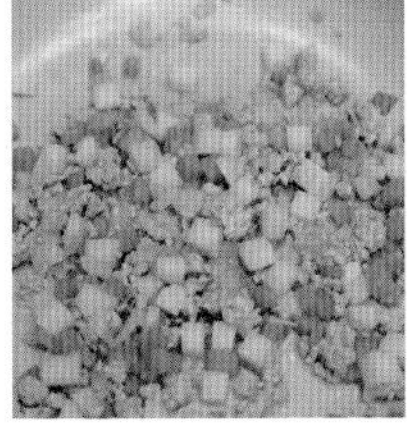

1. 모든 채소를 깍둑썰기하거나 잘게 다진다.
2. 팬에 올리브오일이나 식용유를 약간 두르고 중간 불로 양파를 볶는다.
3. 양파가 반투명해지면 고기, 감자, 당근, 피망을 넣고 볶는다.
4. 5분 정도 볶다가 육수 120ml를 붓는다. 모든 채소가 익을 때까지 약한 불로 중간중간 저어가며 끓인다.
5. 국물이 걸쭉하게 졸아들면 카레가루를 넣어 풀어준다. 골고루 섞이면 한소끔 더 끓이고 불을 끈 뒤, 요거트를 섞는다. 밥에 곁들인다.

걸쭉한 카레를 원하면 5번 과정에서 물 2숟가락에 전분을 1티스푼 타서 마지막에 붓고 섞어주세요.

맛더하기 카레가루 양을 늘리기

고구마카레

카레가루를 아주 조금 넣고 카레 흉내만 냈어요.
고구마의 노란 색 덕분에 그럴듯하죠.
단호박으로 대체해도 좋고, 카레가루를 넣지 않아도 맛있어요.

재료 (3~4회 분량)		**대체 가능한 재료**
ㅁ 고구마	200g	단호박
ㅁ 당근, 양파, 브로콜리	각 30~40g	없는 것 생략 가능
ㅁ 버섯, 파프리카	각 20~30g	없는 것 생략 가능
ㅁ 닭고기(안심, 다리살, 또는 다짐육)	50g	돼지고기
ㅁ 육수(채수)	150ml	물
ㅁ 우유	100ml	두유, 아몬드밀크, 분유 탄 물
ㅁ 카레가루	1~2티스푼	-

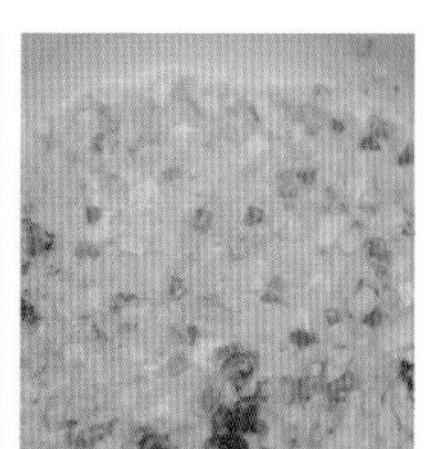

1. 모든 채소를 깍둑썰기하거나 잘게 다진다. 고구마는 찌거나 구워서 으깬다.
2. 팬에 올리브오일이나 식용유를 약간 두르고 양파를 중간 불로 볶는다.
3. 양파가 반투명해지면 닭고기, 당근을 볶는다. 5분 정도 볶다가 버섯, 브로콜리, 파프리카를 추가한다.
4. 5분 정도 더 볶다가 육수를 부어 모든 재료가 익을 때까지 약한 불로 끓인다.
5. 우유와 고구마를 따로 넣거나 함께 갈아서 붓는다. 잘 섞고 한소끔 더 끓인다.
6. 카레가루를 넣어 풀고 저어준다.. 원하는 카레 농도가 되면 불을 끄고 밥에 곁들인다.

맛 더하기 카레가루 양을 늘리기, 우유 대신 생크림 사용

새우가지덮밥

새우의 식감과 감칠맛이 가지와 잘 어우러져요.
슥슥 비벼 한그릇 뚝딱!

재료 (2~3회 분량)		대체 가능한 재료
□ 새우살	70~80g	-
□ 가지	70g	-
□ 양파	60g	양파잼 2숟가락
□ 대파	10g	생략 가능
□ 다진 마늘	1티스푼	마늘가루 반티스푼 또는 생략 가능
□ 채수(육수)	100~150ml	물
□ 전분가루	1티스푼	-

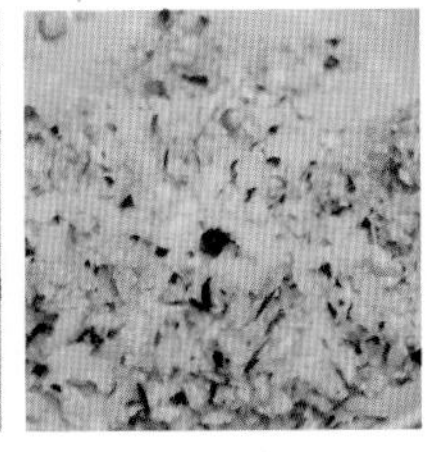
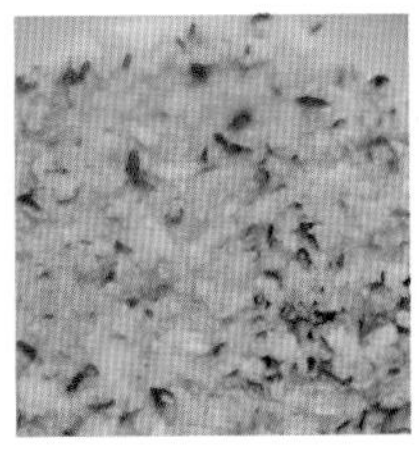
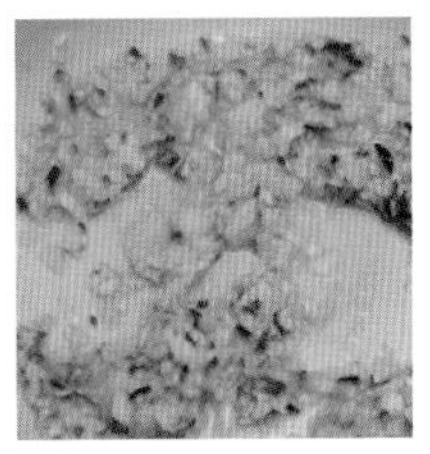

1. 새우, 가지, 대파, 양파를 다진다. 차퍼를 사용할 경우, 대파는 양파와, 가지는 새우와 함께 다지면 가열 조리 과정이 수월하다.
2. 팬에 식용유를 두르고 다진 마늘을 중간 불에 볶다가 대파와 양파를 볶는다.
3. 양파가 반투명해지면 가지와 새우를 더해 볶는다.
4. 새우가 익으면 채수를 붓고 끓인다.
5. 모든 재료가 익으면 약한 불로 줄인다. 전분가루 1티스푼을 물 2숟가락에 섞은 전분물을 두르고 빠르게 저어준 뒤 불을 끈다. 밥에 곁들인다.

Tips!

달걀을 곁들이면 더 맛있어요.

맛 더하기

- 굴소스나 간장 1티스푼으로 간하기
- 어른은 청양고추나 고춧가루 더하기

토마토 달걀덮밥

토마토와 달걀은 궁합이 아주 좋아요.
단짠의 매력이 폭발하는 토마토 달걀 볶음을
덮밥 메뉴로 만들어 보았어요.

재료 (1~2회 분량)		대체 가능한 재료
ㅁ 토마토	40g	-
ㅁ 양파	40g	-
ㅁ 쪽파	5g	부추, 대파, 생략 가능
ㅁ 달걀	1개	-
ㅁ 육수(채수)	50ml	물

1. 토마토, 양파, 쪽파를 다진다.
2. 팬에 식용유를 약간 두르고 중간 불에 양파를 볶는다.
3. 양파가 노릇해지면 토마토와 쪽파를 넣고 3분 정도 볶는다.
4. 육수를 붓고 육수 양이 반 정도 줄어들 때까지 저어가며 볶는다.
5. 달걀을 풀어 4에 붓고 살살 저어준다.
6. 달걀이 원하는 정도로 익으면 불을 끄고 밥에 얹어준다.

맛 더하기 달걀 풀 때 소금 2꼬집 더하기

된짜덮밥

된장으로 짜장 덮밥을 따라해 보았어요.
첨가물이 많이 든 짜장에 결코 뒤지지 않는 맛이에요!
가염식을 시작한 아이에게 권합니다.

재료 (2~3회 분량)

재료	분량	대체 가능한 재료
ㅁ 양파, 당근, 감자, 애호박, 양배추	각 20g	자투리 채소
ㅁ 다진 소고기 또는 돼지고기	60g	닭고기
ㅁ 다진 마늘	1티스푼	마늘가루 반티스푼
ㅁ 된장	반티스푼	콩가루 1숟가락
ㅁ 채수(육수)	200ml	물
ㅁ 전분	1티스푼	-

1. 모든 채소를 잘게 썰거나 다진다.
2. 팬에 식용유를 약간 두르고 중간 불로 양파와 다진 마늘을 노릇하게 볶다가 된장을 섞어 볶는다.
3. 나머지 채소와 고기를 모두 넣고 고기가 익을 때까지 볶는다.
4. 채수를 부어 감자와 당근이 다 익을 때까지 약한 불로 끓인다. 전분을 물 2숟가락에 풀어 두르고 빠르게 젓는다.
5. 적당한 점도가 되면 불을 끄고 밥에 얹어준다.

Tips!

일반 된장을 사용할 경우 무염식을 하던 아이에게는 많이 짤 수 있어요. 된장을 처음 쓴다면 저염 된장부터 시작하고, 레시피 상의 용량보다 줄여서 쓰는 것이 좋아요.

맛 더하기 된장 대신 춘장을 사용하거나 짜장가루를 물에 풀어 사용하기

콩국수

콩국수는 여름의 별미 음식이지만
겨울철에 따뜻하게 먹어도 고소하고 아주 맛있어요.

재료 (2~3회 분량)		대체 가능한 재료
ㅁ 서리태(불리기 전 무게)	50g	병아리콩, 백태
ㅁ 깨(검은깨)	2숟가락	-
ㅁ 오이	1/4개	참외 또는 생략 가능
ㅁ 국수(1회 분량)	30~40g	-

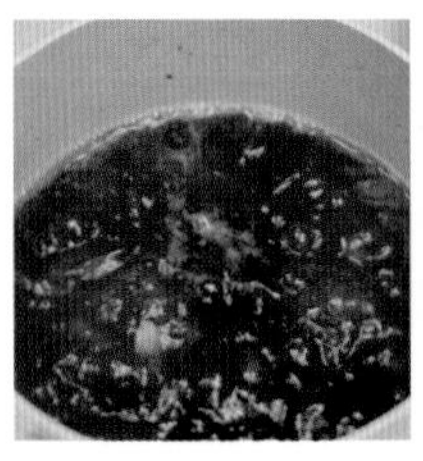

1. 콩은 충분한 양의 물에 하룻밤 불려 약한 불에 30분 이상 삶는다(밥솥에 물을 3컵 붓고 만능찜 모드로 20~30분간 익혀도 좋다).
2. 삶은 콩과 깨를 물 200ml와 함께 믹서에 곱게 간다. 냉콩국수로 먹기 위해서는 간 콩국물을 미리 만들어 냉장 보관한다.
3. 오이를 채 썬다.
4. 국수를 삶아 찬물에 헹구고 그릇에 담는다. 콩국물을 붓고 오이를 올린다.

Tips!

· 콩국물은 두 번 정도 먹을 수 있는 분량이에요. 국물을 처음부터 많이 주면 참방거리며 장난을 치기도 하니, 조금만 넣어 비빔국수 처럼 먹는 것도 좋아요.

· 여름 철엔 오이와 함께 참외를 썰어 넣어 보세요. 아삭하고 달달해서 별미랍니다.

맛더하기
- 국물에 소금 3꼬집, 설탕 반티스푼 더하기
- 조미김 뿌려 먹기

수제비 & 칼국수

한 가지 반죽으로 두 가지 메뉴를 만들 수 있어요.
국수를 써는 과정은 조금 번거롭지만,
수타 국수집 부럽지 않은 면발을 즐길 수 있지요.

재료 (2~3회 분량)		대체 가능한 재료
□ 통밀가루	130g	쌀가루
□ 물	80g	-
□ 만능소볶(48쪽)	50g	채채볶음(154쪽)
□ 육수	400ml	채수

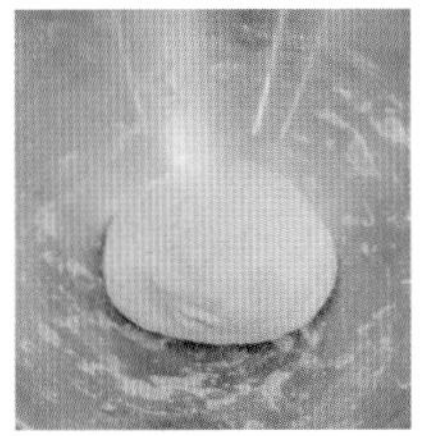

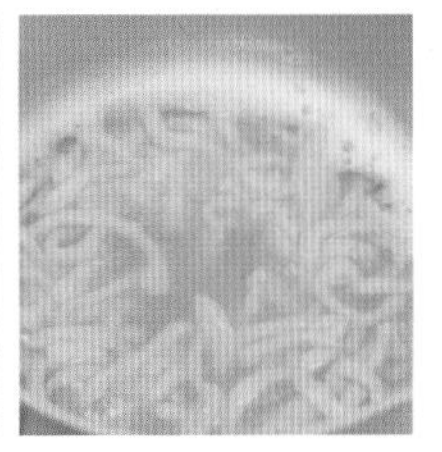

1. 물80g과 통밀가루를 섞어 치대며 반죽한다.
2. 반죽을 랩이나 비닐로 밀봉하여 냉장고에 30분간 두었다 꺼낸다.

[수제비]

3. 육수를 끓여 반죽을 조금씩 떼어 넣는다. 만능소볶을 섞고 중간 불로 끓이다가 반죽 색이 모두 짙게 변하면 불을 끈다.

[칼국수]

3. 도마에 통밀가루를 뿌리고 반죽을 밀대로 민다. 얇게 펴진 반죽을 돌돌 말아 적당한 굵기로 썬다.
4. 끓는 물에 국수를 넣고 3분간 삶은 뒤 건져 찬물에 헹군다.
5. 육수에 만능소볶을 넣고 끓여 국수를 말아 한소끔 더 끓이거나 국수를 담은 그릇에 국물을 부어준다.

Tips!

· 쌀가루로는 쫄깃한 식감을 내기 어려워요. 밀가루 알레르기가 없는 아이라면 가능하면 (통)밀가루를 쓰는 것을 추천해요.

· 기호에 따라 달걀 지단, 김가루, 참기름(들기름) 등을 곁들이면 더 맛있어요.

· 간을 하는 가정은 반죽에 소금을 한두 꼬집 섞고, 국물은 약간의 국간장으로 간을 해주세요. 해산물을 더해도 좋아요.

맛 더하기
- 반죽에 소금 3꼬집 더하기
- 국물에 국간장 1티스푼이나 소금 2~3꼬집으로 간하기, 후추 더하기

떡볶이

육수와 만능소볶을 사용해서
간을 하지 않아도 맛있는 떡볶이 레시피예요.
아이의 씹는 능력 정도에 따라 떡 크기를 조절해 주세요.

재료 (1~2회 분량)

		대체 가능한 재료
□ 떡볶이떡	90g	떡국떡, 조랭이떡, 절편
□ 만능소볶(48쪽)	30g	냉털채소, 다진 고기나 새우
□ 육수(채수)	70g	물
□ 들깨가루	1티스푼	참깨, 검은깨, 또는 생략 가능
□ 들기름(참기름)	1티스푼	생략 가능

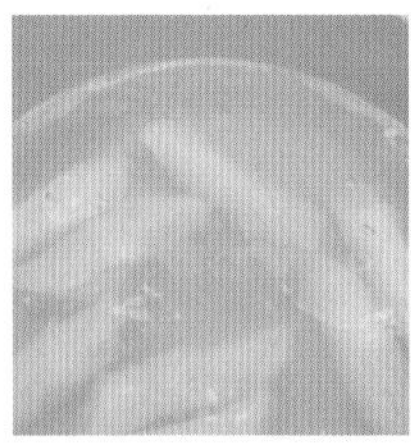

1. 떡볶이떡을 끓는 물에 1분간 데쳐 먹기 좋은 크기로 자른다.
2. 팬에 식용유를 약간 두르고 만능소볶을 중간 불로 볶다가 육수를 더한다.
3. 끓어오르면 약한 불로 줄여 떡볶이떡을 넣고 국물이 졸아들 때까지 뒤섞으며 볶는다.
4. 들깨가루를 뿌려 섞고, 들기름을 둘러 마무리한다.

· 떡볶이떡을 처음 먹는 아이는 씹는 게 힘들 수 있어요. 잘게 잘라 잘 먹는지 살펴봐 주세요.

· 갓 만들어진 말랑한 떡은 데칠 필요 없이 바로 요리해도 돼요. 절편이나 떡국떡을 잘라 쓸 수도 있어요.

맛 더하기
- 2번 과정에서 간장 1~2티스푼 + 올리고당이나 조청 1티스푼 더하기
- 고추장 원하는 만큼 더하기

떡국

미리 준비된 육수만 있으면
순식간에 만들 수 있는 한그릇 메뉴!
떡국떡은 조랭이떡이나 잘게 썬 절편으로 대신할 수도 있어요.

재료 (1~2회 분량)		대체 가능한 재료
ㅁ 떡국떡	90g	조랭이떡
ㅁ 만능소볶(48쪽)	30g	다진 채소, 고기, 새우 등
ㅁ 육수(채수)	300ml	물
ㅁ 대파	1숟가락	쪽파
ㅁ 김가루	1숟가락	생략 가능
ㅁ 들기름(참기름)	1티스푼	생략 가능

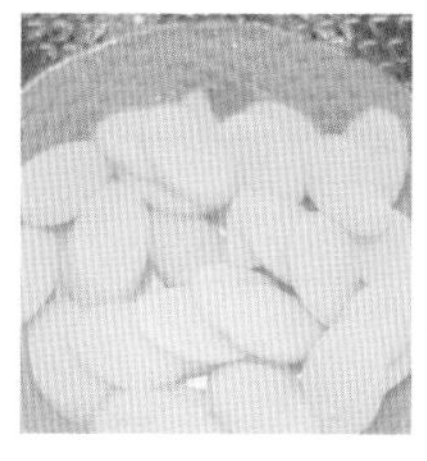

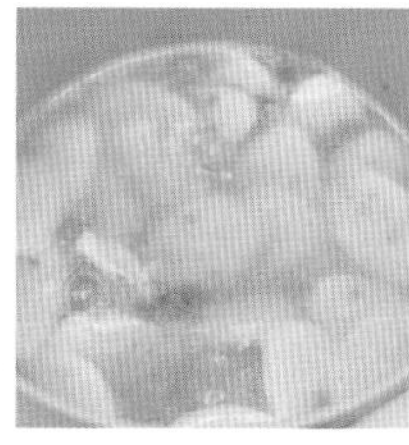
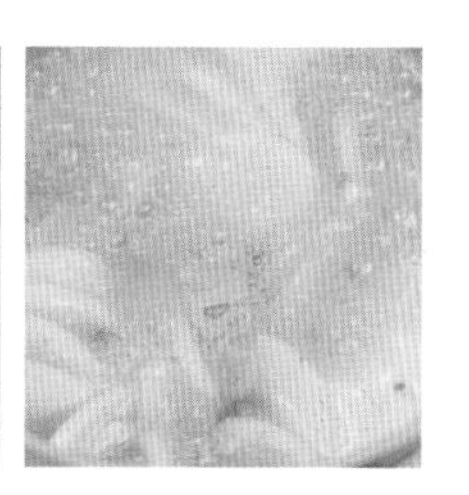

1. 떡국떡을 미지근한 물에 5분간 담가둔다.
2. 육수를 끓이고 만능소볶을 넣는다.
3. 끓어오르면 떡국떡을 넣고 떡이 충분히 말랑해질 때까지 끓인다.
4. 대파를 넣고 숨이 죽으면 불을 끈다.
5. 기호에 따라 김가루, 참기름(들기름)을 곁들여 먹는다.

· 달걀 지단을 만들어 올리거나 마지막에 달걀물을 풀어 휘저어주면 더 맛있는 떡국이 됩니다.

· 처음 떡국을 먹는 아이에게는 떡국떡 모양 때문에 먹기 힘들 수 있어요. 포크로 떡을 찍어서 베어먹게 해주거나 떡을 2등분 또는 4등분 해주세요.

맛 더하기
- 국물에 국간장 1티스푼이나 소금 2~3꼬집으로 간하기
- 후추 더하기

파스타

파스타면을 권장 시간보다 더 오래 삶아
부드럽게 만들어주면 어린 아기도 잘 으깨먹을 수 있어요.
이 책에 수록된 소스 레시피들을 다양하게 활용해 보세요.

재료 (1~2회 분량)

- ㅁ 파스타면(스파게티, 푸실리 등) 50g
- ㅁ 소스(181~187쪽의 스프&소스 에서 선택) 적당량

대체 가능한 재료

-
-

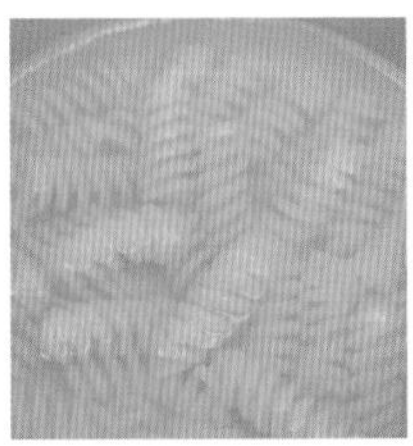

1. 파스타 면을 끓는 물에 삶는다. 10분 이상 충분히 삶고 건져둔다. 부드러운 걸 좋아하는 아이는 물에서 건지지 않고 불을 끈 채로 잠시 둬도 된다.
2. 팬이나 냄비에 스프 또는 소스를 한 국자 덜어서 약한 불로 저으며 가열한다.
3. 파스타 면을 넣고 저으면서 소스가 파스타에 골고루 버무려지게 한다. 국물이 너무 많을 때는 약한 불에 저어가며 가열하면 농도를 조절할 수 있다.

Tips!

· 여름에는 냉파스타로 먹어도 돼요. 푹 익혀 건진 파스타 면을 찬물에 살짝 헹궈주고, 시원한 상태의 소스를 섞어주면 끝.

· 파스타를 너무 많이 삶았을 때는 올리브오일에 살짝 버무려 냉장 보관하면 덜 불어요. 다음에 먹을 때는 소스에 버무려만 주면 돼요.

맛 더하기
- 파스타 삶는 물에 소금 1티스푼을 넣어 삶기
- 파마산 치즈 뿌려 먹기

뇨끼

쫀득하면서도 부드러운 아기용 뇨끼 레시피예요.
아이가 좋아하는 소스에 버무려주면 든든한 한끼 완성!
소스에 간을 더해 어른도 함께 드세요!

* 149쪽의 양파크림소스를 곁들인 뇨끼입니다.

재료 (1~2회 분량)		대체 가능한 재료
□ 감자	120g	-
□ 달걀 노른자	1개	-
□ 쌀가루	40g 내외	밀가루, 현미가루, 찹쌀가루

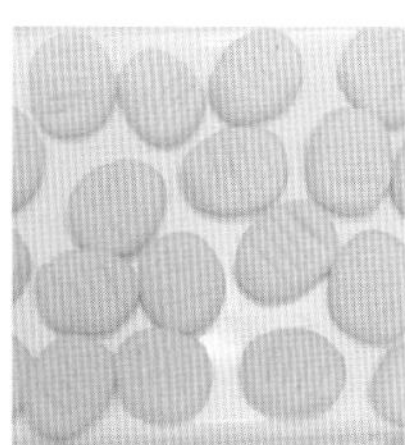

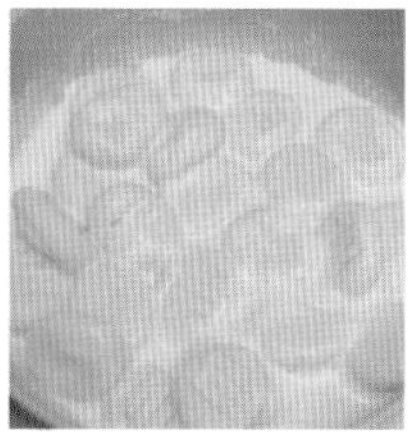

1. 감자를 삶거나 쪄서 익히고 따뜻할 때 곱게 으깬다.
2. 모든 재료를 섞어 반죽한다. 먹기 좋은 크기로 뭉친다. 동글납작한 모양으로 빚어 포크 자국을 내주면 먹기도 좋고 소스도 잘 밴다.
3. 끓는 물에 넣고 표면으로 떠오르면 1분간 더 익히고 건진다.
4. 그대로 주거나 소스를 버무려준다.

Tips!

· 감자는 계절, 품종에 따라 수분 함량의 차이가 커요. 계량대로 해도 반죽이 질척하거나, 너무 되직해서 잘 뭉쳐지지 않을 수 있어요. 너무 푸석할 경우는 물을 한 숟가락 추가하고, 너무 질 때는 쌀가루를 1티스푼씩 추가하며 반죽해 보세요!

· 삶은 뇨끼를 채망에 부어 물을 거르면 충격으로 뇨끼의 형태가 다 무너질 수 있어요. 건지개로 살살 건져내 주세요.

맛더하기 1에 소금 2꼬집 더하기.

피자빵

식빵으로 만드는 간단한 피자빵이에요.
아이와 함께 요리 활동하기에도 좋은 메뉴지요.

재료 (1~2회 분량)		대체 가능한 재료
☐ 식빵	1장	통밀빵(122쪽), 만두피, 크레페(312쪽)
☐ 케첩(189쪽), 라구소스(181쪽) 각	2숟가락	라구 소스만 4숟가락
☐ 만능소볶(48쪽), 옥수수	2숟가락	다진 고기와 다진 채소
☐ (기)버터	반티스푼	생략 가능
☐ 아기치즈	1~2장	-

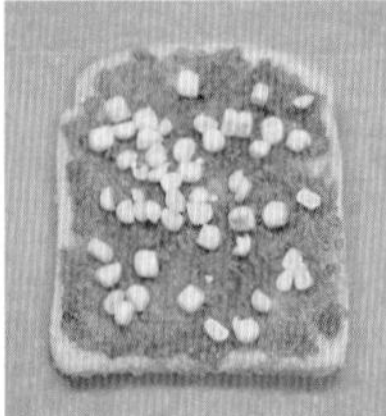

1. 팬에 케첩, 라구소스, 만능소볶을 중간 불로 볶는다. 잘 섞이면 불을 끈다.
2. 빵 한쪽 면에 버터를 바르고 1을 덜어 펴바른다.
3. 에어프라이어 180도에 5분 굽는다(오븐 200도 7분).
4. 빵을 꺼내어 아기치즈를 올린다. 잔열로 치즈를 녹이거나 전자레인지에 30초 미만으로 돌려 녹인다.

· 2번에서 버터를 바르기 전에 마른 팬에 빵 한쪽만 구워서 표면을 단단하게 만든 뒤 버터를 바르면 더 좋아요.

· 큰 아이들은 아기치즈 대신에 피자 치즈를 사용하면 더 맛있어요. 피자 치즈는 3번에서 굽기 전에 올려서 구워주세요.

맛 더하기
- 아기치즈 대신 피자 치즈 사용하기.
- 올리브, 햄 등 아이가 좋아하는 토핑을 올리기.

브레드푸딩

바로 먹지 않아 말라버린 빵이나 애매하게 남은 빵으로
브레드 푸딩을 만들어 보세요.
만들기도 쉽고, 먹기도 편해서 아침 메뉴로도 좋아요.

재료 (1~2회 분량)		**대체 가능한 재료**
□ 식빵	1장	다른 종류의 빵
□ 달걀	1개	-
□ 우유	30ml	두유, 분유 탄 물, 아몬드밀크
□ 바나나	반 개	베리류 과일, 아보카도
□ 으깬 견과류나 콩	1~2티스푼	생략 가능

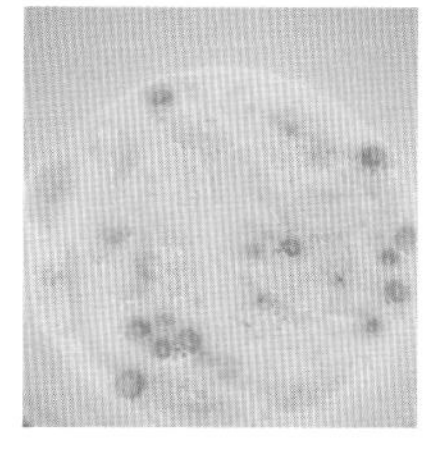
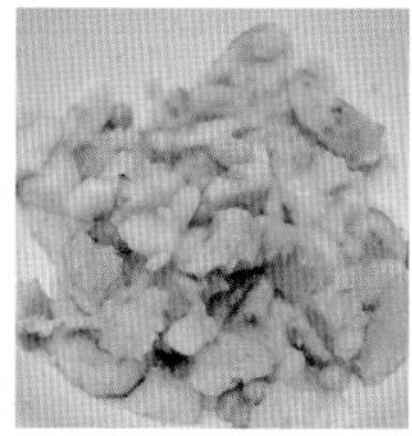

1. 달걀과 우유를 잘 섞는다.
2. 1에 잘게 찢은 빵, 잘게 썬 바나나, 으깬 견과류를 섞는다.
3. 내열 용기에 담아 전자레인지에 3~4분간 돌린다. 에어프라이어는 160도에 8~10분, 오븐은 180도에 15분 안팎으로 굽는다. 찜기도 가능하다.

과일을 여러 종류 넣어도 돼요. 다만, 과일 비율이 너무 많으면 반죽이 질어져 식감이 떨어집니다.

맛 더하기 1에 소금 1꼬집, 설탕 반티스푼 섞기. 시나몬 가루 더하기.

3가지 크레페

다양한 방법으로 크레페를 부칠 수 있어요.
좋아하는 과일을 넣고 돌돌 말아
쫀득하고 상큼한 크레페를 만들어 보세요!

재료 (1~3회 분량)

노계란버전(1) 치아씨드 활용

재료	분량
ㅁ 통밀가루	50g
ㅁ 치아씨드	5g
ㅁ 물	20g
ㅁ 두유(우유, 분유 탄 물)	60g

노계란버전(2) 우유만 사용

재료	분량
ㅁ 통밀가루	30g
ㅁ 우유(두유, 분유 탄 물)	60g

일반 크레페

재료	분량
ㅁ 통밀가루	30g
ㅁ 달걀	1개
ㅁ 우유	50ml

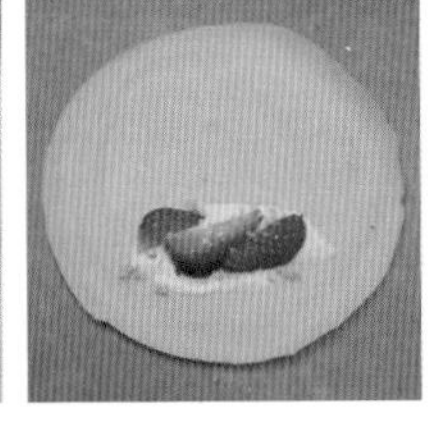
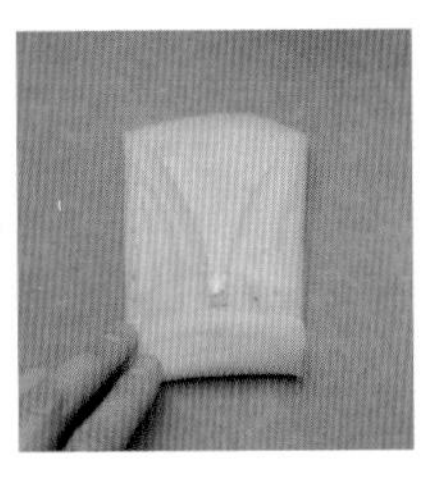

1. 모든 재료를 잘 섞는다(*치아씨드 버전은 치아씨드가 충분히 불도록 반죽을 10분 이상 둔다).
2. 팬에 식용유를 약간 두르고 키친타월로 닦아낸다. 약한 불로 예열하고 반죽을 한 국자 뜬 다음 국자 바닥면을 사용해 반죽을 얇게 펼친다. 팬을 잠시 불에서 들어 올리면 온도가 살짝 낮아져 얇게 펼치기 좋다.
3. 가장자리가 살짝 올라오면 뒤집어서 마저 부친다.
4. 크레페를 한 김 식힌 뒤, 과일잼을 바르거나 과일, 견과류, 요거트 등 원하는 토핑을 넣어 돌돌 만다. 볶은 고기나 채소를 넣어 식사용으로 만들어도 좋다.

Tips!

밀가루 대신 쌀가루를 써도 되지만, 쌀가루 특성상 푸석거리거나 갈라질 수 있어요. 일반 버전 레시피에는 달걀이 들어가 쌀가루로 해도 괜찮습니다.

미트파이 & 과일파이

식빵으로 만드는 귀여운 파이예요.
집에 있는 자투리 재료를 활용해서
다양한 맛으로 만들 수 있답니다.

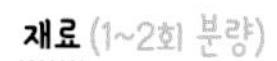

재료 (1~2회 분량)		대체 가능한 재료
□ 식빵	2장	-
□ 만능소볶(미트파이에만 사용)	4~5숟가락	다진 고기와 다진 채소
□ 원하는 과일(과일파이에만 사용)	적당량	-
□ 아기치즈	1장	-
□ 달걀 노른자	1개	

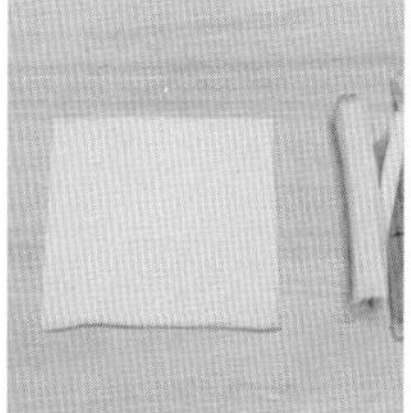

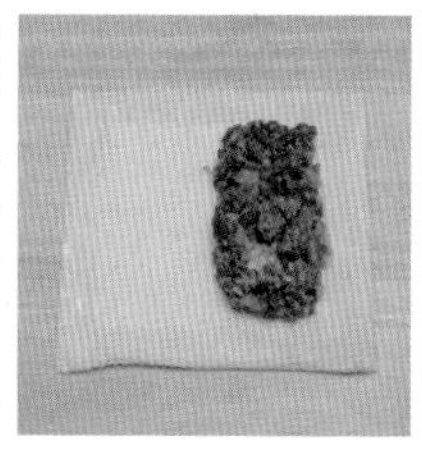

[미트파이]

1. 만능소볶 또는 다진재료를 팬에 볶고 아기치즈를 녹여 섞는다.
2. 식빵 모서리를 자르고 밀대로 얇게 민다.
3. 빵 한 쪽에 1을 덜어 올리고, 빵을 접었을 때 만나는 부분에 달걀 푼 것을 조금씩 묻힌다.
4. 빵을 접어 세 모서리를 포크로 눌러 고정한다.
5. 에어프라이어 160도에 6~7분 굽는다(오븐 180도 10분)

[과일파이]

2. 과일을 반은 다지고, 나머지는 으깨거나 갈아서 약한 불로 저어가며 졸여 덩어리가 있는 과일잼으로 만든다. 나머지 과정은 위와 같다.

Tips!

· 다진 채소를 사용할 경우 양파, 당근, 브로콜리, 애호박 등 냉털 채소를 활용하면 돼요.

· 과일파이에 들어갈 과일로는 사과, 망고, 딸기, 블루베리, 바나나 등이 잘 어울려요.

맛 더하기 아기치즈 대신 피자 치즈 사용하기.

프렌치토스트

달걀과 우유로 만드는 일반적인 프렌치 토스트 레시피에
다진 채소를 더해 영양가를 높였어요.
주말의 브런치 메뉴로 어떠세요?

재료 (1~2회 분량)		대체 가능한 재료
□ 식빵	2장	통밀빵(122쪽)
□ 달걀	1개	-
□ 우유	50ml	요거트, 생크림, 두유, 분유 탄 물, 아몬드밀크
□ 다진 채소	30g	생략 가능

1. 달걀, 우유, 다진 채소를 섞는다..
2. 팬에 버터나 식용유를 약간 두르고 1을 묻힌 빵을 앞뒤로 노릇하게 부친다.

맛 더하기 1에 소금 1꼬집, 설탕 반티스푼을 섞거나 완성 후에 메이플 시럽을 곁들여 먹기.

노계란 프렌치토스트

달걀이 없어도 프렌치 토스트를 만들 수 있어요!
피넛버터를 사용해서 고소하고 부드러운
토스트를 만들어 보세요.

재료 (1~2회 분량)		대체 가능한 재료
□ 식빵	2장	통밀빵(122쪽)
□ 피넛버터	25g	-
□ 두유	50ml	우유, 분유 탄 물, 아몬드밀크

1. 피넛버터를 휘저어 부드럽게 만든다.
2. 1에 두유를 섞는다.
3. 팬에 식용유를 약간 두르고 키친 타월로 닦아낸다. 2에 살짝 담근 빵을 앞뒤로 노릇하게 부친다.

피넛버터가 굳어 있다면 따뜻한 물을 담은 볼을 아래에 대고 살짝 데우면서 저으면 부드러워져요.

맛 더하기 1에 소금 1꼬집, 설탕 반티스푼을 섞거나 완성 후에 메이플 시럽을 곁들여 먹기.

특별한 날의 디저트

과채스무디

특별한 날을 기념하기 위한 생일 케이크,

그리고 과일을 사용한 달콤한 메뉴들을 모았어요.

건강한 간식으로 아이와 함께 행복한 시간을 만들어 보아요!

생일케이크

생일이나 기념일에 케이크가 빠질 순 없겠죠!
착한 재료로 직접 만든 케이크로
행복한 시간을 가져 보세요!

재료		대체 가능한 재료
ㅁ 원하는 빵 반죽(105~116쪽)	레시피대로	-
ㅁ (그릭)요거트	적당량	생크림, 크림치즈, 마스카포네 치즈
ㅁ 과일(바나나, 블루베리, 딸기 등)	적당량	-

1. 원하는 빵 레시피대로 반죽을 만들고 틀에 부어 굽는다.
2. 완전히 식힌 빵을 슬라이스한다.
3. 단면에 요거트를 얇게 펴바르고 얇게 썬 과일을 올린 뒤 요거트로 덮는다.
4. 빵 시트를 하나 더 올려 같은 과정을 반복한다.
5. 좋아하는 과일이나 허브잎, 생일 초 등으로 장식한다.

과일푸딩

과일만으로도 훌륭한 간식이 되지만
가끔은 색다르게 과일 푸딩을 만들어 줘보세요.
소근육 발달에도 좋답니다.

재료 (1~2회 분량)		대체 가능한 재료
☐ 과일	150g	과일주스, 과일즙
☐ 한천가루	1티스푼	-

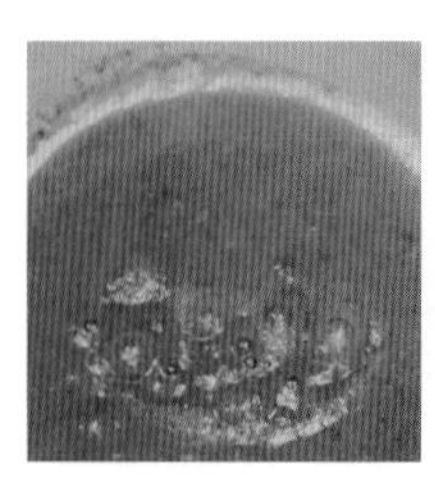
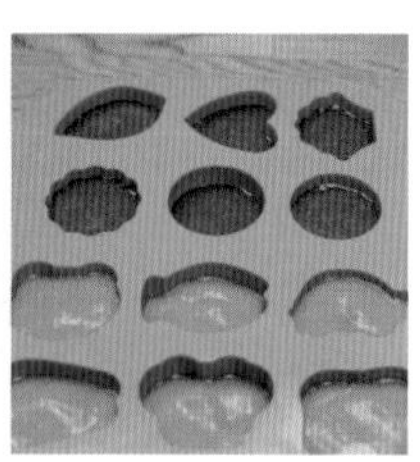

1. 믹서로 간 과일이나 과일즙에 한천가루를 섞고 저으면서 약한 불로 끓인다.
2. 끓어오르면 30초 뒤 불을 끄고 틀이나 그릇에 붓는다.
3. 냉장고에서 1시간 이상 식힌다.

수분이 많은 과일일수록 결과물이 잘 나와요. 과일에 물이나 과일즙을 섞어 갈아도 좋아요.

맛더하기 입맛에 맞게 설탕 더하기

과일타르트

앞에 나온 식사용 키쉬와 같은 원리로 만드는 디저트입니다.
달지 않은 건강한 과일타르트로 아이와 함께
티타임을 가져 보세요!

재료 (1~2회 분량)

타르트지 재료		필링 재료	
ㅁ 아몬드가루	55g	ㅁ 아몬드가루	40g
ㅁ 쌀가루	45g	ㅁ 우유	40g
ㅁ 달걀	1개	ㅁ 크림치즈	반 컵
ㅁ (기)버터	5g	ㅁ 과일, 견과류	한 줌

대체 가능한 재료

쌀가루 → 통밀가루, 현미가루
우유 → 두유, 아몬드밀크, 분유 탄 물
크림치즈 → 그릭요거트, 코티지치즈, 생크림, 마스카포네 치즈

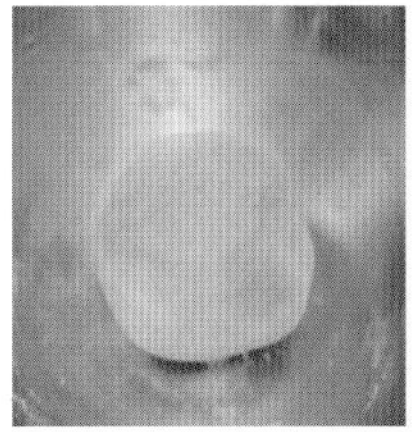

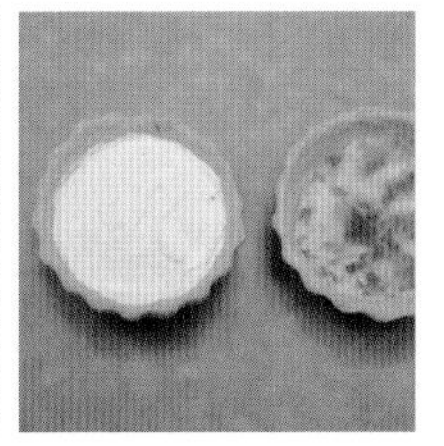

1. 타르트지 재료를 모두 섞어 반죽한다.
2. 반죽을 얇게 펴서 틀 안쪽에 붙인다.
3. 필링 재료 중 아몬드가루와 우유를 섞어 조금씩 덜어서 2의 바닥에 깐다.
4. 에어프라이어 160도에 7분 굽고 틀에서 꺼내어 3분 더 굽는다(오븐 180도 10분 + 5분).
5. 완전히 식힌 뒤 크림치즈를 채우고 과일이나 견과류 토핑을 올려준다. 조금 더 단맛을 더하려면 크림치즈를 채우기 전에 과일잼이나 퓨레를 발라준다.

Tips!

타르트지 반죽을 얇게 펴면 가장자리가 갈라져요. 원형 그릇이나 틀로 반죽을 찍어내면 가장자리가 덜 갈라지게 할 수 있어요.

맛 더하기
- 타르트지 반죽에 설탕 1~2티스푼 더하기
- 크림치즈에 과일잼이나 설탕 더하기

과일떡 화채

과일만 넣어도 맛있는 화채지만
떡을 넣어 씹는 재미를 더해 보았어요.
더운 여름날엔 이만한 간식이 없죠.

재료 (1회 분량)		대체 가능한 재료
□ 과일	적당량	-
□ 우유	적당량	두유, 아몬드밀크, 분유 탄 물
□ 쌀가루	30g	찹쌀가루, 밀가루
□ 과일 퓨레	30g	물

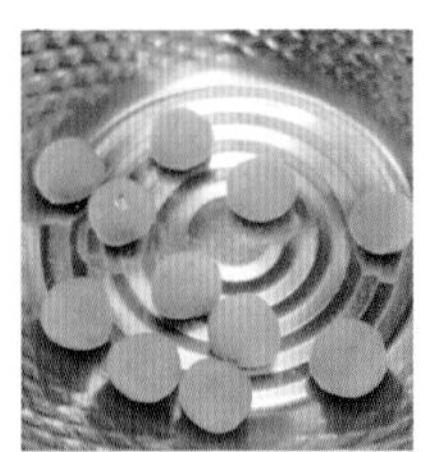

1. 쌀가루와 과일 퓨레를 섞어 반죽한다.
2. 반죽을 동그랗게 빚어 끓는 물에 넣고 물 위로 떠오르면 2분 뒤에 불을 끄고 건져 찬물에 식힌다.
3. 먹기 좋은 크기로 썬 과일과 2를 우유에 넣는다.

맛 더하기
- 1에 소금 1꼬집, 설탕 반티스푼 섞기
- 우유에 과일즙이나 올리고당, 메이플시럽으로 단맛 더하기

스무디 & 과일주스 꿀조합

아이들이 잘 먹지 않는 녹색 채소는 스무디의 재료로 써 보세요. 궁합이 잘 맞는 과일과 함께 갈아주면 아이가 좋아하지 않는 채소의 맛과 향을 부드럽게 해주고, 먹기도 편해서 거부감이 덜할 거예요. 재료만으로 믹서에 잘 갈리지 않는다면 물이나 코코넛 워터, 두유, 우유 등 액체류를 더해서 곱게 갈리게 해주세요.
아래는 영양면에서 우수한 재료 조합이에요. 스무디 만들 때 참고해 보세요.

바나나 + 케일
바나나 + 아보카도 + 두유
바나나 + 키위
셀러리 + 시금치 + 사과
파프리카 + 오렌지
토마토 + 오렌지
수박 + 토마토

양배추 + 포도
복숭아 + 파인애플
브로콜리 + 파인애플
브로콜리 + 바나나
블루베리 + 당근
자두 + 자몽
포도 + 요거트

키위 + 우유
키위 + 사과
딸기 + 우유
배 + 오이
멜론 + 두유
블루베리 + 두유
오트밀 + 요거트

+ Recipes

지면 부족으로 실리지 못한

<아이주도 이유식 유아식 매뉴얼> 초판 수록 메뉴의 일부를

QR코드에 연결된 온라인 페이지에서 보실 수 있습니다.

내일의 육아는

오늘보다 조금 더

쉬워질 거예요!

당신을 응원합니다.

가장 그 계절다운 100가지의 맛있는 메뉴로
한 해 식탁을 건강하고 아름답게 채워줄 힐링 요리책.
'둥이요리'의 김미진 대표가 요리와 자연에 대한 사랑을 가득 담아냈습니다.

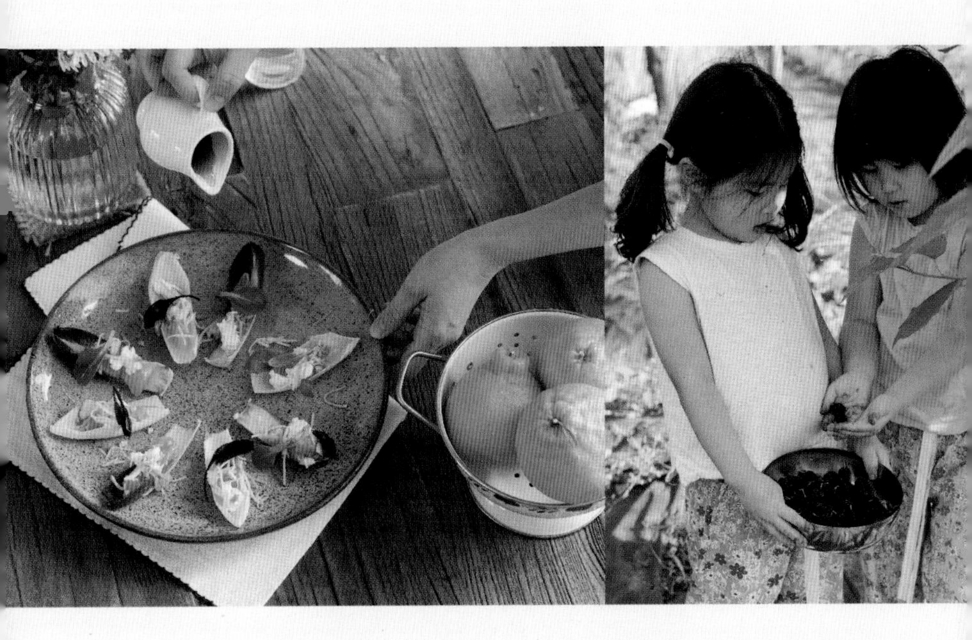

"제철 재료를 이용하면 부재료와 양념을 많이 쓰지 않아도 훌륭한 메뉴가 돼요.
그래서 아이들이 양념의 맛보다는 재료 자체의 맛을 알아가는 데 큰 도움이 되지요.
이는 자연스레 저염식, 건강식으로 이어질 수 있어요.

재료마다 영양 정보,
손질 요령 및 보관 방법
등을 적었어요.

메뉴마다 상세한
조리 과정 및 사진,
유용한 요리 팁을 담았어요.

육아가 처음인 당신은 아무 잘못이 없어요.

그저 아이를 키우는 일이, 아주 어려운 일일 뿐입니다.

오늘 하루도 어려운 일 해내느라 고생 많으셨어요.

" 스스로, 그리고 함께하는 행복한 맘마 "

아이주도 이유식 유아식 매뉴얼

BLW 연구소 지음

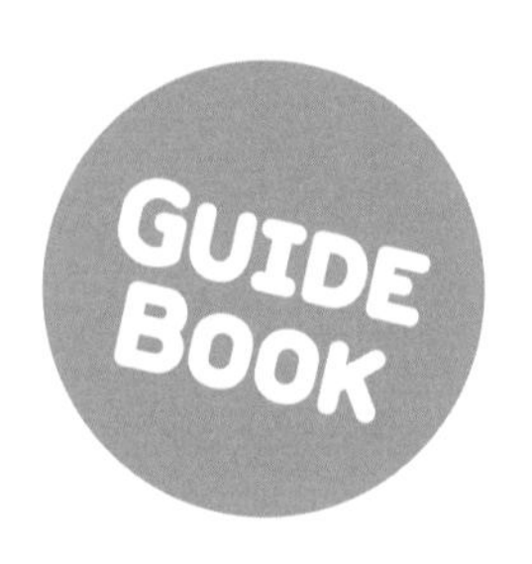

스스로, 그리고 함께하는 행복한 맘마

아이주도 이유식 유아식 매뉴얼 개정판 - 가이드북

펴낸날 개정증보판 18쇄 2025년 2월 1일
초판 1쇄 2019년 9월 16일
지은이 BLW 연구소
글·일러스트 안소정
디자인 조은지
제작 도움 윤지현
펴낸이 안소정
펴낸곳 아 퍼블리싱
서울특별시 강북구 한천로160길 48-3
a_publishing@naver.com
fax. 0303-3441-0902
ISBN 979-11-956161-7-6
979-11-956161-6-9(세트)

- 이 도서는 2권(가이드북 + 레시피북) 세트로만 판매됩니다.
- 잘못된 책은 구입처에서 교환해 드립니다.
- 책에 대한 의견, 오류 제보, 문의사항은 아 퍼블리싱의 메일로 보내주세요.

" 스스로, 그리고 함께하는 행복한 맘마 "

아이주도 이유식 유아식 매뉴얼